U0357566

数学文化丛书

TANGJIHEDE + XIXIFUSI FUWEIFUJU JI

唐吉诃德+西西弗斯
夫唯弗居集

刘培杰数学工作室○编

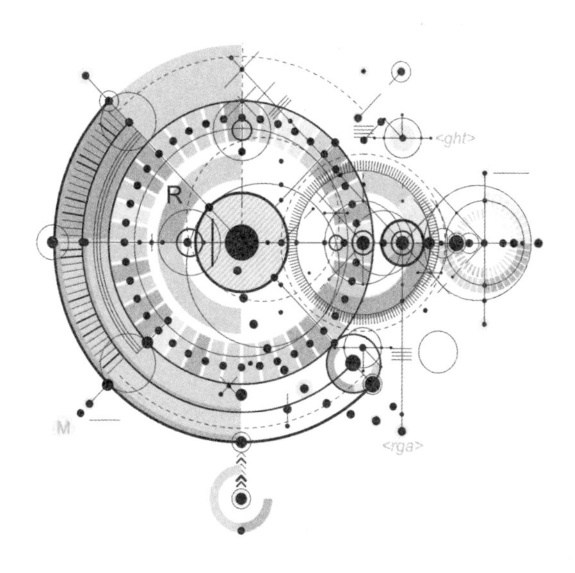

哈爾濱工業大學出版社
HARBIN INSTITUTE OF TECHNOLOGY PRESS

内容提要

本丛书为您介绍了数百种数学图书的内容简介，并奉上名家及编辑为每本图书所作的序跋等．本丛书旨在为读者开阔视野，在万千数学图书中精准找到所求著作，其中不乏精品书、畅销书．本书为其中的夫唯弗居集．

本丛书适合数学爱好者参考阅读．

图书在版编目(CIP)数据

唐吉诃德+西西弗斯．夫唯弗居集/刘培杰数学工作室编．—哈尔滨：哈尔滨工业大学出版社，2020．3

(百部数学著作序跋集)

ISBN 978-7-5603-8097-1

Ⅰ．①唐…　Ⅱ．①刘…　Ⅲ．①数学-著作-序跋-汇编-世界　Ⅳ．①O1

中国版本图书馆 CIP 数据核字(2019)第 060063 号

策划编辑　刘培杰　张永芹
责任编辑　王勇钢
封面设计　孙茵艾
出版发行　哈尔滨工业大学出版社
社　　址　哈尔滨市南岗区复华四道街 10 号　邮编 150006
传　　真　0451-86414749
网　　址　http://hitpress.hit.edu.cn
印　　刷　牡丹江邮电印务有限公司
开　　本　787mm×960mm　1/16　印张 20.75　字数 296 千字
版　　次　2020 年 3 月第 1 版　2020 年 3 月第 1 次印刷
书　　号　ISBN 978-7-5603-8097-1
定　　价　68.00 元

◎目录

关于曲面的一般研究

高　斯　著
陈惠勇　译

内容简介

高斯的著作《关于曲面的一般研究》(*General Investigations of Curved Surfaces*) 是关于曲面的几何性质研究的开创性工作，它开创了微分几何的新时代.

高斯以前的几何学家在研究曲面时总是将其与外围空间相联系. 高斯的出发点是这样的问题:“我们是否可以从曲面本身的度量出发决定曲面在空间的形状?”因而,高斯在这篇论文中提出了一个全新的概念 —— 一个曲面本身就是一个空间. 这种思考具有本质的意义,这是高斯内蕴微分几何思想的出发点. 高斯正是从这个想法出发,引出曲面的参数表示、曲面上的弧长元素(即第一基本形式),以及由第一基本形式出发,研究弯曲的曲面上的内蕴几何问题,得到了高斯曲率的计算公式,进而证明高斯曲率是在等距变换下的不变性质(高斯的绝妙定理) 以及总曲率与测地三角形内角和的关系公式(高斯 - 博内定理) 等内蕴微分几何的重要定理,从而创立了内蕴微分几何学,开拓出“一块极为多产的土地”.

本书包含了高斯的论文《关于曲面的一般研究(1827)》,《关于曲面的一般研究(1827)》摘要,《关于曲面的新研究(1825)》以及 1827 论文和 1825 论文的注释等. 对于欲了解微分几何及其历史的读者而言,本著作无疑是极有价值的历史文献.

中译者序

1827 年高斯《关于曲面的一般研究》的发表,标志着内蕴微分几何学的创立. 高斯在这篇论文中提出了一个全新的观念,即一个曲面本身就是一个空间. 并从曲面本身的度量出发,展开曲面的内蕴几何研究,得出了决定曲面在空间的形状等的一系列理论与方法. 高斯的几何学思想中有几个核心概念:即直线与测地线;平行公设的否定与弯曲空间概念的产生;第一基本形式与弯曲空间的度量;曲面本身的度量与曲面在空间的形状. 正是由于这些核心概念以及高斯的绝妙定理和高斯 - 博内定理等的揭示,才真正揭示出非欧几何的本质. 高斯的思想后经黎曼等人的发展,推广到高维情形 —— 黎曼几何学. 20 世纪,黎曼几何学已成为爱因斯坦广义相对论的数学基础.

本文考查高斯几何学思想中几个核心概念的发现及其意义,并由此探究高斯几何学思想的思维轨迹.

§1　直线与测地线

几何学的基本出发点是点、线、面等基本元素. 在《几何原本》中,欧几里得首先给出它们的定义:“点是没有部分的;线只有长度而没有宽度;一条线的两端是点;直线是与它上面的点一样平放着的线.”① 欧氏几何所讨论的点、线是数学上抽象的点和线. 欧几里得的直线概念是非常朴素而且是直观地描述

① 欧几里得. 几何原本[M]. 兰纪正,朱恩宽,译. 西安:陕西科学技术出版社,2003.

的,并且定义中的线是指直线段. 如何理解"直线是与它上面的点一样平放着的线""线只有长度而没有宽度",也就是如何理解直线的概念? 从欧几里得在定义 19 中关于直线形、三边形等的定义,以及第一卷命题20"在任何的三角形中,任意两边之和大于第三边" 等,可以看出,本质而言就是对"长度" 的概念必须有一个确切的定义. 欧氏几何的直线,其本质是平面上任意两点之间的最短线.

事实上,要给直线下一个精确的定义几乎是不可能的. 希尔伯特在他著名的《几何基础》中,建立了历史上第一个完备的公理化体系,第一次明确提出了选择和组织公理系统的三大原则:相容性、独立性和完备性. 他真正抓住了几何元素的本质,即公理系统的逻辑结构与内在联系. 希尔伯特并不给出点、线、面等几何基本概念的定义,而是将它们叫作空间几何的元素或空间的元素,并设想点、线、面之间有一定的相互关系,用"关联"("在 …… 之上""属于")"介于"("在 …… 之间")"全同于"("全合于""相等于") 等词来表示,并用几何公理 —— 关联公理(结合公理、从属公理);顺序公理(次序公理);合同公理(全合公理、全等公理);平行公理和连续公理 —— 将这些关系予以精确而又完备的描述. 这样,在希尔伯特的几何体系中,所有的问题就有了一个严格的逻辑基础和起点. 在《几何基础》的附录 1"直线作为两点间的最小距离" 一文中,希尔伯特提到"无处是凹的体" 并给出这一概念的定义:"无处是凹的体系指具有下述性质的一个体:假如在其内部两点用以直线相联结,则此直线介于这两点的部分将整个位于这个体的内部"①. 从这里可以看出,直线的基础性质是作为两点之间的最短距离,而这一性质只有在"无处是凹的体" 的概念下是成立的,也就是说,只有在欧氏空间(平直的、刚性的) 的意义下才是成立的.

高斯的内蕴微分几何学思想渊源于几何基础的研究,而其

---

① 希尔伯特 D. 几何基础[M]. 江泽涵,朱鼎勋,译. 2 版. 北京:科学出版社,1995:108.

直接的现实渊源则是关于大地测量工作.高斯从事的整个大地测量工作和这方面的研究都是和完成汉诺威弧度测量相关联的.虽然这个本身弧长只有2.1°的弧度测量对决定地球形状和大小不能起很大作用,然而,在19世纪,对科学地设计和实施高精度的大地测量工作却起着巨大的指导作用①.

从现代微分几何学的观点来看,高斯的大地测量本质上是度量曲面上(地球表面)与外在空间无关的两点之间的最短距离(弧度)问题,这就很自然地得出测地线的概念,即在一个给定的曲面上的关于最短路径的理论②.测地线就是曲面上具有零测地曲率的曲线,因而,测地线的切线向量沿测地线本身是平行地移动着的,当一条测地线的包络可展曲面展开到平面时,测地线就成了直线.高斯的测地线概念就是欧氏几何中的直线概念在弯曲曲面上的自然推广.

§2 平行公设的否定与弯曲空间概念的产生

M.克莱因指出:"有关非欧几里得几何的最大事实是它可以描述物质空间,像欧几里得几何一样的正确.后者不是物质空间所必然有的几何,它的物质真理不能以先验理由来保证.这种认识,不需要任何技术性的数学推导,首先是由高斯获得的."③高斯正是由于早年对几何基础问题的深入研究,导致了弯曲空间概念的产生,进而揭示了空间的非欧本质.

我们知道,对平行公设的否定是这一理论的突破口.勒让德(A. M. Legendre,1752—1833)于1794年首先指出三角形的

---

① 巴格拉图尼 P D.卡·弗·高斯——大地测量研究简述[M].徐厚泽,王广运,译.北京:测绘出版社,1957:16.

② GAUSS C F. WERKE(BAND Ⅷ)[C]. Gottingen: Gedruckt in der Dieterichschen Universitats druckerei(W. F. Kaestner),1873: 238.

③ 克莱因·莫里斯.古今数学思想(第三册)[M].上海:上海科学技术出版社,2002: 285-286.

内角和等于180° 的定理等价于欧氏几何的第五公设. 就在这一年,高斯已经有了关于这些问题的第一个深刻思想. 高斯于1846 年 10 月给 Gerling 的信中写道:"在任何的几何中,一个多边形之外角和在数量上不等于360°,…… 而是成比例于曲面的面积,这几乎是这一理论之开端的第一个重要定理,这个定理的必要性我已于1794 年认识到了. "①高斯的这一深刻思想,至少包含如下三层意思:

第一,平行公设的否定. 在欧氏几何中,三角形内角和等于180° 与其外角和等于360° 是等价的,一般的,有任意一个多边形之外角和在数量上也等于360°. 高斯所讨论的是双曲几何学情形,这里所说的"在任何的几何中,一个多边形之外角和在数量上不等于360°……",实际上就是对平行公设的否定.

第二,弯曲空间概念的产生. 三角形内角和等于180° 的定理,本质上是说平面是平坦的而不具有曲率. 高斯在此所得到的认识"一个多边形之外角和在数量上不等于360°,而是成比例于曲面的面积",这一比例就是高斯曲率. 用现代的语言表达就是,在球面几何学情形,三角形的三内角之和必然大于180°,并且有一个非常重要的公式

$$A + B + C - \pi = \frac{S}{R^2}$$

这里 R 是球面的半径,而$\frac{1}{R^2}$ 则是度量球面的高斯曲率. 在双曲几何学情形,三角形的三内角之和必然小于180°,并且有如下的重要公式

$$A + B + C - \pi = -\frac{S}{R^2}$$

此时 R^2 代表非欧几何的一个绝对的度量,换句话说,在非欧几何的平面上,它的高斯曲率是负的且等于 $-\frac{1}{R^2}$. 很显然,如果上

① GAUSS C F. WERKE(BAND Ⅷ)[C]. Gottingen: Gedruckt in der Dieterichschen Universitats druckerei(W. F. Kaestner),1900: 266, 177.

述的比例为零(也就是高斯曲率为零),那么自然地得出“多边形之外角和在数量上就等于360°”,也就是三角形内角和等于180°的定理,这就是欧几里得几何情形.

由此可知,是否满足欧几里得的平行公设所体现出的本质乃是所论几何空间是否为弯曲的性质. 因而,高斯于1794年所得到的关于这些问题的深刻认识,表明在高斯的头脑中已经有了“弯曲空间”的概念.

第三,“这几乎是这一理论之开端的第一个重要定理”. 高斯在这里所说的“这一理论”指的是它所发现的“双曲几何学”,而这个重要定理就是高斯 - 博内定理,它是非欧几何学的重要定理,也是内蕴微分几何学的一个极端重要的定理. 这一定理被高斯誉为“整个曲面理论中最优美的定理”,它对微分几何学的发展和影响是非常深远的①.

如果联系高斯《关于曲面的一般研究》对高斯 - 博内定理的高度重视,特别是高斯运用这一定理于测地三角形的角度比较定理与面积比较定理的研究以及实际测量大测地三角形等,我们可以看出高斯的真正用意是验证他所发现的非欧几何②.

§3 第一基本形式与弯曲空间的度量

几何学研究的一个基本问题或出发点是度量问题. 高斯关于几何基础问题的研究所发现的弯曲空间概念在数学上如何

---

① 陈省身于1944年给出了高维高斯 - 博内定理的内蕴证明,成为现代微分几何学的出发点,其思想与方法对整体微分几何的发展有着深刻的影响.

② 高斯用了其《关于曲面的一般研究》中的最后九节(即第21到第29节,大约占了整篇文章的三分之一)的篇幅几乎全部用于比较定理的证明. 这些比较定理一方面把单个的角(不仅仅是角度之和)与欧几里得平面上具有同样长度的直边形三角形的角进行比较;另一方面,还把曲面上测地三角形的面积与欧几里得平面上具有同样长度的直边形三角形的面积进行比较.

刻画？特别是，高斯后来的大地测量工作必须解决的测地线的度量问题等，都涉及几何学的一个基本问题 —— 弯曲空间的度量.

欧氏几何中最重要的定理之一的毕达哥拉斯定理之本质乃是几何空间的度量性质，而度量性质可以说是展开所有可能的几何学的基本假设前提. 迄今为止，在大部分有意义的几何空间中，都要求这条定理在无穷小的情形下成立. 由毕达哥拉斯定理所确定的空间度量是平直(或刚性)空间的度量. 因此，如何把度量性质推广到弯曲的空间就成为问题的关键. 在高斯以前，曲面或空间曲线的方程式是看作三个坐标的隐函数，或者是一个坐标表示为其他两个坐标的函数. 这种做法实际上仍然是把所研究的曲面或空间曲线嵌入高一维的空间(即外围空间)之中加以研究的，因而其方法是外蕴的.

高斯几何学思想及其研究的出发点是"从曲面本身的度量出发决定曲面在空间的形状"，因而与外在空间无关，即是"内蕴"的几何学. 高斯首先着手把三个坐标看成是另外两个独立参数的函数，这两个参数可以在已知曲面上适当地选择，高斯的这一思想在微分几何学的发展中获得普遍的公认. 早在 1822 年，高斯解决哥本哈根科学院提出的征奖问题中，就已经系统地运用了这种参数表示的思想①.

曲面上的任意一点的坐标(x,y,z)可以用两个参数u,v表示，从而曲面的方程可表示为

$$\boldsymbol{r}=\boldsymbol{r}(x(u,v),y(u,v),z(u,v))$$

高斯的出发点是运用这个参数表示来对曲面做系统研究，并首先引进曲面的弧长元素 $\mathrm{d}s$，建立了曲面的第一基本形式

$$\mathrm{d}r^2=\mathrm{d}s^2=E\mathrm{d}u^2+2F\mathrm{d}u\mathrm{d}v+G\mathrm{d}v^2$$

(其中$E=\boldsymbol{r}_u\cdot\boldsymbol{r}_u,F=\boldsymbol{r}_u\cdot\boldsymbol{r}_v,G=\boldsymbol{r}_v\cdot\boldsymbol{r}_v$，称为曲面的第一类基本量)其意义就是，在正确到高阶无穷小范围内，曲面是等长

---

① 陈惠勇. 高斯哥本哈根获奖论文及其对内蕴微分几何的贡献[J]. 内蒙古师范大学学报自然科学汉文版(核心期刊)，2007，36(6)：771-774.

地对应于切平面上的无穷小区域,并且曲面的第一基本形式在切平面上是以 $\boldsymbol{r}_u$ 和 $\boldsymbol{r}_v$ 为基本向量,以 du 和 dv 为坐标的长度表达式. 若曲面上参数曲线网取正交曲线网时,即向量 $\boldsymbol{r}_u$ 和 $\boldsymbol{r}_v$ 垂直时,有 $F\equiv 0$,于是曲面的第一基本形式化为

$$\mathrm{d}r^2 = E\mathrm{d}u^2 + G\mathrm{d}v^2$$

这就是勾股定理. 所以说曲面的第一基本形式本质上是勾股定理的推广,或者说勾股定理是第一基本形式在无穷小范围内的近似.

曲面的第一类基本量 E,F,G 是 u,v 的函数,并且完全确定了曲面本身的度量,即"内蕴度量". 曲面上的曲线 $\boldsymbol{r}=\boldsymbol{r}(u(t),v(t))$ 的弧长等于弧长元素 ds 沿曲线的积分,即可以用积分

$$S=\int\mathrm{d}s=\int\sqrt{E\left(\frac{\mathrm{d}u}{\mathrm{d}t}\right)^2+2F\frac{\mathrm{d}u}{\mathrm{d}t}\frac{\mathrm{d}v}{\mathrm{d}t}+G\left(\frac{\mathrm{d}v}{\mathrm{d}t}\right)^2}\,\mathrm{d}t$$

来表示. 如果长度被确定了,那么作为曲面上两点之间的曲线长度的下确界,即曲面上两点之间的最短距离(关于最短路径的理论)也就被确定了. 因此,光滑曲线的内蕴度量是由第一基本形式来确定的.

专门研究曲面上由第一基本形式决定的几何学称为内蕴几何学,它在高维的推广就是黎曼几何学. 因此,我们说高斯通过推广度量概念引进了第一基本形式,从而解决了展开其内蕴微分几何学的基础 —— 弯曲空间的度量,这是几何学历史上的一次重大的突破.

§4 曲面本身的度量与曲面在空间的形状

1822 年,高斯在解决哥本哈根征奖问题时,就已经意识到曲面研究的中心问题是曲率问题. 这是高斯内蕴微分几何学理论的突破口,在寻求曲率的过程中,有两个关键的概念:一个是高斯映射的概念;另一个就是角度概念的推广.

在《关于曲面的一般研究》中,高斯首先引进了一个辅助球面,并假定用球面上不同的点表示不同的直线的方向,该方向与以球面上的点为端点的半径平行,这就为后面定义高斯映

射奠定了基础. 接着高斯给出了一些重要的命题,包括两条相交直线的夹角、两个平面的夹角、一条直线与一个平面的倾斜角、平面的定向以及球面上的点之间的坐标表示的三角公式和球面上的三点以及坐标系的原点组成的锥体的体积公式等.

关于角度的定义,高斯是将它转化到相应的辅助球面上相应于直线的方向的球面上两点的弧长来度量的,也就是说,高斯是将角度看成单位圆周的子集,而不是一个数. 高斯这一观点是符合于几何学的本源的,希腊人最初的想法与此是一致的(而把角度看成数不过是近代的观点①),它有利于推广到高维的情形,这种推广就是高斯曲率和总曲率的概念. 值得指出的是,高斯的这一想法在一些文献中没有得到应有的重视. 如Michael Spivak 对此就完全忽视了,他在文献②中说:"This section may be skipped entirely."

设 S^1 是以 O 为圆心的单位圆,所谓相交于点 O 的两条直线的夹角是指在 S^1 上由这两条直线截出的弧长,如图 1 所示.

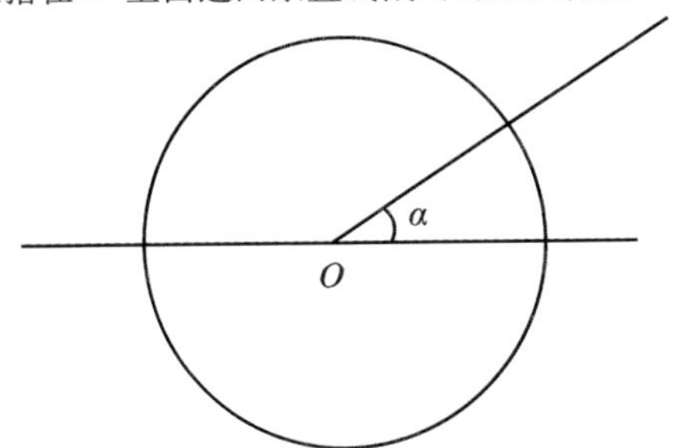

图 1　相交于点 O 的两条直线的夹角

而曲线在一点处的曲率就是指角度的增量相对于弧长的变化率,即曲线上无穷小弧段长度与其切映射下像的长度的反

① GOTTLIEB D H . All the way with Gauss-Bonnet and the Sociology of Mathematics [J]. Amer. Math. Monthly. ,1996,103(6):457-469.

② SPIVAK M. A Comprehensive Introduction to Differential Geometry Vol 2 [M]. Berkely: Publish or Perish, Inc,1997: 74-131.

比的极限,如图 2 所示.

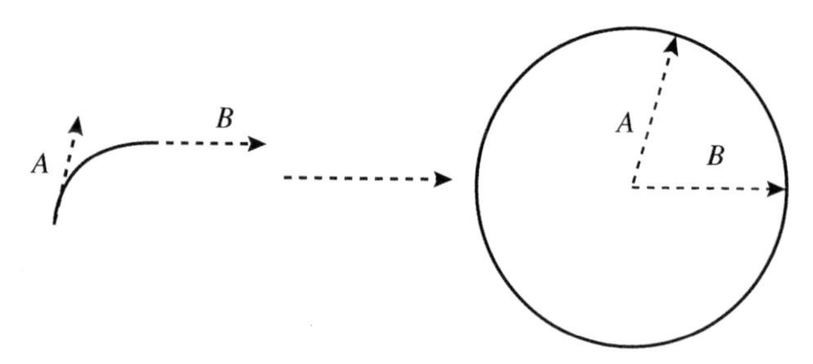

图 2　曲线在一点处的曲率

从几何学的观点看,正如我们可以把角度看成二维空间里单位圆周上曲线段的长(弧长)或者一维体积一样,我们也可以将三维空间中单位球面 S^2 上区域的面积或者二维体积看作三维空间角度的表示. 一般的,n 维空间中的角度被看成单位球面 S^{n-1} 上区域的 $n-1$ 维体积. 这种想法在高斯的总曲率和曲率测度(即高斯曲率)的定义中起着关键的作用. 高斯在他的论文摘要中指出:"如果我们用上述方法来表示球面上各点的法方向,…… 曲面的一部分对应附属球面上一部分,并且曲面这一部分和平面差别越小时,附属球面上相应的面积就越小. 由此,一个十分自然的想法是以附属球面上相应部分的面积作为曲面给定部分的全曲率的度量. 因此作者称它为曲面在该部分的总曲率." 接着,高斯定义"曲面在某一点处的曲率测度为一比值,分母为该点处无穷小邻域的面积,分子为附属球面上相应于曲面上的那一部分的面积,即相应的总曲率."

关于曲率测度的正负号与曲面在该点邻近的形状的关系,高斯指出:"曲率测度对于凹 - 凹或者凸 - 凸曲面(这个区别是非本质的)为正,但对于凹 - 凸曲面为负. 如果曲面由每一种的部分所组成,那么在分隔这两种曲面的曲线上,其曲率测度应该为零."

高斯还给出了曲面在各种表示形式下的高斯曲率的计算公式,特别的,给出了曲面的参数表示形式下的高斯曲率公式,并得出了著名的公式:即高斯曲率仅与第一类基本量及其一阶或二阶偏微分有关,这就是说高斯曲率是由"曲面本身的度量"

所确定的. 而曲面本身的度量在保长变换下是不变的,因而就有"曲面的高斯曲率是曲面在保长变换下的不变量",这表明曲面的度量性质本身蕴含着一定的弯曲性质.

这就是说,高斯在他的一般研究中解决了内蕴微分几何学的中心问题,即从曲面本身的度量出发决定曲面在空间的形状,这个定理被高斯称为"绝妙的定理",它是微分几何学发展的里程碑.

§5 结 语

综上分析,我们可以勾勒出高斯创立内蕴微分几何学的思想轨迹:高斯的大地测量工作,本质是度量地球表面(弯曲的曲面)上任意两点之间的最短距离,这种度量只与曲面本身相关,而与其外在的空间无关,这就促使高斯思考这样的问题,即"我们是否可以从曲面本身的度量出发决定曲面在空间的形状"?这种思考具有本质的意义,这是高斯内蕴微分几何思想的出发点. 高斯正是从这个想法出发,引出曲面的参数表示、曲面上的弧长元素(即第一基本形式),以及由第一基本形式出发,研究弯曲的曲面上的内蕴几何问题,得到了高斯曲率的计算公式,进而证明高斯曲率是在等距变换下的不变性质(即高斯的绝妙定理)以及总曲率与测地三角形内角和的关系公式(即高斯 - 博内定理)等内蕴微分几何的重要定理. 创立了内蕴微分几何学,开拓出"一块极为多产的土地". 沿着高斯的思路,必然得到这样一个全新的观念,即一个曲面本身就是一个空间! 在这样的空间(弯曲的)上展开的几何学必定是非欧的,这是高斯最伟大的创造.

在高斯发表《关于曲面的一般研究》之后大约一百年,爱因斯坦对高斯的这项工作做出了如下的评价:"高斯对于近代物理理论的发展,尤其是对于相对论理论的数学基础所做的贡献,其重要性是超越一切、无与伦比的,…… 假使他没有创造曲面几何,那么黎曼的研究就失去了基础,我实在很难想象其他任何人会发现这一理论."① 我们将高斯于 1817 年写给奥尔伯斯(Heinrich Olbers,1758—1840)的信中的一段话与爱因斯坦的评价做一对比,其意寓是深长的. 高斯说道:"我愈来愈深信我们不能证明我们的几何(欧氏几何)具有(物理的)必然性,至少对于人类理智来说,是人类理智所不能证明的. 或许在另一个世界中,我们能洞察空间的性质,而现在这是不能达到的. 同时我们不能把几何与算术相提并论,因为算术是纯粹先验的,而几何却可以和力学相提并论." 高斯心中的几何学是和力学相提并论的,这种认识让我们想到黎曼在他著名的《关于几何基础中的假设》中这样一句意味深长的话:"这条道路将把我们引到另一门科学领域,进入到物理学的王国,进入到现在的科学事实还不允许我们进入的地方."②

由此我们可以看到,高斯的内蕴微分几何学和黎曼关于黎曼几何学的构想都是意在揭示欧氏几何不具有唯一的(物理的)必然性,他们关于几何学的思想是一脉相承的,黎曼的几何学思想深受高斯的影响. 20 世纪微分几何学与理论物理学的发展,以无可辩驳的事实证实了高斯的伟大思想.

DOVER 版简介

"您,自然,我的女神,我的所有服务都基于您的规则下."③ 通过这样的座右铭,高斯展示出了他对于自然科学的极深的投入. 他的深刻发现为他赢得了"数学王子"的称号,他多方面的成就挑战了世俗所谓"纯数学"和"应用数学"的界限.

---

① HALL T. 高斯 —— 伟大数学家的一生[M]. 田光复,等译. 3 版. 台北:台湾凡異出版社,1986:100.

② 黎曼. 关于几何基础的假设[C]// 李文林. 数学珍宝 —— 历史文献精选. 北京:科学出版社,1998:601-613.

③ 高斯从《李尔王》中选取了这一座右铭. 高斯是否知道这些话是出自恶棍埃德蒙之口,声称其罪恶是"自然"赋予的呢? 如果高斯意识到这个言论的结尾是"神啊,起身面对暴徒吧",难以想象他还会选择此为座右铭.

詹姆斯·克拉克·麦克斯韦认为,高斯对于电磁学的研究“可以被当作所有试图测量自然力的物理研究的模型”. 高斯也深入研究了天文学、测量学以及大地绘图学. 这些极其实用的研究活动,和他在曲面理论中意义深远的公式所体现的“纯数学”紧密结合. 据高斯的学生乔治·弗里德里希·伯恩哈德·黎曼总结,高斯的研究工作是阿尔伯特·爱因斯坦所提出的广义相对论理论的极其重要的基石. 据爱因斯坦说,“高斯对于现代物理理论研究发展,尤其是对于相对论的数学基础,其重要性是无可估量的;…… 如果没有他创造出的曲面理论,而这一理论之后成了黎曼几何的基础,那么很难想象会有其他人能够发现它. ”①

从一开始,高斯的思想就跨越了实践与推测. 高斯的父亲是个散工,母亲几乎是个文盲,而他自己却是一个计算天才,在10岁就掌握了以巧妙方法来计算前100个整数之和. 在15岁时,他可以计算出数十万计的给定数字以下的素数个数,由此他猜想了著名的质数分布定理②. 在早年,高斯就开始考虑,如果欧几里得的平行公理不成立,会对几何学造成什么样的结果③. 在18岁时,高斯运用代数学知识完成了一个几何学上的杰作,即使用尺规作图方法画出一个正十七边形,这使他决定

---

① 引用自 Hall 1970,105.

② 素数定理的阐述是,小于 n 的素数个数 $\pi(n)$,当 n 非常大时,逐渐趋向于 $n/\ln n$,并于 1896 年由 Charles de la Vallee - Poussin 和 Jacques Hadamard 分别独立证明,见 Hall 1970,10-18. 年轻的高斯使用了 Lambert 的素数表,但是正如他在 1849 年的信里写的,在他的一生中“到处都在使用零碎时间来研究一千个数字”(Hall 1970,105).

③ 在 1846 年给 Hans Christian Schumacher 的一封信中,高斯说自己在 15 岁时(1792) 就已经确信有一个“完美一致” 的几何学,即使平行公理不存在也可以适用. 见高斯在关于这些问题上与 Ewald 的往来信件选集 1996,1:296-306. 更翔实的历史见 Bonola 1955,他强调了平行公设的根本性问题. Jeremy Gray 在 Gray 1979 and 1989 中增加了分析的重要性及微分几何学,和 Gray 2004,3-48 一样,这些都包含了杰出的历史调查.

朝着数学而不是哲学方向努力.

高斯对于几何学的研究也很贴近实际. 他在长达 50 年间都积极地观察天象,运用六分仪和望远镜做出了大量的计算. 他对小行星谷神星(Ceres) 轨道的测定使他被任命为哥廷根天文台的天文学教授及台长. 在他的论文《天体运动理论》(1809) 中,高斯把数学知识和应用天文学知识结合起来①.

高斯也对测量学及大地绘图学有着很深的造诣②. 在后拿破仑时代的欧洲,出于经济和军事上的考虑,社会需要精确得多的地图,这就需要精细得多的测量. 在超过十年的时间里(1818—1832),高斯把他主要的时间投身于指导汉诺威选帝侯③领土的测量中,这项主要的工程涵盖了大量的实地调查、三角测量定位,以及难以计数的计算量. 高斯独自一人负担了这一极其艰苦的工作. 在夏天,他主要的时间都远离自己的家,在许多村庄间走动,移除树木以确保视野,并指导着他的军事助手们. 有一次他从马背上摔下,另一次他的马车翻了,他的经纬仪砸在他身上,高斯忍受着伤痛、炎热及失眠. 在同一时间,他的妻子病重(1831 年去世),高斯被他的一个儿子所疏远,之后这个儿子离开他去了美国. 高斯对于测量的每一个方面都极尽苛求,对于由此产生的计算也近乎吹毛求疵. 高斯成了现代大地绘图学实际上的创始人. 高斯尤其自豪于发明了太阳反射仪,这一仪器配有一块可动镜面,借此将太阳光反射到实践中从未达到过的长距离上,而高斯发明的灵感来源于一次被远处窗户反光打扰的经历.

尽管高斯的一位传记作家认为高斯将这么多宝贵的时间用来测量并不值得,但是这些测量工作的实际需求引导了高

---

① Gauss 2004,由 Wilson 2005,316-328 讨论.

② 详见 Dunnington 2004,113-188(至今仍是最全面的传记),Grossmann 1955,Reich 1981,Breitenberger 1984.

③ 译者注(摘自网络):选帝侯(德语为 Kurfürst,复数为 Kurfürsten;英语为 Electorate)是德国历史上的一种特殊现象. 这个词被用于指代那些拥有选举罗马人民的国王和神圣罗马帝国皇帝的权力的诸侯. 此制度严重削弱了皇权,加深了德意志的政治分裂.

斯,使他做出了若干数学上的重大发现①. 在17岁时,他就已经设计出了最小二乘法来处理天文学数据. 之后,他把这一基础工具用于分析大地测量②. 地图绘制迫切需要的是将地球这一曲面投影到平面上. 当时已经有一些正在使用的投影方法,比如麦卡托法或者球极平面投影法,但是这些方法的利弊使得高斯重新从数学角度考虑这一问题. 高斯在他1822年发表的一篇重要论文中这样问道:怎样的绘图体系可以给出最忠于原型的投影,使得“投影的像在其最小的部分和原型是相似的”? ③这就引出了一个深刻的主题:寻找不变量,即可以测试投影的像和原型之间相似度的量. 由于测量学包含了相对不同参考系而言视线的角度测量,高斯很自然地考虑到保角映射的投影,因此,在地球上测量到的角度应该会和绘制出地图中的相应角度一致(这也是麦卡托法所遵循的). 在高斯1822年的论文里,高斯提出了这些保形映射的特征④.

绘图问题提出了不同种类地图及其代表曲面之间关系的问题,因为不同的投影可以导致对于同一个地球的不同版本,这一点令人震惊. 例如,麦卡托法投影使得两极地区相对于低纬度地区显得更加巨大. 于是,高斯想到,曲面是否有某些特质,可以反映它们内在的曲率. 对这一问题得出的惊人结果是他1827年的论文《关于曲面的一般研究》的最大成就.

在这一著作中,高斯以一个测量者的角度出发,通过使用一个类似天文学中天体的单位半径“辅助球面”,讨论了具体指定的空间中各种直线的方向. 辅助球面的一个平行半径可以代表一条给定方向的直线,因此这条直线的方向与球面上某点相

---

① Dunnington 2004,138,相反的,Lanczos 1965,64-84对汉诺威权贵表示感谢,因为他们,高斯才担任起了这一大地测量工作.

② 见Buhler 1981,137-140.

③ 见Buhler 1981,102-103,他的1822年哥本哈根获奖论文可以在Gauss 1973,4:189-216中找到,并在Smith 1959,463-475中翻译.

④ 在1772年,Lambert成为第一个从完全一般化角度考虑形状完全一致的将曲面投射到平面的绘图法的人(Lambert 1896). 关于绘制地图问题的历史,见Kline 1972,2:570-571.

对应. 高斯之后对球面几何和实际作图的曲面进行了拓展性的比较. 他在曲面上运用了一种二维坐标网格,这一方法由欧拉所引入并成为之后研究的基础①. 这些如今被称为“高斯坐标系”(如我们现在所称的),它相对笛卡儿 x,y,z 坐标系在描述距离关系上方便得多. 从这之中,我们再次想起了那个使用二维经纬度描绘地球曲率的测量者. 举例来说,考虑一个凸面上和一个密切球面相接触的点,就像这个球面和曲面内部“亲吻”,并与该处点的曲率相符合. 密切球面的半径被称为曲面在该点的曲率半径,因此,一个平面对应着无穷大的曲率半径. 然而,如牛顿所指出的,地球并不是一个完美的球面,因为地球的自转使得赤道地区相对有轻微膨胀,因此极点和赤道的曲率半径方向在地球表面是不同的. 在 1760 年,欧拉表明在这种情况下某点的曲率可以表示为曲率半径最大值和最小值乘积的表达式(正负号分别表示凸面和凹面),这成为曲率的标准定义.

在高斯对于真正准确的大地测量的探索中,他必须决定地球的两个曲率在何等程度上可测并影响他的测量. 为了解决这一问题,高斯得到了非常一般化的令人惊奇的结果. 他将曲率测度(如今被称为“高斯曲率”)定义为曲面上无穷小区域与球面上对应投影区域的面积之比,这一定义和欧拉的标准定义有很深的关联. 之后高斯向前跨越了至关重要的一步. 他将所有的曲面看作是被彼此“展开”出来的,这意味着原曲面上的任意一点都在地图上有唯一一点相对应,就好像原曲面被任意弯曲而不伴随着伸缩. 当代术语“等距”强调了高斯的“展开”需要保持等距. 从此,高斯开始使用他的曲面坐标系,并用如下几行字总结了他的“绝妙定理”(theorema egregium):“如果一个曲面是由任意一个曲面所展开而来的,那么每一点的曲率测度保持不变.”

高斯的定理表明,一个曲面有着内在的曲率,并且即使表面上被外在的弯曲(保持距离不变),其曲率也不会改变. 因此,

---

① 高斯在 1771 年的论文中引入了这些坐标,在 Euler 1975, ser. 1,28:161-186 中. 有关其研究的简要概述,见 Kline 1972,2:562-571.

即使在极小的范围内也不存在忠于内在弯曲地球的平面地图(无法保持等距),而这一错误对于制图者而言,却被长期认为是仅凭直觉获知的. 然而,高斯的绝妙定理的美也在于惊人的悖于直观. 人们可能觉得因为曲面在外围空间中展开,内在曲率有违这一点,而根本不存在. 例如,一个平面和一个圆柱面的内在曲率都为零,也就意味着这两者本质上都是平的,但直观上圆柱面是弯曲的. 高斯用这一点说明了曲面的内在性质与三维空间的无关性,而这个空间是我们直观上设定的圆柱面或者平面所浸入的空间.

高斯的定理开创了微分几何学的新构想,即在极小范围内对于曲面的研究. 他引入并使用了"度规",用于表达点之间的无穷小距离. 这一数学量概括了用于描绘任意坐标系下曲面的毕达哥拉斯公式. 这成为黎曼 1854 年工作的起点,他将高斯的研究推广到 n 维"空间" 并确定其内在曲率. 事实上,黎曼想用内在的量重新表述所有几何[①]. 高斯也将欧拉的研究发展到了测地线理论,即运用于曲面上最短的可能路线的研究中,而这是欧几里得平面上直线段的很自然的一般化. 因此,笛卡儿的平面直角坐标网可以在曲面上一般化为测地坐标网.

之后,高斯回到了他的测量工作中,用度规计算曲面的曲率(如今被称为"高斯方程"). 他也构建了一个边为测地线的三角形. 高斯的工作表明测地三角形内角和与180°之差的盈余(或不足) 是由三角形在球面上相应投影的面积来度量的(现在称之为高斯 - 博内定理). 高斯用这个"最优雅" 的定理推导出了可以用于测量工作的公式. 从此,他的计算比之前微分几何学任何研究的计算都更细致精确,(我认为) 这是高斯之前所收集的总计超过百万的大地测量数据所产生的结果. 最终,高斯进行了自他的测量工作以来最大的单个三角形的研究,以

---

① 有关 1854 年黎曼的论文 *On the Hypotheses that Lie at the Foundations of Geometry* 的翻译,见 Ewald 1996 2:649-661.

布罗肯山、霍赫海根山、英色伯格山为顶点①. 他表明,观测到的这个三角形内角和相较180°仅仅多出14.853 48弧秒,高斯称之为"无法察觉的"差别. 由此,他的实践性问题看起来解决了,在角度精确度为0.000 2%下,即使考虑到地球的非球面曲率,大地测量也符合欧氏几何.

这也许是看起来无谓的讨论,繁杂地证实了测量者们长期以来的假设. 高斯强调的是关于几何内在特质的"新视角",认为其中是一片"广阔且未被开发的领域有待研究". 但是他可能把最深入的推断留给自己了. 高斯的信件表明,他在年轻的时候就一直在思考非欧几何. 他告诉一些邮件往来的人,自己比鲍耶·亚诺什(1832)和尼古拉·罗巴切夫斯基(1826)最早发布的论文早几十年就掌握了非欧几何,但是高斯掌握到何种程度至今存疑②. 尽管如此,菲力克斯·克莱因认为"高斯仍然应该得到非欧几何学的最高荣誉,因为从他的权威分量看,他首次将这一最初被强烈反对的智力创造公诸于世,并最终取得胜利"③. 在1816年,高斯写道,"可能欧氏几何就应该是错误的,这样我们就可以成为拥有普遍适用的单位长度的先验."而这一点约翰·兰伯特在1766年就意识到了,但不同于高斯,他只将其认为是欧氏几何的根据④. 这也和高斯有关电动力学的研究相符合,他建立了一套普遍适用的单位并沿用至今⑤. 高斯在1824年写到了有关这一普适性单位长度时,他通过宇宙尺度上的经验观测指出,"如果非欧几何是正确的,并且如果就我们

---

① 三角形的三边长分别为69 km,85 km及106 km. 虽然任意三点都定义了一个平面三角形,测量者并不测量其平面角度,而是那些在地球曲面上的角度.

② 高斯在1832年读了鲍耶;在1840年以后,他可能读了罗巴切夫斯基后来在俄罗斯的论文,但从未见过他1826年出版的版本;见Dunnington 2004,461-467中Gray的有帮助的评论.

③ Klein 1979,53.

④ 见Gauss 1973,8:186-188,及Hall 1970,110-111. Adrien Marie和Lambert都认为这个绝对单位是平行公理真实性的证明.

⑤ 有关高斯绝对单位,见Hall 1970,129-131.

可以通过测量地球或天体得到的量而言,其常量总的来说不特别大,那么该常量就可以被定为一个后验."①

因此,当高斯 1825 年写到他的工作"与空间几何的形而上学相联系"时,意味着他自己的思考已经超越了测量学. 我们知道,高斯仔细阅读了康德的作品,并对康德的数学洞察力有批判性. 我们也许可以推测,不同于康德,高斯相信空间几何可能是非欧的,其中的曲率可以被天文观测所决定. 另外,高斯判断,"几何不应该和先验的代数相并列,而应该和力学相并列."② 即使高斯自己对于大地三角形的艰苦测量与欧氏几何相符,还是存在着一个问题,即如何用这些观测检验非欧几何③. 如前所述,他至少是在天体这样的规模上准备这样做. 至少,高斯在地球上的测量表明了任何非欧几何的证明都需要从天文学上寻找.

高斯仅仅在这样的私密信件中才吐露出自己的激进想法,这一部分是由于他极不情愿公开未完成、不成熟的研究,另一部分是由于他希望避免他所谓的"粗人的抗议(das Geschrei der Bootier)"④. 那么谁是高斯所鄙视的粗人(即德语方言

---

① 在 1807 年,Ferdinard Carl Schweikart 和 Franz Adolf Taurinus 注释道,与欧氏几何的偏差只可能在宇宙尺度上观测到,所以他们将这个非欧几何命名为"星体几何",高斯很喜欢这一名称,有时也会自己使用. 事实上,高斯 1824 年的信件是发给 Taurinus 的,见 Bonola 1954, 75-83. 另见 Hoppe 1925,其中记录了 Johann Benedict Listing 的口头回忆,称高斯说过固定恒星间的三角形可以从经验数据上论证欧氏几何的正确性.

② 给 Heinrich Olbers 的信,1817,Gauss 1973,8:177,引用自 Weyl 1949,133.

③ 长久以来的争论围绕着这样的论点:高斯的三角学是为了测验欧氏几何的,Dunnington 在 1953 年提出反对;米勒在 1972 年显然没有注意到这篇文章,又重提了一遍论点;另见 Breitenberger 1984. 高斯所写的没有任何明确表明他的测量是为了测验欧氏几何. 然而,他的测量确实提供了一些信息,即使是反面的.

④ 给 Heinrich Olbers,1817 的信,Gauss 1973,8:177,引用自 Weyl 1949,133.

Bootier 所指的人）呢？也许可以从他对于任何政治论战的刻意避免中看出端倪. 在高斯的一生中充满着革命及镇压，他甚至从不发表任何政治观点. 1837 年，汉诺威的新王废除了宪法，并解雇了反对自己行为的七位哥廷根教授，这其中就包括了高斯的女婿海因里希·爱华德，以及密友威廉·韦伯. 和其他那些抗议或者放弃的人不同，高斯希望“作为个体的宇宙不应该参与到政治舞台中”，并且给一个朋友写道，“我从来没有告诉过任何人我在做什么或者不愿做什么. ”① 正如他有关非欧几何的观点一样，高斯对于暴力论战和政治威胁的意识使得他将自己的观点隐藏起来. 他似乎觉得，如果自己的想法被公诸于世，那么不仅是革命暴徒，达官权贵也会怒吼着要他的脑袋. 尽管人们可能希望高斯有更多的反抗勇气，整整一个世纪之后，爱因斯坦的研究被接受时引起的骚乱动荡似乎印证了高斯的担心. 粗人们将爱因斯坦激进的想法和“红色威胁”联系到一起，将他从讲台上谴责下来，甚至威胁他的人身安全. 可以确认的是，所有的这些都不是简单的对非欧几何的反应. 在世界历史中还有着大得多的运动. 虽然对这些新思想的暴怒很强烈，由其激发的惊叹及赞扬却更加强烈.

如果几何一定要由观测来评判，那么联系几何与物理之间的道路总是敞开的. 黎曼和爱因斯坦在高斯仅能一窥的领域做出了决定性的进步. 诚然，高斯和黎曼还是缺少电动力学全部的方程. 正如爱因斯坦从麦克斯韦方程组中学到的，直到时间可以和空间整合为一体(时空)，物理几何化的工作才得以进展. 一个星球的空间位置不能决定其轨道，还需要知道在该位置的速度，也就是随时间的信息②. 正如爱因斯坦所承认的，一旦意识到这些，高斯和黎曼

---

① 有关“哥廷根七人”的事件，见 Buhler 1981，135-137；引用的信件为寄给 Schumacher 的.

② 见 Adler，Bazin and Schiffer 1975，5-7. Rindler 1994 想象了如果黎曼发现了广义相对论会发生什么.

的研究就对广义相对论具有最重要的意义①. 高斯的微分几何学始终对爱因斯坦理论的推广(如量子引力)起着决定性作用. 在高斯的《关于曲面的一般研究》中,他揭示了几何学中一个深刻的新视角——内蕴性质,而这是在优美的广度上用微分方法所揭示出来的②. 正如此,本书的内容成为现代微分几何学的起源,也描绘了所有未来的物理学家所必须面对的时空的内蕴性质.

在此对本书来源做出解释,此 DOVER 版重印了 1902 年詹姆斯·卡戴尔·摩海德与亚当·米勒·希尔特贝特的译本,那时他们就读于普林斯顿大学,经由普林斯顿大学图书馆管理员H. D. 汤姆森的引入,对各种版本及译本的历史进行了细节描述③. 此版重印遵循最初的 1902 年版本的顺序(并进行勘误),从高斯 1827 年的《关于曲面的一般研究》开始,之后是高斯的摘要,这些内容提供给读者一个非专业的很有帮助的概览,也许较为适合首先阅读. 之后是摩海德与希尔特贝特的注解,在第 17 节之前都倾向于作为书目,之后注解对于高斯许多仅仅给出结果的计算进行详述. 在这之后的内容是高斯的《关于曲面的新研究》,尽管标题如此,这篇文章完成于 1825 年,早于 1827 年的《关于曲面的一般研究》,但是直到高斯死后许久的 1901 年才出版. 因此,《关于曲面的新研究》是比较有趣的高斯研究的早期版本,使人们可以看到他思想的发展. 之后是摩海德和希尔特贝特对《关于曲面的新研究》的注解,随后笔者用方框 [ ] 分隔的对于整本书的注解. 由于摩海德和希尔特贝特直到第 17 节的《关于曲面的一般研究》才真正开始做注解,笔者的注解着重于之前的章节(第 1—16 节). 笔者希望让学生能接触到研

---

① 正如 Hermann Weyl and Elie Cartan 在 1921—1922 年展现的,爱因斯坦方程组从黎曼几何中让人惊奇地出现,给定几个物理上合理的假设,这是无可避免的道路,见 Pesic and Boughn 2003.

② 有关相对高斯的研究而言现代微分几何学的概览,见 Dombrowski 1979,137-153,该文章也包括了以当代记号对高斯研究的叙述(99-120),并讨论了其历史发展(121-136). 另见 Coolidge 1963,404-421.

③ 更早的重印包括 Dombrowski 1979,其中仅包含《关于曲面的一般研究》及相应摘要,该版本在迎面页为拉丁文(2-95),以及 Gauss 1902 的重印版本 Gauss 1965,包含 Richard Courant 的一个简要介绍.

究的这些部分(这些部分中包括了最显著、最重要的一些结果). 在最后,笔者加进了一个简短的附录,此附录给出了一些曲面三角学有用的基本结论,另外加进了一个文献目录①.

当一个朋友对于高斯1823年在大地测量工作中所遭受的时间损失感到遗憾时,高斯回答道:"世界上所有的测量都不会比一个定理所得到的永恒真理价值更高. 但是你不能从绝对的价值评判,而应该看相对价值. "② 高斯的这本《关于曲面的一般研究》正展示了他是如何在艰苦的测量工作之后结出永恒真理之果的.

彼得·佩西奇

历史背景

1827年,高斯向哥廷根皇家学会提交了他的关于曲面理论方面的重要论文. 73年以后,一个法国几何学家认为高斯的这一论文是他主要的成名作,而且是对于微分几何学的最为完善且最为实用的介绍(G. Darboux, Bulletin des Sciences Math. Ser. 2, vol. 24, 1900, 278). 这位法国几何学家对于这些原理的推广做出了比其他任何人都多的贡献. 这个研究报告的名称为:关于曲面的一般研究,或者称之为"论文1827",以区别于草创于1825年且直到1900年才发表的论文. 下面是"论文1827"的版本和译本的清单. 有三个拉丁文版本,两个法文版本和两个德文版本. 论文最早是以拉丁文版本并以如下标题出版印刷的:

Ⅰa. Disquisitiones generales circa superficies curvas
auctore Carolo Friderico Gauss.
Societati regiæ oblatæ D. 8. Octob. 1827,
Commentationes societatis regiæ scientiarum Gottingensisre-

① 现在的书目代替了 Gauss 1902 的版本,供对19世纪文学感兴趣的读者参阅,另有详尽的 Merzbach 1984 书目.

② 这封来自 Friedrich Bessel 的信引用自 Hall 1970, 90.

centiores, Commentationes classis mathematic. Tom. Ⅵ. (ad a. 1823—1827). Gottingæ, 1828, 99-146. 这个第六卷是非常罕见的. 事实上, 的确如此, 大英博物馆的目录单上都未收集该著作. 随着签名的改变, 页面也变更为第1—50页, Ⅰa也以如下添加了标题页的形式出现:

Ⅰb. Disquisitiones generales circa superficies curvas

auctore Carolo Friderico Gauss.

Gottingæ. Typis Dieterichianis. 1828.

Ⅱ. 在由刘维尔(Liouville)编辑的Monge的著作《分析在几何中的应用》(*Application de l'analyse à la géométrie*, 第5版, 巴黎, 1850年)重印版第505—546页, 编辑添加了拉丁文的标题: Recherches sur la théorie générale des surfaces courbes; Par M. C.-F. Gauss.

Ⅲa. 这篇论文的第三个拉丁文版本以如下标题: Gauss, Werke, Herausgegebenvon der Königlichen Gesellschaft der Wissenschaften zu Göttingen, Vol. 4, Göttingen, 1873, 217-258, 没有改变原文的标题(Ia).

Ⅲb. 在高斯全集第4卷(Vol. 4 of Gauss, Werke, Zweiter Abdruck, Göttingen, 1880)中未做任何改变.

Ⅳ. 由前巴黎高等理工学院的一名学生Captain Tiburce Abadie从刘维尔编辑的版本Ⅱ翻译的法文版本, 以标题: Recherches générales sur les surfaces courbes; Par M. Gauss, 出现在信息与数学年刊(Nouvelles Annales de Mathématique, Vol. 11, Paris, 1852, 195-252)上. 后者也出现在自己的标题下.

Ⅴa. 另一个法文译本是: Recherches Générales sur les Surfaces Courbes. Par M. C.-F. Gauss, 其次是笔记以及关于曲面和曲线的相关课题研究, 由E. 罗杰翻译成法文(巴黎, 1855年).

Ⅴb. 同样的, 格勒诺布尔(Grenoble, 或巴黎)的再版, 1870年(或1871年), 160页.

Ⅵ. 德文译本翻译的是第二部分的第一部分, 也就是第198—232页, 见Otto Böklen, Analytische Geometrie des Raumes, Zweite Auflage, Stuttgart, 1884, 标题为(见198页):

Untersuchungen über die allgemeine theorie der krummen Flächen. Von C. F. Gauss. 在这本书标题页的第二部分写作: Disquisitiones generales circa superficies curvas von C. F. Gauss, ins Deutsche übertragen mit Anwendungen und Zusätzen. . . .

Ⅶa. 第二个德文译本是奥斯特瓦尔德的 Klassiker der exacten Wissenschaften 第 5 卷:Allgemeine Flächentheorie(Disquisitiones generales circa superficies curvas)von Carl Friedrich Gauss, (1827). 由 A. Wangerin 编辑,莱比锡,1889 年,共 62 页.

Ⅶb. 同样的,德文第二次修订版,莱比锡,1900 年,共 64 页.

这里给出的 1827 年论文的英文译本是译自论文的原版 Ⅰa,但是在翻译和注释的准备时,除了 Ⅴa 外,所有其他的版本均在手头并加以利用. Wangerin 教授卓越的版本 Ⅶ,在论文和注释的翻译中自始至终被我们加以自由地应用,即使当一些特别注意没有被提到. 尽管译者尽最大可能保持公式的符号、形式和标点符号,以及原文的一般风格. 但为了保持与现在通行的记法一致,仍做了某些改变,其中一些最重要的,我们在注解中加以标明.

这里译出的第二篇论文是高斯提交给哥廷根皇家学会的论文摘要(Anzeige),该摘要于 1827 年 11 月 5 号发表在哥廷根学会会刊(the Göttingische gelehrte Anzeigen) 第 177 号的 1761—1768 页. 本摘要译自高斯全集第四卷第 341—347 页. 这篇摘要具有注解 1827 年论文的性质,并且早于那篇论文发表.

1901 年,高斯全集第八卷已经出版. 这里(408—442 页) 包含了高斯1825年写成的但是没有出版的论文. 这篇论文可以称之为关于曲面的新研究,或者称之为 1825 年论文,以区别于 1827 年的论文. 1825 年的论文表明一种方式,其中有很多思想在高斯的大脑中酝酿,但同时也是不完备的,有些情况甚至前后相矛盾. 然而,当我们将其与1827年的论文联系起来考查,表明这些思想在高斯的心里是在发展的. 在两篇论文中都发现了球面表示的方法,以及典型的三个定理:曲率测度等于曲面上主曲率半径的倒数之乘积;曲率测度在弯曲变换下保持不变;测地三角形之内角和之盈余由辅助球面上相应的三角形面积度量. 但是在 1825 年的论文中,高斯在将他的思想运用于空间性质的研究之前,最初的六个小节(超过整篇论文的五分之一)作为绪论部分,考虑的是平面上曲率的有关定理. 反之,在 1827 年的论文中,高斯则将这一思想仅运用于空间. 此外,虽然高斯在 1825 年的论文中引进了测地极坐标系,在 1827 年的论文中,高斯常常用的是一般坐标 p,q,因此高斯不仅引进了一种新的方法,而且也使用被蒙日和其他人所使用的一些原则.

H. D. Tompson
Mathematical Seminary
Princeton University Library
January 29, 1902

偏微分方程论

阿达玛　著

内容简介

本书是阿达玛教授晚年的一本重要著作,内容包括:绪论、一般柯西数据、狄利克雷问题、柯西结果的讨论、一般原则、基本公式和基本解、奇异方程、混合型、热力方程和抛物型方程等.他在偏微分方程方面做出了重大贡献,本书适合大学生及研究生参考阅读.

出版者的话

当代数学界老宿,法国科学院院士,J.阿达玛教授在偏微分方程理论方面贡献很大,这是众所周知的.阿达玛教授以九十开外之高龄尤奋力著作,写出此书,在他的名著《柯西问题和线性双曲型偏微分方程》(*Le Problème de Cauchy et les Équations aux dérivées partielles linéaires hyperboliques*)的基础上,较全面地阐述了在该书出版后的有关理论的进展,其中包括作者晚年的若干研究成果.

本书内容包括:绪论、一般柯西数据、狄利克雷问题、柯西结果的讨论、一般原则、基本公式和基本解、奇异方程、混合型、热力方程和抛物型方程.

AVIS DE L'EDITEUR

Le Professeur J. Hadamard, Membre de l'Institut de France et mathématicien vénéré de notre époque, a apporté, comme chacun sait, une immense contribution à la théorie des équations aux dérivées partielles. Le Professeur Hadamard qui a plus de 90 ans a travaillé avec le plus grand courage à la rédaction de cet ouvrage.

Se fondant sur son traité "*Le Problème de Cauchy et les Équations aux dérivées partielles linéaires hyperboliques*", devenu depuis longtemps unclassique, l'Auteur traite largement et clairement des théories développées depuis la parution du dit traité, et notamment des résultats qu'il a obtenus, ces dernières années.

Ce livre comprend: Introduction; Données de Cauchy en Général; Le Problème de Dirichlet; Discussion du Résultat de Cauchy; Principes Généraux, Formule Fondamentale et Solution Élementaire; Équations Singulil1res; Type Mixte et l'Équation de Chaleur et le Type Parabolique.

编辑手记

这是一部法国著名数学家的名著.

1940年2月27日,埃利·嘉当在南斯拉夫贝尔格莱德的法国研究院演讲时指出:

像其他科学一样,数学是国际上的一项公共财产,它是属于所有国家的共同体.每个国家根据各自的能力对此做出相应的贡献.一个备受尊敬的数学家,如果对外国昔日伟大的头脑不怀有极大的敬意将是难以接受的.他们在数学的不同领域开辟了新的方向.如果没有他们,数学将不会是今天这个样子.然而,我想告诉你们法国数学家是对数学的发展做出了最显著贡献的一支力量.而且,当提及伟大数学家的数目时,法国也不会少于任何其他国家.

他们当中,包括笛卡儿、费马、帕斯卡、达朗贝尔、拉格朗日、蒙日、拉普拉斯、勒让德、傅里叶、泊松、柯西、刘维尔、伽罗瓦、庞加莱、嘉当、勒贝格、魏伊、勒雷、施瓦兹、利翁斯,当然也包括本书的作者阿达玛.

科学史家贝尔纳在《科学的社会功能》一书中,对"法国的科学"做了如下描述:

> "法国的科学具有一部辉煌而起伏多变的历史.它同英国和荷兰的科学一起诞生于17世纪,但却始终具有官办和中央集权的性质.在初期,这并不妨碍它的发展.它在18世纪末仍然是生机勃勃的,它不仅渡过了大革命,而且还借着大革命的东风进入了它最兴盛的时期,在1794年创立的多科工艺学校就是教授应用科学的第一所教育机关.由于它对军事及民用事业都有好处,因此受到拿破仑的赞助.它培养出大量的有能力的科学家,使法国科学于19世纪初期居于世界前列.不过这种发展并未能维持下去,和其他国家相比,虽然也出过一些重要人才,然而其重要性逐渐在减退.原因似乎主要在于资产阶级政府官僚习气严重,目光短浅,并且吝啬,不论是王国政府、帝国政府还是共和国政府都是如此……不过在这整个期间,法国科学从未失去其出众的特点——非常清晰而优美的阐述.它所缺乏的并不是思想,而是那个思想产生成果的物质手段.在20世纪前25年中,法国科学跌到第3或第4位,它有一种内在沮丧情绪."

但是与中国的当时科学水平相比还是远胜一筹的.据吴新谋回忆:(1935—1936)在阿达玛到达清华时,熊庆来曾主持北平数学界欢迎阿达玛大会.当时北平的数学教授中,做研究工作者还很少,所以介绍这些教授的专业时,熊庆来只能含糊地说:"一般数学."

阿达玛在法国数学家中是很重要的一位.

在提到阿达玛时,嘉当指出:

"雅克·阿达玛的工作既多样又重要:在算术中,他研究关于复杂的素数分布问题的黎曼函数;在几何中,他研究负曲率空间的测地线;在分析中,他出版了数学物理中偏微分方程的著作.同时,他也极大地刺激了变分法和泛函分析,这是由意大利数学家沃尔特拉创立的新科学.最后,他在法兰西学院的讨论班吸引了全世界的数学家前来展示他们的最新研究成果,这影响了数学的国际合作.因为他还很年轻,可以肯定地说,他将要做的工作还远未结束."

因为本书为法文版,为了弥补阅读上给读者带来的不便,在后面我们将对阿达玛和偏微分方程以及法国数学的历史地位及阿达玛本人对中国数学的影响做一点简介.

中国科学院数学研究所研究员吴新谋留法多年且研究方向为偏微分方程.其对阿达玛的介绍当属权威.

阿达玛的父亲是巴黎一所著名中学的拉丁文教授,母亲皮卡德(Picard)是优秀的钢琴师,在父母的影响下,阿达玛本人既有很好的拉丁文修养,又有很好的音乐修养.截至20世纪50年代,历史上只有五位法国数学家同时以第一名的成绩考取高等师范学校和综合工科学院,阿达玛是其中之一.虽然他在综合工科学校考得了有史以来的最高分,他还是进了高等师范学校.毕业后,他先后在巴黎比丰中学、波尔多理学院和巴黎大学理学院任职,1909年到法兰西学院任教,一直到退休(1937年).从1912年直到退休,他还曾在综合工科学校和中央工艺和制造学院任教授.在法兰西学院他创办了一个著名的讨论班,显出他是个非凡的现代数学促进者.他还曾多年兼任法国教育部督学.

1892年,阿达玛获得法国国家博士学位,1912年他被选为法国科学院院士,他还是苏联、美国、英国、意大利的科学院院士和皇家学会的会员以及许多国家的名誉博士,在1892年和1908年,阿达玛以其数学上的重大成就两次获得法国科学院奖.

阿达玛是中国人民的老朋友.早在1936年春,他即受熊庆来教授的邀请在清华大学讲学三个月.阿达玛有一个具有正义感的家庭.在中国的抗日战争期间,他在巴黎积极参加法国人民支援我国人民的抗日运动.他有两个女儿和三个儿子.两个女儿是法国共产党党员,他的妻子经常协助两个女儿工作.两个儿子在第一次世界大战中牺牲,第三个儿子在第二次世界大战中牺牲于北非.阿达玛因此而获"法国荣誉军团司令"的光荣称号.

阿达玛从早期起就致力于把A.L.柯西在分析上的局部理论推广到全局.在复域里,他的博士论文《泰勒展开式所定义的函数的研究》(*Essai sur l'étude des fonctions données par leur développement de Taylor*,1892)首次把集合论引进复函数理论,更简单地重证了柯西有关收敛半径的结果,并用自然而精密的方法探索奇点在收敛圆上的位置及性质,从而使在收敛圆外的解析延拓(如果可能的话)显得更切实可行.这些都是从已给泰勒级数的系数所形成的集合入手的,从而得到一系列重要结果.以收敛圆为割线、缺顶级数定理、极奇性定理、奇性结合定理、有限差距和奇点的阶等概念,至今仍是函数论的基本内容.他和他的学生M.芒代尔布罗伊(Mandelbrojt)合著的《泰勒级数及其解析延拓》(*La série de Taylor et son prolongement analytique*,1926)则已成为经典.他沿着这个新途径研究函数的极大模得到了著名的三圆定理(解析函数在同心圆周上的极大模是同心圆半径的凸函数),他把这些一般结果应用到研讨整函数的泰勒级数的极大模的衰减和这个函数的亏格间的关系,完善了J.H.庞加莱的结果,并因此获得了1892年法国科学院大奖.凭借这些及其博士论文中的许多结果,他证明了黎曼ζ函数的亏格为零,对黎曼猜想做出了重大突破;又证明了素数定理(即$\lim\limits_{n\to\infty}\frac{\pi(n)\log n}{n}=1$,这里$\pi(n)$表示不大于$n$的素数的个数),从而建立了解析数论的基础.

在实域里,阿达玛的贡献体现在常微分方程定性理论、泛函分析、线性二阶偏微分方程定解问题和流体力学等方面.在常微分方程方面,他用不同的方法后来独立地证明了A.M.李雅普诺夫有关稳定性的结果. 庞加莱的定性理论就是把常微分方程柯西问题的局部结果推广到全局. 阿达玛认为这个推广之所以成为可能,是因为庞加莱得到了 É. 伽罗瓦用群处理代数方程解法的思想的启示(见阿达玛在美国得克萨斯州休斯敦的赖斯大学所做的两次报告《H. 庞加莱的早期科学工作》(*The early scientific work of Henri Poincaré*,1922) 和《H. 庞加莱的后期科学工作》(*The later scientific work of Henri Poincaré*,1933),这些报告精辟地总结了庞加莱广博精深的工作). 这种思想使阿达玛关心并重视泛函分析,他在线性泛函的表示问题上的结果实际上是 F. 黎兹定理的前身. 关于泛函微商问题,在获得 1908 年法国科学院奖的论文中,阿达玛得到了拉普拉斯方程 $\Delta u = 0$ 的格林函数满足一个非线性积分方程的重要成果. 这个结果的进一步深入构成了 P. 勒维的博士论文的主体. 这篇论文受到了阿达玛的赞赏. 但他的期望远不止此. 他注意到这个积分方程只与支柱有关,而与同维的椭圆型微分方程无关. 阿达玛的《变分学教程》(*Leçone sur le calcul des variations*,1910) 奠定了泛函分析的基础. 1928 年他在泛函分析会议上所做的报告《泛函分析的发展和科学作用》(*Le développement et le rôle scientifique du calcul fonctionnel*) 是有影响的文献. 阿达玛的行列式定理在弗雷德霍母抉择(alternative) 定理的证明中居重要地位.

这时期阿达玛的注意力已开始转向偏微分方程. 他遵照庞加莱的名言"物理不仅给数学提供有意义的课题并预示其解决",坚持柯西提倡的定解问题的方向,明确了定解问题的含义,完善了适定性的要求(解的存在性、唯一性和对数据的连续依赖性). 他比较、分析了大量结果,紧紧抓住了这样一个矛盾,即拉普拉斯方程 $\Delta u = 0$ 的狄利克雷问题在支柱上每一点只须给未知函数的值,而柯西 - 柯瓦列夫斯卡娅定理则要求在支柱上每一点给出未知函数值和它的微商值. 经过反复讨论,出乎意料地发现柯西 - 柯瓦列夫斯卡娅定理在方程、支柱和数据不全时解析式是不真的. 进一步探索,他发现形式极相似的方程,却有迥然不同的适定问题,这个从物理上看极为自然的现象,在数学方面导致了根据二阶方程的特征表达式分型(椭圆、双曲、抛物）的结论. 这三个型的方程有没有共同点呢？阿达玛提出了基本解. 这不仅从他对前人工作的总结得来，而且从他本人以前的成就也必然得出这个结论. 有了基本解，正规双曲型方程的柯西问题的解，只要支柱是空向的，已给数据适当正规，就可以用一个发散积分的有限部分（此概念是分布论前身之一）来表示；对于椭圆型方程就可以形成势来代表解，并通过这个势所满足的弗雷德霍姆型积分方程求得狄利克雷问题的解. 间接地求抛物型方程的基本解的步骤也是由阿达玛提出来的. 阿达玛有一句名言："所有线性偏微分方程问题应该并且可以用基本解解决." 由于所有工作都是紧紧联系几何以及数学其余各分支学科，并有其物理背景，所以他的解法是大范围的，几何和物理意义是清楚的，一般用积分表示，计算切实可行，并可进一步进行探索，阿达玛不愧为二阶偏微分方程理论的总结者、奠基者和开拓者. 他的著作《柯西问题和线性双曲偏微分方程》（*Le prodlème de Cauchy et les équations aux dérivées partielles linéaires hyperboliques*，1932）已成为经典. 他在流体力学方面的工作，大部分包含在其著作《波传播和流体动力学方程教程》（*Leçons sur la propagation des ondes et les équations de l'hydrodynamique*，1903）一书里，在那里他通过有关混合问题的讨论说明引进波的概念的必要性，对许贡纽（Hugoniot）的重要工作进行简化、增补和应用，对特征理论做了详尽的讨论，从而指出方程组和单个方程有本质的不同，并在附录中指出流体滑动的可能性，这些都在后来的气动力学大范围研究中起了重要的作用.

阿达玛是 20 世纪以来，庞加莱以后少有的多面手. 他兴趣极为广泛. 他给 J. 唐纳里的《单变量函数论导引》（*Introduction à la Théorie des fonctions d'une variable*）写的一个附录"克罗内克指数的某些应用"（*Sur quelques applications de l'indice de Kronecker*，1910）是受欢迎的介绍拓扑的文章. 他的几篇写打牌的文章是有关概率论的，是 M. 弗雷歇（Fréchet）众多研究的出发点. 他的分析教程末一章是介绍概率论的出色教材. 他对伽罗瓦理论的理解极深，曾写过多篇关于伽罗瓦理论的文章. 阿达玛晚年的著作《数学领域中发明的心理学研究》（*Essai sur la psychologie de l'invention dans le domaine mathématique*,1959)事实上是他的数学思想的自述.阿达玛认为,理论和应用好像树和树叶,树负载着树叶,树叶滋养着树.他并提到在向C.埃尔米特提出自己的博士论文稿时,埃尔米特曾提醒他要找些应用,这样他才在整函数理论方面做出了重大贡献,并建立了解析数论的基础.阿达玛指出,人们对所从事的工作的现状要有一个全面精确的认识,这样就能很有秩序地把这些认识储存在脑海中,像演员从后台很自然地、及时地出场演出精彩的节目.科学的发明常常带有偶然性,为什么有些人能够抓时机做出发明,而有些人则不能,就是因为前者有高水平的知识储存在脑海中,因而抓住适当的时机,而后者则否.阿达玛强调,既要重视推理的严格性,也要重视直觉,直觉能帮助发现问题和选择问题.阿达玛在物理方面也造诣很深,在相对论、惠更斯原理和地球物理方面都有贡献.甚至在生物学方面,他对羊齿类标本丰富的收集也受到了我国学者的敬佩.在《J.阿达玛全集》中,他的文章涉及很多方面,诸如解析函数、数论、级数、行列式、实变函数、集合论、泛函方程、积分方程、变分学、几何、拓扑、常微分方程、偏微分方程、水动力学、力学、概率论、代数、逻辑学,还有科学家传记,教育学及数学史等.阿达玛知识的渊博使其当时在法兰西学院主持的讨论班成为世界第一流的.几乎每一次报告,他都能提出中肯的评价;遇有疑难,又不耻请教.正因为这样,他才能多年胜任法国教育部督学.

1964年,阿达玛的最后一部著作《偏微分方程论》(*La théorie des équations aux dérivées partielles*,1964)详尽分析了许多古典结果,包括他本人晚年的研究成果.这本书可被称为偏微分方程经典理论的百科全书.

该书主要内容为偏微分方程.为了方程初学者阅读,下面将偏微分方程的概貌介绍一下,包括几个常见概念:

偏微分方程(partial differential equation)是分析数学的重要分支之一.包含未知函数及其偏导数的等式叫偏微分方程.偏微分方程理论研究一个方程(组)是否有满足某些补充条件的解,有多少个解,解的各种性质及解的求法等.

微积分理论形成后不久,在18世纪初,人们就结合各种物理问题研究偏微分方程. 最早引起数学家兴趣的是关于弦的振动问题. 英国数学家泰勒在1713—1715年就导出了一根张紧的振动弦的基频. 法国数学家达朗贝尔在1747年建立了第一个弦振动方程

$$\frac{\partial^2 y}{\partial t^2} = a^2 \frac{\partial^2 y}{\partial x^2}$$

并且得到形如两个任意函数之和的解

$$y(t,x) = \frac{1}{2}\varphi(at + x) + \frac{1}{2}\psi(at - x)$$

丹尼尔·伯努利和欧拉等人研究了这个方程的解,并且比达朗贝尔更完整地考虑了解的边界条件和初始条件. 围绕着解用三角级数表示等问题,在 18 世纪下半叶引起了一场激烈的争论.

1759 年,欧拉考虑矩形鼓和球面波的振动,建立了二维和三维的波动方程. 由于对万有引力的研究,出现了所谓的位势方程

$$\frac{\partial^2 V}{\partial x^2} + \frac{\partial^2 V}{\partial y^2} + \frac{\partial^2 V}{\partial z^2} = 0$$

它首次出现在欧拉 1752 年的论文中. 拉格朗日和勒让德,特别是后者对这个方程的解进行了深入研究,由此引出所谓的勒让德多项式. 后来由于拉普拉斯的出色工作而又称这种方程为拉普拉斯方程.

一阶偏微分方程首先出现在几何问题和流体力学问题的研究中(1740 年以后),蒙日给出一阶偏微分方程一般理论的几何解释. 在流体动力学中还出现了第一个偏微分方程组. 19 世纪初期,柯西和拉格朗日等解决了一阶偏微分方程的求解问题,其基本方法是化为求解一阶常微分方程组.

在整个 18 世纪,对偏微分方程的研究都是处于不自觉的状态. 人们认识到解偏微分方程不需要什么新的特殊技巧,它与常微分方程的不同之处在于解中可以出现任意函数. 在这一时期,通常认为把它们化为常微分方程后便可求解,对偏微分方程理论的探讨还有待深入.

到了 19 世纪,随着物理科学所研究的现象在广度和深度

两方面的扩展,偏微分方程逐渐成为数学研究的中心. 不仅出现了一些新的类型,而且已有类型的应用范围也不断扩大.

1822 年,法国数学家傅里叶在研究热传导规律时,发现了(三维)热传导方程

$$\frac{\partial^2 T}{\partial x^2}+\frac{\partial^2 T}{\partial y^2}+\frac{\partial^2 T}{\partial z^2}=k^2\frac{\partial T}{\partial t}$$

为在各种边界条件下积分热传导方程,傅里叶首先系统地用三角级数的形式表示未知解,由此引起对傅里叶级数的研究.

1839 年,德国数学家杜布瓦雷蒙引入了偏微分方程的标准分类法,他分别称上述波动方程、位势方程和热传导方程为双曲型的、椭圆型的和抛物型的. 至此,人们逐渐弄清了二阶线性偏微分方程的重要类型.

二阶以上的偏微分方程,很难化成常微分方程求解. 求方程满足某种特定条件的解叫定解问题. 由于偏微分方程都有很强的实际背景,因此定解问题的提法也比较多. 例如对于热传导方程,主要研究柯西问题;对于波动方程,研究最多的也是柯西问题和初边值问题;对于位势方程,则研究两种边值问题,第一边值问题称为狄利克雷问题,第二边值问题称为诺伊曼问题.

对于上述种种定解问题,到 19 世纪末,已有许多解法. 但定解问题的系统理论到 20 世纪才趋于成熟. 阿达玛在 20 世纪初建立了偏微分方程定解问题适定性的概念. 根据他的观点,如果定解问题的解存在、唯一并且连续依赖于定解条件,那么就称之为适定的. 阿达玛被誉为二阶线性偏微分方程的总结者,他不仅对定解问题做出贡献,而且根据二阶方程的特征表达式对方程进行分类,为了研究不同类型方程的共性,他还提出一般方程基本解的概念,为偏微分方程理论的建立奠定了基础.

19 世纪末,人们开始在解析函数范围内研究偏微分方程. 柯西研究了满足某种初始条件的偏微分方程组,建立了著名的柯西存在性定理,他的工作后来被俄国女数学家柯瓦列夫斯卡娅独立完成并推广. 对于解析函数领域中的偏微分方程,人们还得到其他比较一般的结果.

在特殊类型的二阶方程得到充分的研究之后，数学家们转向一般的二阶方程，陆续得到一些结果. 20 世纪 30 年代以来，各种泛函分析方法被应用于偏微分方程的研究，不仅可以讨论二阶方程，而且发展了高阶方程的理论，并在一般的一阶方程组中也得到许多成果. 偏微分方程理论发生了很大的变化.

20 世纪 40—50 年代，人们逐渐认识到绝大多数的偏微分方程（组）无法按经典的分类进行研究，因此需要建立尽可能普遍适用的理论或给出新的分类法. 瑞典数学家赫尔曼德、美国数学家卢伊等在这方面都有重要工作.

对于变系数线性方程和非线性方程的研究，在 20 世纪 60 年代以后获得了许多进展，不断发展出一些独特的数学方法. 微分算子的概念有很多扩充，出现了拟微分算子和傅里叶积分算子等工具. 在非线性问题的研究中，除不动点方法外，拓扑度方法和变分法都是十分有效的工具.

一阶偏微分方程（first order partial differential equation）因为物理问题直接导致二阶偏微分方程，所以直到 18 世纪下半叶对一阶偏微分方程还很少有系统的研究，只有法国数学家克莱罗和达朗贝尔给出了全微分方程 $P\mathrm{d}x + Q\mathrm{d}y + R\mathrm{d}z = 0$ 可积分的必要条件.

拉格朗日在 18 世纪 70 年代建立了一般的两个自变量的一阶偏微分方程

$$f\left(x, y, z, \frac{\partial z}{\partial x}, \frac{\partial z}{\partial y}\right) = 0 \qquad ①$$

的理论. 他首先给出非线性一阶方程的理论. 在确定方程 ① 可积分的条件时，把问题转化为求解一个线性一阶偏微分方程，然后他又建立了解线性方程的方法. 拉格朗日考查线性方程

$$P\frac{\partial z}{\partial x} + Q\frac{\partial z}{\partial y} = R \qquad ②$$

这是一个非齐次的方程，他把解方程 ② 转化为解一个齐次方程的问题，而齐次方程的求解又联系着一个常微分方程组. 这样一来，拉格朗日成功地把解一个一般的一阶偏微分方程的问题转化为求解常微分方程组的问题. 他还对一阶方程的解进行分类，并讨论了完全解（或全积分）、通解和奇解的关系等.

n 个变量的一阶偏微分方程的解法是由柯西和德国数学家普法夫建立的. 特别是普法夫做出了重要贡献,他给出了解普法夫方程的一种有效方法.

关于一阶偏微分方程的几何理论是由法国数学家蒙日建立的,他指出方程的全积分是双参数曲面簇,给出通解的几何解释,引进特征曲线的重要概念. 蒙日的工作后来由法国数学家 E. 嘉当等人发展.

位势方程(potential equation) 是一类重要的偏微分方程,属于椭圆型方程.

18 世纪所研究的主要物理问题之一是确定两个物体之间的万有引力,特别是研究太阳对一个行星,地球对它外部或内部的一个质点,地球对另一个连续质量的引力等. 牛顿、马克劳林、丹尼尔・伯努利和欧拉等人都对万有引力问题进行了深入研究,他们发现万有引力的三个分量所确定的势函数 $V(x,y,z)$ 满足下列所谓“位势方程”

$$\frac{\partial^2 V}{\partial x^2}+\frac{\partial^2 V}{\partial y^2}+\frac{\partial^2 V}{\partial z^2}=0$$

这个方程最早出现在欧拉的 1752 年的论文中. 以后,人们为了探求这个方程的一般解法做了大量的工作,特别是勒让德对旋转体引力的计算引出了所谓勒让德多项式,他利用这些多项式的性质及势函数的表达式等直接计算出球体间的引力.

18 世纪 80—90 年代,拉普拉斯为解位势方程做了重要贡献. 在他的《球状体和行星状物体的引力理论》(1782) 的著名论文中,给出了用球坐标表示的位势方程,并且利用球调和函数来解球状体引力的位势方程. 由于拉普拉斯的出色工作,上述位势方程又称拉普拉斯方程.

在 19 世纪,由于对稳定的势传导、电磁理论中的位势的研究,建立了所谓泊松方程

$$\frac{\partial^2 V}{\partial x^2}+\frac{\partial^2 V}{\partial y^2}+\frac{\partial^2 V}{\partial z^2}=4\pi\rho$$

其中 ρ 是吸引体的密度. 英国数学家格林为了得到位势方程解的一般性质,他从拉普拉斯方程出发,建立了著名的格林定理. 俄国数学家奥斯特洛格拉德茨基也独立地证明过这个定理. 格

林还引进了特殊的奇异函数——格林函数的概念，它已成为现代偏微分方程的一项基本工具.格林把这些定理和概念应用于电磁学和具变密度椭球体的引力问题，得到了更一般的结果.

在格林之后，英国的学者汤姆森、斯托克斯和麦克斯韦，以及德国的黎曼和维尔斯特拉斯等在位势方程解的存在性、用复变函数解位势方程等方面都有许多工作，到19世纪末，位势方程的理论已基本建立起来.但是还有一些尚未解决的重要问题，1900年希尔伯特提出的著名的23个数学问题中，就有3个是关于位势方程的.80多年来，对位势方程的研究已获得了丰硕的成果.

波动方程(wave equation)属于双曲型偏微分方程，也是一类重要的偏微分方程.

18世纪上半叶，围绕着弦振动问题，伽利略、泰勒、约翰·伯努利和达朗贝尔等做了大量的研究工作，1747年达朗贝尔建立了第一个一维的波动方程(即弦振动方程)

$$\frac{\partial^2 y}{\partial t^2} = a^2 \frac{\partial^2 y}{\partial x^2}$$

并且得到如下形式的解

$$y(t,x) = \frac{1}{2}\varphi(at + x) - \frac{1}{2}\psi(at + x)$$

但他只考虑了边界条件.第二年，欧拉指出，如果再给定初始条件，那么弦的振动便完全确定.由此还引起18世纪一场激烈而又重要的争论:偏微分方程的积分中所含任意函数的性质是怎样的?

1753年，丹尼尔·伯努利以全然不同的方式给出弦振动方程的解

$$y = \alpha\sin\frac{\pi x}{a} + \beta\sin\frac{2\pi x}{a} + \gamma\sin\frac{3\pi x}{a} + \cdots$$

他指出，弦所发出的声音是由基本音和无穷多个泛音所构成，因此把各种泛音对应的正弦曲线叠合起来，就得到弦的形状.事实上，他已经获得了后来称为傅里叶级数法的解偏微分方程的方法.

欧拉和达朗贝尔考虑粗细不均匀的弦振动问题，得到了推广的波动方程．

1759 年，欧拉和拉格朗日分别独立地研究平面波和柱面波的振动，建立了二维和三维的波动方程. 18 世纪也出现了用球坐标表示的波动方程. 到了 19 世纪，波动方程在许多物理领域中得到新的应用. 泊松和黎曼以完全不同的方法给出波动方程初值问题的解. 在研究其他形式的波，如调和的、声音的、弹性的和电磁学的波的过程中，出现了退化的波动方程，德国物理学家亥姆霍兹利用格林定理得到退化方程的连续解. 此外，德国数学家杜布瓦・雷蒙和法国数学家达布等对波动方程也做了许多研究.

热传导方程(equation of heat conduction) 是一类重要的偏微分方程，属于抛物型方程.

19 世纪初期，在工作上为了对金属进行热处理，法国数学家傅里叶从事热流动的研究. 在他的著名的《热的解析理论》一书中，考查了均匀的各项同性的物体的温度 $T(x,y,z,t)$，根据物理原理，证明 T 必须满足偏微分方程

$$\frac{\partial^2 T}{\partial x^2}+\frac{\partial^2 T}{\partial y^2}+\frac{\partial^2 T}{\partial z^2}=k^2\frac{\partial T}{\partial t}$$

这就是三维空间的热传导方程. 傅里叶在某种边界条件和初始条件下求出用三角级数表示的解，由此他提出了任意周期函数都可以用三角级数来表示的问题. 这些工作揭示了函数可以展开为一些特殊函数的级数这一普遍性事实.

1811 年，傅里叶讨论在一个方向上延伸到无穷远的区域的热传导问题. 为了解这类问题，他从有界区域热传导方程的解(三角级数形式表示的) 出发，通过一系列推导和计算，得到用傅里叶积分表示的方程的封闭形式的解.

自然界中还有许多现象可以用热传导方程来描述，如分子在介质中的扩散过程等.

随着时代的发展，偏微分方程也有了很大的发展，研究方法也有了质的飞跃.

与物理学中有宏观物理学与微观物理学相仿，在数学理论的分析学中也有大范围分析与微局部分析等分支.

函数是分析学中所研究的一类基本对象，在函数的各种性质（如相等、可微性、有界性、渐近性等）中，有些性质是局部性质，如我们可以说一个函数在某点可以求导；有些性质是整体性质，如我们可以说一个函数在某区域中有界. 而函数的某些整体性质常常可以从其每个局部中有的局部性质推出，例如，若两个函数在某区域中点点相等，则这两个函数在该区域中相等. 近代数学理论中，函数概念已发展成广义函数（分布）或更一般的概念. 这时，局部性质就是指在一点的充分小的邻域中的性质，这种局部性质也常常可推出相应的整体性质. 以下为了叙述的方便，我们所提及的函数一般就是指广义函数，而说到函数在某点的性质就是指它在该点充分小的邻域中的性质.

可微性也是一种局部性质，为考虑函数在某定义域中的可微性，可以分别考查它在各点的可微性. 如果一函数 u 在某点为无穷次可微的，我们称它为在该点是 C^∞ 光滑的，或简称为在该点光滑，否则，则称它在该点非光滑. 所有非光滑点全体称为函数的奇支集，记为 $\operatorname{sing\,supp} u$. 进一步考查可知，在一点附近同为非光滑的函数，其性质可以相差很大. 这种现象促使我们对函数的局部性质做更细致的考查.

用微局部分析的方法来研究偏微分方程导致了线性偏微分方程的巨大进步. 人们借此对于偏微分方程理论的许多基本问题重新加以认识与处理，有些问题研究历史久远，而从此得到了迅猛的发展，也有些问题是近期才提出的. 它们使偏微分方程理论研究达到了一个更深的层次. 我们几乎可以说，20 世纪 60 年代后线性偏微分方程理论的每一个重要进展无一不是与微局部分析紧密相连的，以下举几个例子说明之.

偏微分方程柯西问题唯一性的研究由来很久，早在 20 世纪初许贡纽证明了具有解析系数柯西问题在非解析函数类中解的唯一性. 但当方程系数仅为 C^∞ 函数时，柯西问题不一定有唯一性. 到 20 世纪 30 年代末，对于含两个自变数方程的柯西问题唯一性才有了较普遍的结果，而对含多个变数的方程，直到 20 世纪 50 年代末以前仍只有零星的结果. 1958 年，Calderon 利用拟微分算子为工具证明了不具重特征的偏微分方程柯西问题解的唯一性，他只要求方程具 C^∞ 系数与不具有重特征，并不需要对方程的类型提出什么要求.

Calderon 证明柯西问题唯一性的要点如下:他首先引入以 $|\xi|$ 为象征的拟微分算子(也称为奇异积分算子)将高阶方程组化成一阶方程组,这种化方程组的方法不会增加特征,因而所得到的方程组也不具有重特征值,这个一阶方程组的象征是一个不具重特征值的矩阵,所以能够通过相似变换化成对角阵. 然后问题大体上就相当于单个一阶方程的问题,从而较容易建立适当的估计式,而导致齐次柯西问题的解为零. 这里需强调的是,我们将一阶方程组的象征矩阵化成对角阵的过程就相当于在拟微分算子范畴中对方程组进行变换,而且由于方程组的象征阵化成对角阵是在 $\mathbf{R}_x^n \times \mathbf{R}_\xi^n$ 的每点的邻域进行的,因此每次所得到的估计都是微局部的. 仅在将这些微局部的估计综合以后才得到一个整体的估计式.

读者都知道,常微分方程总是有很多解的. 由于偏微分方程可以看作常微分方程的推广,人们长期认为一个偏微分方程也总是有很多解的,并需要以适当的定解条件来确定其解. 然而 1957 年 H. Lewy 给出了一个反例

$$\frac{\partial u}{\partial x} + \mathrm{i}\frac{\partial u}{\partial y} - 2\mathrm{i}(x + \mathrm{i}y)\frac{\partial u}{\partial t} = f$$

对这样的方程若仅要求f是原点邻域中的 C^∞ 函数,对于很多f,方程根本就没有解. 这一新现象的发现,促使人们去研究这样一个问题,究竟什么样的方程才是对任意右端有解的. 更准确地说,若 L 为在 Ω 中定义的偏微分算子,$x_0 \in \Omega$,如果有 x_0 的邻域 ω,使对任一$f \in C_0^\infty(\omega)$ 都有 $u \in \mathscr{D}'(\Omega)$,使 $Lu = f$ 在 ω 中成立,则称算子 L 在 x_0 点为局部可解的. 自 1957 年以后的一段相当长的时期中,局部可解性问题成了当时线性偏微分方程理论研究的一个热点.

1960 年 Hörmander 证明了实系数主型算子总是局部可解的,这里的主型算子也就是指没有重特征的算子. 1963 年 Nirenberg 与 Treves 对于具复系数的一阶主型算子局部可解的必要条件与充分条件得到了较完整的结果. 但是对于高阶主型算子的局部可解性直到1970年才有较完整的结果,其原因也是在此前缺乏合适的分析工具. 1970 年 Nirenberg 与 Treves 的做

法是先在高阶算子的特征点邻域中将它分解成一个椭圆算子与一个一阶算子的乘积，后者在该邻域中与原高阶算子具有相同的特征点，然后集中研究该一阶算子的局部可解性. 由于这种算子分解只能在拟微分算子的范畴中进行，因而也只有在拟微分算子的系统理论发展与成熟以后，局部可解性问题的研究才有了重大的突破. 然而，应该指出，这个问题至今仍未彻底解决.

偏微分方程解的正则性是偏微分方程理论研究的基本课题之一，正则性与奇性实际上是同一对象的两个侧面，因此人们一般更注重于偏微分方程解的奇性生成、分布、强度或奇性结构. 关于偏微分方程解的奇性分布的一个经典的结论是：解的弱间断只能在特征曲面上出现，较精细的结论是，解的弱间断是沿方程的次特征线传播的，对于线性主型偏微分方程，则有更精确的奇性传播定理，它是Hörmander等人在20世纪60年代末建立的.

设 P 为具 C^∞ 系数的主型算子，它的主特征为 $p(x,\xi)$，称 Hamilton 方程组

$$\frac{\mathrm{d}x}{\mathrm{d}s}=\frac{\mathrm{d}p}{\mathrm{d}\xi}$$

$$\frac{\mathrm{d}\xi}{\mathrm{d}s}=-\frac{\mathrm{d}p}{\mathrm{d}x}$$

满足 $p(x(s),\xi(s))=0$ 的解 $x(s),\xi(s)$ 为算子 P 的零次特征带，则有：

定理 若 $u\in\mathscr{D}'(\Omega)$ 为方程 $Pu=f$ 的解，其中 $P=p(x,D)$ 如上述，$p(x_o,\xi_o)=0$，$(x_o,\xi_o)\in WFu$，γ 为过 (x_o,ξ_o) 的零次特征带，则若 $\gamma\notin WFf$，必有 $\gamma\notin WFu$.

上述定理也可表述为，在微局部的意义下，当 f 为光滑时，只要 u 在某点有奇性，这个奇性就沿着次特征带传播，显然，这一结论比经典的在底空间中的奇性传播结论更精细，而通过往底空间的投影，很容易导出经典的奇性传播定理.

奇性传播的研究完全是属于微局部分析范畴的课题，它引导人们对偏微分方程解的性质做更深入的了解.

关于微局部分析对偏微分方程研究的影响还可举出很多

例子,如柯西问题适定性的研究,非椭圆方程解的次椭圆估计,重特征算子的分类与化简,等等.此外,它在散射理论、量子力学的准经典近似等方面的应用也是令人瞩目的.

微局部分析在线性偏微分方程理论研究中所取得的出色成就必然吸引人们将微局部分析方法应用于其他各种问题,特别是近十年来人们在非线性偏微分方程的研究这一方面也取得了很大的成功,从而形成了非线性微局部分析的分支.其中最重要的成果有非线性方程解的奇性传播以及高维守恒律双曲型方程组广义解的存在性等.

由于非线性效应,方程的解的奇性会产生相互干扰,因而一般来说,它的解的奇性分布比相应的线性方程解的奇性分布要复杂得多.目前,人们通过多年的研究对非线性方程解的奇性传播、反射、干扰等规律已有了较清楚的认识.特别是法国 J. M. Bony 在研究这类问题中又发展了仿微分算子的理论与二次微局部分析的理论,从而为微局部分析的应用开辟了更广阔的前景.

在高维守恒律双曲型方程组的研究中,带有各种类型间断的解的存在性等问题长期以来是人们十分向往而又束手无策的问题.因此,尽管一维守恒律双曲型方程组的研究已有长久的历史与很好的精细结果,但一到高维的情形,很多结论是否成立即成为未知.现在鉴于微局部分析理论的发展,人们能够先对相应的线性化问题做出比以往更精细的估计,从而推导出非线性问题的所需结果.例如,在 20 世纪 80 年代,A. Majda 与 S. Alinhac 先后获得了高维守恒律双曲型方程组带有激波与带有中心波的解的存在性,相应地还有一批结果涌现,从而使人们在这个领域中的研究获得了重大的突破.当然,在高维情况下,非线性守恒律双曲线广义解研究的内容十分丰富,还有许多复杂而深刻的问题未解决.

近年来,J. Y. Chemin 利用微局部分析对不可压缩流体的数学理论进行研究,也获得了重要的进展.

目前,作为一个新兴的学科分支,微局部分析还在迅速地发展,它的应用也正在渗透到更多的方面.它无疑是当代数学发展的一个主攻方向,更丰硕的成果尚有待我们努力去摘取.

下面再介绍一下本书作者阿达玛对中国数学发展的影响：

1920年6月至9月间，法国前国务总理潘勒韦(Painlevé, 1863—1933)和他的秘书波雷尔(Borel,1871—1956)来华考查中国教育.他们两位都是当时法国著名数学家.1920年7月1日，潘勒韦应邀到北京大学做了关于数学发展动态的讲演；9月10日，归国途中路经上海，接受当时中国科学社的邀请，做了关于中国教育及科学问题的讲演.他根据在中国的考查，结合法国的发展情况，在讲演中提出了如下建议："法国专门艺术(即指技术)之发展，实基于法国之科学，故欲求中国专门艺术之发达，必先有中国之科学."

1936年3月到6月《科学》杂志分多期报道了阿达玛来华讲学的盛况.摘录于后，以飨读者.

"法兰西国家学院阿达玛(Jacques Hadamard)教授，系当今数学及物理学之权威，此次应吾国清华大学与中法文化基金委员会之合聘，来华讲学两月，于三月廿二日偕其夫人乘亚洲皇后轮来沪，当抵埠时由本埠中国数学会、中国物理学会、中法联谊会、中国科学社等代表杨季璠、朱公谨、杨孝述、胡刚复、范会国等上船欢迎，并伴往国际饭店下榻，…… 二十三日下午四时半应中国科学社、中国数学会、中国物理学会三团体之请即在交大工程馆举行公开演讲，七时由该三团体假座华安大厦公宴.先是，五时半中法联谊会及法兰西协会在法兰西协会图书馆内举行茶话会，以资联欢.阿氏离沪后，即往日一游，复于四月七日抵塘沽，改乘北宁车往平，清华校长梅贻琦，理学院长叶企荪，数学系主任熊庆来，均赴车站迎迓，阿氏夫妇下车后，即赴清华后工字厅休息，复往校中各处参观，对该校设备，颇至赞美.阿氏在该校讲学，分为两种：(一)为通俗者，约有二三次，于稍迟后方能举行；(二)为专门者约规定二十次，定于每星期三、五下午四时至五时举行，十日讲题为'*Definite Problems of Partial Differential Equations*'.按阿氏系法国人，现年七十岁,历任巴黎大学副教授,中央实业学校教授,现任巴黎法兰西学院教授,国家学术院会员,世界算学会副会长,世界算学教育委员会会长,此次就聘清华大学算学系教授,有益我国算学界非浅."

(摘自《科学》,1936.5,第20卷第5期第416,417页.)

"阿达玛于四月七日抵北平清华大学后,十日即开始授课,讲题为'*Surle probléme de Cauchy et les equations aux dérivées partielles linéaires*',按阿氏于1920年曾应美国耶鲁大学(Yale Univèrsity)之请作雪氏讲演(Silliman lecture)即为此题.此次在华讲演,内容大致相同,但先作一有趣之导论耳.于此专门讲题外,阿达玛教授复授一浅易而有趣之讲题'*Sur la géométrie anallagmatique*'自五月十日起每星期讲一小时,听者不需任何高深预备科目.

"国立清华大学立校二十五周年纪念会之仪式在四月二十六日上午十时于庄严中举行,时集该校大礼堂之师生及校外来宾约有二千余人.……纪念式中且有学术演讲一项,请算学教授阿达玛氏担任,讲题为'*Some reflectionx on the role of mathematics*',阿氏先以其祖国语言(法语)至颂辞后,即开始讲演,历四十余分钟方毕,言简意长,诚蜀名家丰度."

(摘自《科学》,1936.7,第20卷第7期第591页.)

"兹悉阿氏,已于六月二十五日讲演完毕,行将回国.北平研究院副院长李书华,近在该院物理学研究所,备有茶点,招待阿氏夫妇,到冯祖荀、江泽涵、饶毓泰、杨立奎、赵讲义等数理界人士四十余人,旋由该院物理研究所所长严济慈,化学研究所所长刘为涛,引导参观该院物理及化学等研究所.阿氏对于各该所设备情形及研究成绩,极为赞美."

（摘自《科学》,1936.8,第20卷第8期第696页.）

在王元院士写的《华罗庚》一书中也对当时的盛况有所记述:

> 1935—1936年,应清华大学的邀请,阿达玛与维纳来清华大学讲学.他们给华罗庚以重要的指导与帮助,对他产生了很大的影响.根据熊庆来的回忆:
>
> "当时华在《科学》杂志写了论文,我发现他有天才,向系里人问知不知道这个人,后唐培经说是他的同乡,就介绍他来了.""当时他在校时,很受阿达玛,尤其是维纳的器重.他受阿达玛的影响,阿氏叫他看苏联维诺格拉朵夫(I.M.Vinogradov)氏的数论.当时维纳年青热情,华留英时,他很热心地把华介绍给哈代.哈代是剑桥大学的数学首要教授,搞数论与分析.维纳在介绍华的信里说,华是中国的拉马努杨,此人为印度大天才数学家."哈代邀他到剑桥去工作.拉马努杨"两年后就得了博士,成为皇家学会会员.因而华深得哈代重视.维纳后来在他写的一本书,《我是一个数学家》中提到华罗庚和我".

根据吴新谋回忆:"阿达玛在清华时,熊庆来主任曾主持了北平数学界欢迎阿达玛大会.当时北平的数学教授中,做研究工作者还很少,所以介绍这些教授的专业时,熊庆来只能含糊地说:'一般数学.'最后被介绍的是职位最低的华罗庚.华罗庚手里拿了一厚叠论文,并告诉阿达玛:'我研究华林(G.Waring)问题.'阿达玛称赞他说:'研究华林问题,好啊!'以后,当阿达玛了解到华罗庚是用初等方法研究被加项为一些特殊的低次多项式或一些特殊问题时,他向华罗庚建议:'苏联维诺格拉朵夫对华林问题的贡献非常出色,他的方法是研究这个问题的主要方向,应该注意.'并介绍华罗庚与维诺格拉朵夫直接通信.这对于华罗庚的研究工作无疑有决定性的影响."

根据华罗庚自己回忆:"我开始向苏联学习是在1935年,

那时我最羡慕苏联的与其说是她的社会制度，还不如说是她学术上的创作——特别是数学上的创造性、精辟性的工作. 更具体地说，就是苏联科学院院士、劳动英雄——维诺格拉朵夫的研究工作.”从这段话判断，华罗庚最早得知维诺格拉朵夫的工作的时间是1935年，差不多是阿达玛到华之时. 虽然并不排除华罗庚是从西方文献中首次接触到维诺格拉朵夫工作的，但阿达玛向他强调了维诺格拉朵夫方法在华林问题研究上的重要性，并介绍华罗庚与维诺格拉朵夫通信，从而华罗庚可以很快得知维诺格拉朵夫的最新研究成果，这对华罗庚来说无疑是至关紧要的. 华罗庚写道：“特别是我经常收到维诺格拉朵夫的单印本，这使我的学习有了良好的条件.”

华罗庚从维纳那里学到了大量傅里叶分析的技能与知识. 这对他以后的工作有着密切的关联. 维纳对华罗庚的才思敏捷亦非常赏识. 据当时听课的人回忆，只要华罗庚有些异样的表情，如咳嗽，维纳就会问他：“我错了吗？”

华罗庚与他在算学系的好友徐贤修合作过一篇关于傅里叶变换的论文. 这篇文章就是在维纳的指导与帮助之下完成的. 他们在文章中写道：

> “我们感谢维纳教授在清华大学给出的傅氏变换的讲课. 我们必须借此机会对他的有价值的建议致以深深的谢意.”

维纳很热心地要将华罗庚送到英国哈代那里，或送到美国去留学，继续深造. 哈代与他的长期合作者李特伍德都曾经是维纳的老师. 他们二人是堆垒数论的新方法——圆法的创始人与开拓者. 华罗庚如果能到剑桥大学去，无疑会更有益于他的研究工作，更有利于他的成长. 那时学校给了华罗庚两个机会，供他选择：一是留校升任讲师，一是出国留学. 华罗庚知道，如果他想在数学上有更大的作用，获得更高的成就，他就必须出国留学. 而且到世界解析数论中心之一的剑桥大学去最好. 于是，他毫不犹豫地放弃了提升讲师的机会，到英国去. 叶企荪、熊庆来、杨武之等大力推荐与帮助了他. 这样，华罗庚就实现了去英国的愿望.

关于阿达玛与维纳来华讲学之事,报纸上有不少报道:

> “外国的数学界名宿去清华讲学的,有法国的阿达玛和美国的维纳,全北平各大学的数学教授和研究员都来听他们演讲.但是这些教授和研究员们后来到得愈来愈少——最后据说只有华罗庚一个人静静地坐在台下,和台上眉飞色舞的阿达玛‘对垒’.消息灵通的同学们到处传布,说阿达玛对华罗庚倾倒备至,口口声声称他‘华教授’,而事实上,华先生那时的名义还只是‘教员’.
>
> “阿达玛看到数学办公室这个青年跛子的数论研究成绩,几乎不相信有此怪事,便向系主任熊庆来提议:‘快送他出去进修.’到处传说清华出了个天才数学家!一幕南京与北平抢夺送华罗庚的闹剧上演.”

这些“报道”是夸大了.华罗庚当时的水平还不高.作为世界第一流的数学家的阿达玛与维纳还不会认为他已经是一个很好的数学家了.不过,以当时中国的闭塞与落后,他们二人能在中国碰到华罗庚这样的人,无疑会是十分意外的;加上华罗庚有常人所不及的勤奋与聪明,更给他们二人以好感,他们夸奖华罗庚多出于此.

中国自从“鸦片战争”以后,“大清帝国”在列强的枪炮胁迫之下,签订了一系列丧权辱国的条约,从此渐渐变得自卑,害怕洋人与崇洋媚外.“从李鸿章时代起就比较听外国人的话”.

最后一个要回答的问题是为什么要在21世纪的今天重版一本原汁原味的法文数学名著.这要谈得更广泛一些.

首先,法国有着深厚的科学传统,日本科学史家汤浅光朝曾以《法国科学300年》详论了这种值得称道的传统.法国人的理性主义,始于笛卡儿的理性主义(rationalistic,亦称唯理论),已有300年历史,法国就是产生这一思想的祖国.理性主义——特别是以数学为工具——是近代科学形成的重要因素.近代哲学两大潮流之一的欧洲大陆唯理论,即起源于法国的笛卡儿. 后来,"大多数法国人都是笛卡儿唯理论的崇拜者……. 笛卡儿对于近代思想 —— 特别是对法国清晰的判断性观念的流行,起了决定性作用."

其次,法国是一个科学大国,法国的世界大国地位与其说是由其经济实力所决定,倒不如是说由其科技实际所奠定,蔡元培先生早在1928年2月6日欢迎法国大使马德尔的演说词中就指出:

> "不久以前,我国某处有一个小学教员,命学生把他们最看得起的一个外国举出来,结果,列强及瑞士、比利时等,都得到一部分学生的崇拜. 有的国家,因为它的殖民地是世界上最多;有的国家,因为它的财富是世界上第一;有的国家,因为它的维新 modernisatio 是世界上最快. 法国也得到许多小学生的崇拜,不过小学生崇拜它,不是因为它的殖民地多,不是因为它富庶,也不是因为它能学人家,能维新,却是因为它的文化发达的成就最高. 法兰西的文化,在中国小学生的眼光中,已经有这么正确的判断,那在成人的眼光中,更不必说了.
>
> "所以我们今天欢迎马德尔公使,不是因为他是强大盛富的国家的代表,法国尽管是强大盛富,却是因为他是文化极高的国家的代表."

为了更有说服力, 我们可以全文重温一下嘉当的演讲 —— 法国在数学发展中所起的作用.

1　优秀的传统

像其他科学一样,数学是国际上的一项公共财产. 它是属于所有国家的共同体,每个国家根据各自的能力对此做出相应的贡献. 一个备受尊敬的数学家,如果对外国昔日伟大的头脑(只提最重要的几位:意大利的伽利略,英国的牛顿,瑞士的欧拉,挪威的阿贝尔,德国的莱布尼兹、高斯和黎曼)不怀有极大的敬意将是难以接受的.他们在数学的不同领域开辟了新的方向,如果没有他们,数学将不会是今天这个样子.然而,我想告诉你们法国数学家是对数学的发展做出了最显著贡献的一支力量,而且,当提及伟大数学家的数目时,法国也不会少于任何其他国家.我很荣幸有这样的机会在如此友善的听众面前、在带给我如此多美好回忆的国度里谈论这个特别的主题.

数学和其他科学一样,存在着两类科学家:第一类通过提出新想法开辟康庄大道,这些想法通常简单但未被他人发现;第二类则在第一类为了到达他们自己的花园而清除过的辽阔土地上劳作,经常可以拣到可口的果实,而且有时还能获得巨大的收获.当涉及任何科学的发展,后者不仅仅是重要的那么简单,应该是不可或缺的;然而,显然前者更应被人们记住和授予荣誉.我今天要谈论的就是这些人.

约瑟夫·贝特朗告诉我们,国王亨利四世有次在枫丹白露接见荷兰大使,因提起法国人在文学领域中的成就超过他们的外国对手而高兴."那些我自己也崇敬的是数学家."荷兰人——他培养了一个研究几何的数学家——说,"但我注意到,到目前为止,法国还没能产生任何数学家.""你弄错了!(Romanus se trompe!)"亨利四世喊道,同时马上转向他的一个仆人,要求召入 M. de la Bigottere,他是法国第一位伟大的数学家,是现代代数的创始人,真名是弗朗索瓦·韦达.韦达第一个意识到,求解特殊数值方程的过程可以通过对字母作符号运算(其源头可以追溯到古代)得到简化;他同时系统地发展了这个想法,预测它的应用范围可以无限地扩展.16 世纪晚期,当伽利略和高等几何学校使意大利闻名于世之时,正是弗朗索瓦·韦达确保法国在创建现代数学的过程中占据了一个显著的位置.我该告诉你们,韦达和你们国家最早的数学家之一——盖塔尔迪有过相当长的接触.盖塔尔迪出生于杜布罗夫尼克,他于 1600 年在巴黎出版了韦达最后一批著作中的一本.

17 世纪的法国尤其辉煌.在数学、力学和物理的历史中,这个时期出现了三位特别著名的人物:笛卡儿、帕斯卡和费马.

哲学家、数学家兼物理学家笛卡儿常被视为人类思想史上一个新纪元的开创者. 作为一个物理学家,他在探求真理时出现了一个瑕疵;然而,他关于所有的物理现象都可以表示为空间和运动的想法至今仍充满着魅力,因为广义相对论的创始人自己也相信通过几何概念可以解释物理的可能性(只是数学随后的发展使得爱因斯坦能够比笛卡儿更好地实现他的想法). 即使我们不承认他是解析几何的创立者(1637),也不能低估他在数学中所起的作用. 我们知道,希腊几何学家已经在他们的思考中自由地使用数字和计算,但数字并没有完全失掉其几何特性,那是他们希腊式的科学中所拥有的:像“square”“cube”既指数又指几何形状,显然,现在日常讲话中仍有这种双关用法. 笛卡儿最早系统地使用抽象的数代表几何形状并将几何推理转换成计算. 通过这种方式,他创造了一种特别强大的工具. 我们应当将这种主要源于解析几何和微分几何的几何学的发展归功于他. 他还发现了一种寻找代数曲线切线的一般方法,由此丰富了微分几何. 由于有了解析几何,数学家不但成功地理解了任意维数的空间,而且知道怎样在这样的空间中进行几何化的思考. 可以这么说,正因为解析几何让数学家感到自然,如三维球面,直到现在物理学家才开始用它来解释物理现象. 所有这些,虽然遥远,但毫无疑问是笛卡儿思想和结果的推论. 在代数学中,我们将关于符号运算的规则归功于他. 在纯几何中,我们要将被欧拉独立发现、现以欧拉的名字命名的一个定理归功于他. 这是拓扑学(当时还没有这门科学)中的一个结果,它建立了凸多面体顶点数、边数和面数的关系. 最后,力学中关于线动量守恒的笛卡儿原理,直观地解释了(只须适当地精细化就能推出)经典力学中的一条基本原理.

巴雷斯·帕斯卡是位有些怪异但非凡的天才. 早在16岁,他就通过写作《圆锥曲线论》(*Traitesur les sections coniques*),显示出不同寻常的几何天赋.《圆锥曲线论》通常研究平面与圆锥面相交所得的曲线,在开普勒的行星运行规律中有着重要的应用. 帕斯卡用了他同时代数学家迪沙格的成果. 迪沙格是法国最重要的几何学家之一,和帕斯卡一样,是射影几何的先驱. 类似于迪沙格的方法,以透视图作为出发点,帕斯卡成功地将圆锥曲线的所有性质化约为一个他叫作"神秘六卦"(L' hexagramme mystique)的性质,即圆锥曲线内接六边形的三对边交点共线.单凭这个结果帕斯卡就展现了他作为著名几何学家的创造力.

帕斯卡一确立射影几何先驱的地位,就开始以概率论缔造者的身份登台.当他的朋友 Chevalier de Mere 向他询问一些关于赌博的问题时,帕斯卡通过将所有可能出现的结果化约到最基本的情形来作答.另一方面,皮埃尔·德·费马用完全不同的方法得到同样的结论.从帕斯卡和费马的信件交往可以看出数学概率论原理是怎么发展起来的.这个新研究领域没有被帕斯卡遗漏.他有一个广为人知的叙述:"通过结合确定的数学方法和不确定的几率,这个新科学可确切地给予一个令人惊讶的名字——几率的几何."从著名的打赌证明,我们知道他的研究和思维在多大程度上受他对这门新几何兴趣的影响.我们还知道这种几何是现代科学发展不可或缺的工具,其中整个物理只是数学概率论的章节,而且许多物理定律只是概率的定律.

前面提到过的费马是最伟大的数学天才之一.他 30 岁时成为参议员且终身保留着这个位置.虽然他的职业不会带给他数学上的名望,但是他确实为自己所钟爱的事业花费了许多时间.费马尤其因在算术和数论方面的研究而著名.他也是《趣味问题集》(*Problemes plaisants et delectables*)的作者.书中关于不定方程部分的空白处,他写下许多重要但未证明的定理,通常认为他知道它们的证明.其中最著名的要属通常被称为费马大定理的那个,根据这个定理,两个整数的 n 次方之和不会等于第三个整数的 n 次方,其中 n 是任意大于 2 的整数.这个定理激发了大量的结果,尽管它们的作者手头拥有费马那时所不知道的现代代数结果,但还是不能证明它或找出反例.长久以来,大家一直认为,即使这个定理总体是错误的,但其实可能只是对某些特殊的 n 是错误的;然而,无论如何都不知道某些导致定理不成立的 n 究竟是有限的还是无限的.单凭这个定理引发的研究——贯穿在几乎所有由数学发展起来的理论——费马影响了数论的发展.他的同代人能立即认出他在那个领域的不同寻常的技巧.在一封信中,帕斯卡写到他在数论中的结果被费马的所超越,他只能对它们充满敬意.

17 世纪上半叶微积分得到极大的发展. 关于积分运算(定面积体积,找重心),卡瓦列里和罗贝瓦尔只须提一下,因为费马自己的研究走得相当远,他发现了经典积分过程. 另一方面,为了战胜时而剧烈的牙痛而解决轨迹线问题,帕斯卡意外地发现了求三角函数高次幂积分的过程. 我们所谈论的数学家的名字也能在微分运算中找到(相切问题). 通过他的"极大极小"方法,费马引进了无穷小数的概念. 拉格朗日和拉普拉斯是无穷小运算的真正缔造者,埃米·皮卡相信帕斯卡关于轨迹线的工作是无穷小积分运算的开端. 最初,莱布尼兹将他关于无穷小运算的公式潦草地写在费马某部手稿的复本上,就如他自己所说的,这个复本让他豁然开朗.

为了完整地说明帕斯卡的贡献,我们还得提及他在 28 岁时建造的第一台能做加减法运算的计算机器. 由于《论液体平衡》(*Traite de l'equilibre des liqueurs*) 这部著作,帕斯卡可与阿基米德同被誉为流体静力学的缔造者,也就不奇怪. 他用于检测现在称作帕斯卡原理的桶,在立于皇家港口修道院墓地的小礼拜堂中得到展览. 最后让我提一下关于大气压的试验,据推测,这是在梅森的影响下做的. 梅森是一小群哲学家、数学家和物理学家的灵魂,在 1666 年科学院成立之前,这个团体代表了最早的小型但活跃的科学院.

那是同一个人能在哲学、数学和物理学都取得成就的幸运年代. 哲学家马勒布朗士也拥有这样不寻常的直觉,他认为色彩与组成光的不同频率的振动数相关.

2 克莱洛的贡献

统治 17 世纪下半叶和 18 世纪初的数学家是荷兰的惠更斯、英国的牛顿和德国的莱布尼兹. 牛顿和莱布尼兹因发现系统化无穷小微积分而闻名,而惠更斯则因在微分几何、有限应用力学,特别是关于光学(他最早提出和发展了与牛顿的粒子说相反的波动理论) 方面的工作而著名. 这段时期,牛顿证明星星和地球上的物体受同样的力学定律支配，即万有引力定律. 它解释了行星、月球、彗星的运动和地球重力的存在性、潮汐的涨落等. 由此引发了一场空前的科学革命. 牛顿的天才创造了一门全新的科学 —— 天体力学. 虽然这门科学最早诞生于英国，但是法国给了它特别肥沃的土壤以保证其将来的发展. 为此，只须回忆一下对这门科学的发展做出最大贡献的科学家的名字：克莱洛、达朗贝尔、欧拉、拉格朗日、拉普拉斯、高斯、柯西、泊松、勒威耶、Tisserand，最后特别是亨利 · 庞加莱.

我要停下来介绍他们中的第一位 —— 克莱洛. 克莱洛在 21 个兄弟姐妹中排行第二，父亲是数学老师. 克莱洛展现了类似于帕斯卡的天赋；然而和帕斯卡不一样，他的早期工作并没有展示出后期工作的巨大意义. 他在 13 岁之前就寄出了第一份通讯报告，在 16 岁就发表了一篇关于有双曲率直线（lines with double curvatures）的文章. 在他 18 岁时，国王破格授命他为科学院力学部的成员. 我不打算笼统地告诉大家他的纯数学研究工作，特别是关于解微分方程的部分（这些对研究微分方程的人应该都是熟知的），相反是关注那些使他闻名于世的工作. 牛顿和惠更斯不但从理论上证明地球不是一个标准的而是两极稍扁的球面，而且给出了度量扁平度的方法. 然而，当卡西尼 1701 年在比利牛斯山定出了巴黎子午线的弧度，他们的结论受到了质疑. 经过混乱但总是生动的辩论，1736 年科学院决定启动一项由莫佩蒂带领，意在确定拉普兰子午线弧度的探险. 工作的条件极其艰难，还因大雪和极光使之更加恶化，研究团队（克莱洛也在其中）得出的数值比卡西尼在法国得到的结果大得多，因而毫无疑问地证实了地球是两极稍扁的球体. 自然的，莫佩蒂通过这次成功的探险获得了荣誉，他在一张肖像中头顶熊皮帽摆出一个用手按着地球仪的姿势. 但是克莱洛继续思考地球两极稍扁的可能原因，尽可能从理论上确定受牛顿引力吸引的流体状行星可能有的形状. 他的研究结果于 1743 年在《地球形状理论》（*La Theorie de la Figure de la Terre*）中出版，达朗贝尔称这本书是当时所做的所有事情的经典叙述，这是天体力学历史上值得记忆的日子. 此外，克莱洛还解释了月球的运动并由此发展了牛顿的月球理论. 他将这个领域中的结果概括进《月球理论》(*Theorie de la Lune*) 一书并于1732年出版,两年后,他在书中加入数据表,就像方丹所说的,使它可能弄清天上月球运行的每一步. 几年后,克莱洛因预测了哈雷彗星的下一次到来的日期而赢得了大众的认可和声誉. 他解释由于土星引起的摄动将使哈雷彗星滞后大约100天,木星的影响使滞后再增加580天,预计彗星下一次掠过近日点大约在1759年4月13日,但请注意,由于许多其他不得不忽略的因素,预测的日期比实际日期晚了近一个月 —— 哈雷彗星实际掠过近日点是在1759年3月13日. 大约一个世纪之后,法国天文学家勒威耶通过定位一颗当时还不知道的行星(它是造成天王星扰动的主要原因) 获得几乎同样的声誉.

3　拉格朗日与达朗贝尔

18世纪的数学受欧拉和拉格朗日统治,达朗贝尔次之.

"数学王子" 莱昂纳德·欧拉出生于巴塞尔,曾经旅居过圣彼得堡和柏林. 他的天赋遍及数学的所有领域,他的工作有着重大而持久的影响. 我将永远记得在阅读他的《无穷小分析引论》时所经历的愉悦,这本书是我中学最后一年获奖所得的礼物:它为我打开了一个全新的世界,为我更好地理解索尔邦和高等师范学校的课程做了准备.

达朗贝尔在许多不同的数学分支中都留下了他的足迹. 一个以他的名字命名的著名代数定理断言有理方程的所有解(包括重根复解) 的个数等于变量的最高次幂. 虽然达朗贝尔关于这个结果的证明是错误的,但欧拉基于完全不同的方法的证明也并非毫无瑕疵. 著名数学家高斯登上舞台后,给出了第一个正确的证明,后来柯西的出现则给这个定理带来一个既正确又非常简单的证明. 在分析中我将只提及弦振动偏微分方程的第一个正确的表述,它是来自达朗贝尔的. 最后,非常值得一提的是,在力学中达朗贝尔提出的一个原理(现在称作达朗贝尔原理) 为拉格朗日的分析力学铺平了道路.

拉格朗日出生于都灵的一个法国家庭,虽然他像欧拉一样,在柏林住了一些年,但他于1787年在巴黎永久定居.拉格朗日是那种在任何时代都真正重要的数学家之一.他的工作遍及数学的任何领域:在数论中,他证明了费马大定理在幂次为4的情形成立;在代数中,通过发展解多项式方程的有限递降法,即将多项式化约为一个次数更低的多项式,他为阿贝尔、高斯、伽罗华扫清了道路;另外,他还证明了五次多项式方程不能以求解三次、四次多项式方程的方法求解;在分析中,他给出了求解一阶偏微分方程的方法,同时提出奇异解的概念;在函数论中,他尝试了为无穷小运算建立一个严格的基础,但不是很成功,这个领域的基本原理还未像所期望的那样确切地发展,但其推论却被认为是正确的.然而,尽管没有完全成功,他的不考虑其几何或力学意义,以抽象的方式思考函数的方法,在现代函数论发展中仍有巨大的影响.拉格朗日归纳的天赋在他关于变分法的工作中显露无遗.

变分法是18世纪通过来自瑞士的两位数学家伯努利和欧拉的工作发展起来的.它的根源来自几何和力学中的一些问题,最简单的一个是求过同一张曲面上两点的最短路径.这里,未知的量不是一个数,而是更复杂的、一条由无限个点组成的线.莫佩蒂通过他的最小作用原理,将求解给定力场中粒子的运行轨迹的问题化约成极大极小问题,他给了这种类型的运算特殊的重要性.但不该忘记的是,费马那时已经将光学定律化约成相似的原理,根据这项原理,光线所选择的运行路径在时间上是最短的.通过在一未知的路径上作无穷小变分且给出这个变分的具体计算方法,拉格朗日将一个一般的方法发展为理论,因为解决其中每一问题都需要一个特殊的程序.

我将略过拉格朗日在天体力学中的工作,而花更多时间介绍他最重要的著作《分析力学》(*Mecanique Analytique*)(1788).伽利略、笛卡儿、惠更斯、莱布尼兹、牛顿和达朗贝尔逐渐发展了现代力学的主要原理.但是确定一个受给定力支配的系统的运动轨迹,通常因考虑到不同力之间的未知关系而变得很复杂.在无摩擦的情形下,拉格朗日以其机灵的直觉完全克服了困难,给出一个确定所求解问题的运动轨迹方程的一般程序.为此,只须确定那个系统的主动力和系统在无穷小位移下该力所做的功.除了应用价值,这项奇妙的创造还有其显著的哲学意义,因为从力学特性的观点看,它完全阐明了质点系统的所有要义.在这个意义上,拉格朗日的天才可与解析几何创立者笛卡儿相媲美.

分析力学中所谓的拉格朗日方程为物理理论的各种力学解释提供了一个解析模型.从这个观点来看这项工作具有重大的哲学意义;然而,尽管这是19世纪最重要的工作,但它给人一种任何东西都可以由力学原理来解释的印象,和笛卡儿的任何东西都可以由几何语言来解释的信念一样的错误,这也就是现在它已被完全抛弃的原因.但是,这仍说明了数学可以给物理学家提供他们实现理论所需要的工具.

有些非凡的科学家认为,制造为无限序列现象提供洞见的结构(像拉格朗日所创造的结构)将会带来危险;他们害怕这种结构可能引起人们脱离现实.比如,伟大的几何学家彭赛列,因在力学中的工作而闻名.为避免使用拉格朗日方法,相反,他倾向于一步一步地,根据各种力之间相互作用和影响的所有细节,去分析它们的实际机理.同样类型的怀疑主义使得彭赛列拒绝使用解析几何,为此,他不得不使用经典几何原理去直接检查各种几何图形之间的关系.在接受最新的成果方面,的确有两类不同的头脑,两者对科学的发展同样重要,他们也并存于法国数学家中.

4　法国在数学中的优越性

法国在数学中的优越性早在18世纪末期就已显现,在法国大革命期间和19世纪初已变得非常清楚.这时期的伟大人物包括蒙日、拉普拉斯和勒让德.

拉普拉斯因在天体力学中的研究而闻名,其研究概括在他迷人的论文《宇宙系统之阐述》(*Exposition du Sysetme du Monde*)中.他阐明了下述奇特的观点:几乎所有天体现象甚至最精致的细节都隶属于科学决定论,据此,为了能够确定某一时刻宇宙质点的位置和速度,只须知道它在其他任何时刻的位置和速度,除此之外,假定我们还知道是什么原理控制着这些质点所受的力 —— 以牛顿的万有引力为模型.数学物理的发展很长一段时间都受制于这个观点,直到最近,电磁学和原子物理才得以证明它是错误的,但这个结论仍旧对科学发展有很大的影响.《概率的解析理论》(*Theorie Analytique des Probabilities*)(1812)是拉普拉斯又一篇非常重要的论文;这部著作中最重要的部分是处理概率的观念在最小方根理论中的应用,其概率已由勒让德提出.在研究椭圆体的弯曲中,拉普拉斯引进球面函数,通过这种方式我们可以表达任一定义在球面上的函数.我们不该忘记为牛顿势函数所满足的拉普拉斯的著名方程,这个方程在分析、几何、力学和物理的许多问题中都有不同寻常的重要性.

继欧拉之后,勒让德为数论的复兴做出了重要贡献.虽然欧拉第一个发表了算术中的二次互反律,但勒让德做了清晰解释并部分地证明了它;因此这项定律以勒让德命名.高斯是发现同一定律的第三位数学家,也是第一位构造正确、证明完备的数学家.勒让德多年的重要工作,两卷本的小册子《关于椭圆积分》(*Sur les Integrales Elliptique*),于1825年和1826年出版.书中他做了关于四次多项式平方根积分的完全研究,发展了表达它们的不同形式.这项工作使勒让德成为非凡的椭圆函数论的缔造者,同时也让雅可比和阿贝尔享有创立者的荣誉.最后,让我们提一下他的《几何基础》(*Lements Geometrie*)(1794),一部发行过许多版的著作迅速取代了欧几里得的理论;在非欧几何的历史中,这部著作有着绝对的重要性.

蒙日是法国最好的几何学家之一.首先,通过创建现代射影几何,他加入到发展透视的悠久历史中去.透视的原理已为意大利文艺复兴时期的画家们所知,迪沙格和帕斯卡用它来研究圆锥曲线,随后法国几何学家 de la Hire(1640—1718)将它推广到圆的极点和极线理论(the theory of poles and polars of a circle).勒让德将射影几何系统化,通过非平坦曲面上的构造丰富了它.其次,蒙日的论文《分析在几何上的应用》(*Applieations de l'Analyse á la Geometrie*)极大地促进了微分几何的发展,这个领域由于欧拉和梅斯尼埃关于曲面性质的工作而从笛卡儿的解析几何中分离出来;感谢蒙日给了我们曲率度量的概念和它在体积测定中的应用;这是他的想法:将一族数量非常大的曲面看作单个偏微分方程的解的集合. 他能够对极小曲面方程进行积分,极小曲面已经是且仍然是一个重要的研究课题,最早在普拉托实验中得到. 蒙日在高等师范学校(这所学校作为女修道院于 1795 年创建) 讲课时教授了他的理论,也在综合工科学校(拉格朗日和拉普拉斯也在那讲课) 任教授. 我很高兴有机会提到迪潘,因为他是和蒙日合作过的许多学生之一;迪潘因他的工作 ——《几何的发展》而出名,其中在曲面上一点处引进了共轭相切和指标的概念;同样,迪潘可被视为几何新分支的创造者.

5 开创新方向

18 世纪上半叶法国最知名的数学家有傅里叶、柯西、彭赛列和伽罗华. 虽然各自的差别相当大,但他们都为科学开创了新方向.

傅里叶是数学物理方面公认的奠基人,我将略去他在代数方面的重要结果而直接给你们谈《热的数学理论》(*Theorie Mathematique de la Chaleur*),这部著作直到 1822 年才发表,但主要思想至少在 1807 年就已经形成了. 伴随着这部著作,傅里叶开辟了数学分析中的一个新领域. "不为古代几何学家所知,首次被笛卡儿用来描述曲线和曲面," 傅里叶说,"解析方程决不会限制在研究这些普遍现象,既然数学分析确定最多样的关系,度量时间、空间、力和温度,可以很肯定地说,它和自然界一样的广阔和丰富. 在确证宇宙的同一性、简单性、稳定性中,它总是沿着相同的路径并给出相同的解释." 不该忘记的是,对傅里叶来说,所有数学发现最丰富的源泉是大自然本身. 举例来说,热的数学理论对纯数学的发展有着显著的影响,我们可以说傅里叶的观点是正确的. 为了统一经常碰到的偏微分方程,傅里叶创立了三角级数理论. 三角级数理论引发了数量惊人的论文,旨在尝试为这个理论建立严格的数学基础同时完善和发展它. 需要解决的基本问题是确定什么样的函数能够表示成傅里叶级数的形式. 因为即使许多傅里叶自己的例子就很奇特,没多久数学家就真正感到迷惑了 —— 一种类似于音乐家的迷惑,他们因发现,通过组合有限或无限多纯粹声音和它们的各种和谐音,能创造出任何不连续的声音序列而感到疑惑.这些不同寻常的结果将迫使数学家不得不再一次检查和提炼函数的概念,同时,一点一点地开始思考他们自己的科学的基础问题.这些工作带来一些不可思议的后果,虽然其中的内容还未完全显现.群论——一个经常令数学家挫败,引发许多恐怕仍然没解决的悖论的领域——是最终从这些努力中发展起来的数学分支之一;另一个源自同样努力的分支是单实变函数论,19 世纪末 20 世纪初由法国数学家开创.

奥古斯丁·柯西,一位异常多产的理论家,在数学的数论、几何、分析和天体力学等领域都取得了成功.不同于欧拉,他先要弄清楚级数是否有意义,即级数是否收敛,然后才去探究级数本身.可以说,通过这种方式,他开辟了精确性的时代.柯西发现了怎样去确定变量的值以使级数收敛的一般规律(之后被阿达玛独立发现).复变函数理论的创立是柯西的另一项伟大成就之一.因为三个世纪以来,虚数在数学界声名狼藉.它们最早出现在所有根都是实数的相悖情形时的三次方程的求根公式中,由意大利代数学家发现.然而,一旦研究者熟悉这些新的量,学会如何使用它们,那么就很容易得到关于实数的重要结果,而且有些结果用任何其他方法都无法得到.在 18 世纪末,瑞士数学家阿尔冈通过发现虚数的重要意义——为表达既包含长度又包含方向的平面向量提供可能性,从而解释了虚数的秘密.当柯西开始用一个复数取代两个实坐标来表示平面中的点时,他得到了复变函数的想法,复变函数将平面中的一点映射到平面中的另一点.通过这种方式柯西创造了一个全新的世界.这个世界中的元素被完美地组织在一起:就像 Cuvier(1769—1832,法国自然学家)能从史前动物的一块骨骼建构动物本身一样,数学家只要获知柯西函数在任意弧线上的值,不论弧线多么短,就能将函数重新建构出来.这个世界的完美秩序,非凡无比的和谐,特别是在数论中,得出一系列决定函数性质的定理及它们的许多应用,都给人留下无比深刻的印象.

柯西为更多的发现创造了合适的土壤,胜过他所参与的研究,衡量他贡献的指标是关于单复变函数论的一系列成果的数量. 这系列中的一个定理,因为简洁而漂亮,几乎足以使刘维尔的名字流芳百世. 这个主题的另一个定理,以埃米·皮卡命名,打开了那时还潜在的宏大视野,创造了一系列至今还长盛不衰的文章.

用一种不同于柯西的思路,德国数学家维尔斯特拉斯也发展了一套单复变函数理论. 很长一段时间以来,大家都认为他们各自的观点是不相关的,但是埃米·波莱尔在他一个最迷人的结果中证明这是不对的,柯西的观点更深刻地洞穿到问题的本质. 波莱尔的确除去平面上一部分,如此一来以至平面上任何小的圆都不能保持完整,而在剩余的部分的内部他能构造一个函数,虽然满足所有柯西的要求,但是不满足维尔斯特拉斯的定义. 这样的单复变函数的存在性是以平面一个完整部分的存在性为条件的. 通过他关于函数论的著名文集 —— 这部文集现在和过去的贡献中包括各个国家的数学家 —— 波莱尔自己对单复变函数论做出了许多贡献.

伴随着彭赛列我们进入了纯几何的时代. 彭赛列被认为是射影几何的创立者. 该领域的主题是研究物体在投影变换下保持不变的性质. 他发现了既新颖又很实用的互反极变换,这个变换使得在满足下述奇特条件下可以将一个平面图形变换成另一个:新图形的边对应于原来图形的顶点,反过来也成立. 经常地,这种类型的变换可将某图形所需探索性质化约到另一个更易探索性质的图形上. 稍晚些,热尔岗用它来推导射影几何中非常重要的对偶原理. 最后,彭赛列发现了连续原理,根据连续原理,如果一个图形有某种特性,假如考虑到不同元素之间的比例,即使在形变之下它仍将保持这种特性. 通过许多简单的例子,柯西证明,彭赛列所阐述的这个原理是错误的;然而,如果以一种稍微不同的、更精确的方式来表述,这个原理事实上是正确的. 因为很有帮助,这个原理经常被使用. 在几何中,彭赛列的影响是非凡的:在德国,施泰纳和施陶特将他们的工作归因于彭赛列;在法国,沙勒(索尔邦高等几何学部第一位成员)是现代纯粹几何的杰出代表. 对于沙勒,我们感谢他的重要的历史纪念性著作《几何发展的历史概述》(*L' Apercu historique sur le Develop pement de la Geometrie*),这本书为我们改正了不少错误观念.

在我们结束彭赛列的讨论之前,我注意到他在发展应用力学方面扮演了重要的角色,这门课他教了很长时间,先在梅斯(Metz),后在索尔邦.

伽罗华是科学历史上最不寻常的人物之一.两次在高等工科学校入学考试失败后,1831 年他被师范学校录取,但一年后就离开了.积极参与政治使他坐了几个月的牢;还未满 21 周岁,他便在一次由无意义的争吵所引发的决斗中死去.他曾将自己关于方程理论的数学发现发布在科学院的两份不同的通讯报告上,但后来两者都丢失了;幸运的是,他也将它们以小论文的形式发表在 1830 年的 *Bulletin de Ferussac* 上,还在去世前不久的一封信中和他的好友谈论过它们.在他的论文中发现的一些其他结果,于 1846 年发表在刘维尔主编的杂志上.

他的工作的意义可以很快地做出解释.16 世纪意大利代数学家塔尔塔利亚、卡尔达诺和费拉里用二次方根和三次方根解三次、四次方程;然而,用同样的方式解更高次方程的根的努力都是徒劳的.通过有些类型的方程的确能以同样的方式求解,拉格朗日、阿贝尔和高斯都对这个问题做出了伟大的贡献.1826 年,阿贝尔首先表明,一般五次方程不能用根式求解.通过这种方式,就变得很清楚,自从 16 世纪以来数学家就在努力解决的问题并没有得到正确的表述.解决这个问题的荣誉属于伽罗华,他证明每一个方程都决定一定数目的根的置换,这些置换组成一个所谓的群;虽然作用于根,但这些置换不会破坏它们之间的有理相互作用("有理相互作用"这个概念需做附加解释).这个群的特征决定了方程的基本性质,不论是否可能找到根;在一般情况下,也决定了辅助方程的特征,而求解它将会使原方程得到解决.从他自己的观点出发,伽罗华轻而易举地得到他的前辈们的结果,且成功地将它们整合到他自己的理论中去.

置换群理论,即一定数目对象的置换所组成的群,由柯西创立,通过伽罗华的工作才展示了它的全部价值.伽罗华完善了它的重要方面,解释了普通群的基本意义.更进一步,他通过引进新的虚数(伽罗华虚数)丰富了数论,每一个虚数都联系到一个素数的次幂;伽罗华的名字不仅在方程理论里会经常碰到,而且在现代代数中也是如此.他寄给朋友 Chevalier 的信件使我们清楚他在分析中有着他在代数中同样多的重要成果,且他在阿贝尔积分方面的工作比著名德国数学家黎曼在同一方面的工作要早25年.虽然伽罗华的早逝使科学界蒙受巨大损失而使我感到悲伤,但我还是得说,就像埃米·皮卡曾经提过的"当遭遇如此短暂而动荡的一生,我们对这颗在科学中留下如此深刻足迹的非凡头脑更加充满敬意".

因为伽罗华理论才使我们能够解释,允许虚数出现在有实根的三次方程求根公式中的奇迹;事实上,我们可以证明,如果一个方程的根都是实数,且方程能用根式求解,那它的解中只含有二次方根.用同样的方法,我们可以表明一些古老的问题——如倍方问题和三等分角问题——不能由尺规作图的方法得到.若尔当以他重要的著作《替换论》(*Traite des Substitutions*)为伽罗华立了一座纪念碑.

因为既简单又深刻,伽罗华的主要思想在代数方程之外的其他地方也得到了应用.比如,埃米·皮卡和韦西奥认为它在线性方程的积分中非常重要.值得一提的是,德拉什和韦西奥尝试将伽罗华理论推广到最一般的微分方程,但是遇到了困难,只有改变原先的理论或者至少要牺牲它一部分惊人的简洁性才能克服其中的困难.

伽罗华之后科学的发展表明群论在数学和物理各种不同分支中的重要性在不断地增长.挪威数学家索弗斯·李,变换群理论的创始人,将它们引进几何和分析中,作为伽罗华的一个崇拜者,他将关于变换群的纪念著作于1889年献给高等师范学校.事实上,关于伽罗华理论的发展、精炼、推广和寻找新应用的最重要成果都在法国产生.庞加莱宣称群的观念已经存在于几何的精神中;如果两个几何图形中任一个都与第三个相互等价则称它们等价,这个公理事实上等价于存在一个规范几何的群,更准确地说,经过一系列过程一个图形就可以转变成它的等价图形.群论能给我们用以表达"等价图形"的所有具体、相关的含意,这有着不寻常的重要性;就像德国伟大数学家非利克斯·克莱因1872年所提出的,这确实表明存在无限多的几何,每种几何都有一个群规范,同时,每一种几何都可以独立地考查研究,不必求助于初等几何.这个框架包含了射影几何,其中两个图形被认为是等价的,如果其中一个可以通过一系列的射影变换得到另一个.

6　光辉灿烂的纪念碑

伽罗华逝世已有100年了.在这期间数学得到了极大的发展,大量的论文发表了,但不得不说,有些文章在图书馆中占据着不该有的位置.有些理论,在伽罗华的时代就被发现,之后得到深刻的探究,它们中有些还被渗透到其他数学领域中.总而言之,数学像其他科学一样,永远在变化,极富戏剧性,因此,要对数学的现状有真正的洞察,无论对谁而言,都很困难.越来越少的头脑能够既在纯数学又在应用数学中做出重大发现.出现像法国的安培这样既是物理学家又是著名数学家的天才是很罕见的.在物理学中,他创立了电动力学;在数学中,他和蒙日分享了创造二阶偏微分方程理论的荣誉.法国的拉梅是分析学家、几何学家和弹性理论的奠基人;而法国的泊松因分析学和数学物理方面的工作而著名.弗雷内尔,物理光学的创造者——他的工作最终,至少直到量子物理出现,保证光的模理论的胜利——可同时看作数学家.

与其给你们一列冗长乏味的名单,还不如让我们把注意力投向几位法国当代最伟大的数学家,他们是我的老师.有机会表达对他们的敬意,我感到很荣幸.

查尔斯·埃尔米特在进入高等工科学校不久,就给著名教授雅可比写信,同时寄给他一篇关于分类阿贝尔超越函数的论文,这些函数和最一般代数微分的积分相关.雅可比和阿贝尔一起是椭圆函数论的创立者.他曾经在类似的情况下,得到勒让德的友好回复,对年轻的埃尔米特了不起的工作表示了祝贺.这是两位伟大数学家之间有规律的通信的开端.埃尔米特在24岁时寄给雅可比关于高等代数的发现,最终确保他跻身于最著名几何学家之列.建立在最著名的高斯的结果之上,他自信地发展最一般形式下的形状的代数理论(Algebraic Theory of Shapes),且在以非连续为特征的数论中引进连续变量.他引进带不定共轭项的二次型(现在叫作埃尔米特型),这就是为什么他的名字在量子物理著作中经常碰到的原因.1873 年,埃尔米特因发现 e 的超越性而闻名于世,它是 Neper 算法的基础(超越数,即不满足任何系数为有理数的代数方程的数,其存在性最早由刘维尔证明).因为埃尔米特的结果给人印象深刻,有人期望他去证明 π 的超越性,由此完全断绝由尺规作图可以平方化圆的希望;但是,德国数学家林德曼从埃尔米特的方法中得到灵感,以适当的方式改进了这个方法,并得到一个证明,为自己争得了荣誉.

埃尔米特总是给听众留下深刻的印象.“没有人会忘记埃尔米特讲演中布道式的语调”,著名数学家班勒卫说道,“以及当我们聆听埃尔米特谈论一项不可思议的发现或一些亟待去探索的东西都会经历到的对美的感受和启示.他的话总能极大地开阔科学视野,传达了对完美理想的爱和敬意.”“每当我有机会聆听埃尔米特的教诲,眼前总会浮现出由数学沉思带来的平静而纯粹的欢乐,正如贝多芬内心感受自己的音乐时必定会体验到的那样.”

达布既是分析学家又是几何学家.虽然他是分析学中一些结果的开创者,但是我将不讨论他在这方面的工作,因为在几何方面的工作使他出了名.他当然不是那种通过推崇分析来避免使几何美失色的几何学家,也不是倾向于将几何简化为计算,而不顾几何意义或对几何意义不感兴趣的分析学家.在这个意义上,他跟随蒙日的足迹,将精美、充分发展的几何直觉和分析的纯熟应用结合起来.他所有的方法都极其优雅,非常适合所考查的主题.在索尔邦高等几何部教书时(他继任了沙勒的位置),他经常地且充满敬意地谈论三维正交系统,高兴地强调拉梅的工作的重要性.达布同样经常地谈到平面形变的理论,这个理论最早起源于高斯的《关于曲面的研究》(*Disqusitiones circa Superficies Curvas*),即使在达布之前,这也是一个法国数学家们做出重要工作的领域,其中博内当然是值得一提的.最后,达布说明单位坐标系统的威力,即与所考查图形相关的坐标系,由于有了群论,埃利·嘉当进一步发扬了这个方法,使它适用于为广义相对论发展的需要而创立的最广泛的空间.达布在几何发展中有着巨大的影响力,在他无数学生和追随者中,我只打算提一下罗马尼亚著名几何学家Tzitzeica,他是《巴尔干数学评论》的创始人之一,他于最近去世,却仍然为整个科学界所深切悼念.达布在这个领域的经典著作《曲面理论》(*Theorie des Surfaces*)是为表达对几何和分析的敬意而树立的光辉灿烂的纪念碑.

有一个故事讲的是,当一个年轻的德国数学家因为拉格朗日拒绝认为高斯是德国最伟大的几何学家而感到疑惑时,拉格朗日告诉他:"不,他不可能是德国最伟大的几何学家,因为他是欧洲最伟大的几何学家!"以同样的方式,我们可以说亨利·庞加莱不仅是位伟大的数学家,而且就是数学本身.我们不可能找到任何一个数学分支,甚至任何一个物理分支是他没有留下任何足迹,或没有复兴过,或没有推演出一个全新的领域的.在创造富克斯函数之后,他使用一致函数以同样的参数表达代数曲面上点的坐标,由此得到之前只适用于特殊类型曲面的结果.他在那个时候用这样的方式解决一致性问题是很勇敢的.他是多复变函数论的先驱,创立了实域中的微分方程理论;因为这个理论,他可以重构天体力学理论的方法,来研究这个领域中问题的周期解和考查稳定性问题.在代数拓扑学中,这是几何中研究在连续变换下保持不变的那部分性质的分支,庞加莱署名的几篇论文,几乎成为所有后来理论的出发点.在索尔邦大学,他关于数学物理的各个方面的讲座,影响了后来由麦克尔逊实验引发的想法.因为他的早逝,科学界失去了一位最著名的领袖.他的科学哲学著作《科学与假设》(*La Science et l'Hypothese*)和《科学的价值》(*La Valeur de la Science*),被翻译成许多种语言,闻名全世界.在某种意义上,庞加莱可与帕斯卡相媲美,这里引用庞加莱自己的话:"思想是漫漫长夜的瞬间一闪,但这一闪就意味着一切."要发展庞加莱的所有想法,要探索他丰富多彩的全部著作内容,需要花费很长的时间.

最后,我将提及阿佩尔和古尔萨,前者是《有理力学论》(*Traite de Mecanique Rationnelle*) 的作者,后者是《微分和积分论》(*Traite de Calcul Differentiel et Integral*) 的作者,还将再次提及埃米·皮卡,著名人物中还在世的一位. 两年前,埃米·皮卡和德国伟大数学家大卫·希尔伯特同时获得了由瑞典米塔 - 列夫勒 研究所颁发的金质奖章. 就在几周前,在埃米·皮卡成为科学院成员 50 周年庆祝会上,埃米·波莱尔谈到了他的科学工作. 我已经提到由他的名字命名的著名定理,和他发展伽罗华理论的那些著作. 他的关于两个变量的代数函数的工作表述了代数几何的基础,这个几何分支在意大利得到极大的发展. 从过去一个世纪看意大利几何学家的观点确实比埃米·皮卡的观点更清晰;但是,就如埃米·波莱尔所提到的, 如果没有埃米·皮卡的贡献,代数几何肯定会变得不完整.

7 法国数学的光荣

由埃尔米特、达布、庞加莱和皮卡所带来的法国数学的光荣,并没有变得黯然失色. 事实上,法国数学的光辉和它曾经有过的贡献一样灿烂. 因为时间简短,为说明这个事实我不得不限制只提少数几个名字.

柯尼希是位很好的几何学家,他某些优雅的工作可与达布的成果相媲美. 通过构造新的超越数,班勒卫解决了一个连庞加莱都无法解决的问题;庞加莱将班勒卫在分析中的工作概括如下:“数学是块完好组织的大陆,它的国家得到统一;班勒卫的工作是海洋中一个壮丽的岛屿.” 但是这样的评价是不完全的,因为班勒卫 —— 在很长一段时间里,在高等工科学校教授力学 —— 同样显著地推进了力学的发展. 除此之外,它的理论研究还促进航天学的发展,以致我们可以这样说,由于班勒卫,航天学是法国独有的创造.

雅克·阿达玛的工作既多样又重要:在算术中,他研究关于复杂的素数分布问题的黎曼函数;在几何中,他研究负曲率空间的测地线;在分析中,他出版了关于数学物理中偏微分方程的著作. 同时,他也极大地刺激了变分法和泛函分析,这是由意大利数学家沃尔特拉创立的新科学. 最后,他在法兰西学院的讨论班,吸引全世界数学家前来展示他们的最新研究成果,影响了数学中的国际合作. 因为他还很年轻,可以肯定地说,他将要做的工作还远未结束.

法国复变函数的研究一直以来都很成功. 这里我要提一下埃米·波莱尔,英年早逝的分析学家法图,因正则函数族的理论而闻名的蒙泰尔,因关于有理函数提升的工作而著名的朱利亚,等等.

实变函数理论几乎独自根源于法国. 由若尔当的《分析学》(*Traite d'Analyse*) 所设立(像埃米·皮卡的同名论著一样,有着深远的国际影响),由埃米·波莱尔的工作所创立,由亨利·勒贝格(他定义了集合的度量)、勒雷·贝尔(他引进现在以他名字命名的积分) 以及当儒瓦(totalization 理论的创立者)所引进,使得它在一个被忽视很长一段时间的领域中引起了意想不到的和谐效果,见证了它的创造者们的勇气和天才.

我不得不提到弗雷歇的抽象空间理论、布利冈的无穷小几何、埃利·嘉当在几何和分析中的工作,最后一位的工作不适合由我来做评价.

庞加莱学院来源于法国对数学物理领域研究新的狂热. 埃米·波莱尔,概率论的灵魂人物,开始出版这个领域中一系列值得称赞的著作. 就像函数论中那样,在这个系列中弗雷歇、保罗·列维和达尔穆瓦发表了他们杰出的研究成果. 理论物理学部由 Louis de Broglie 主管,他是波动力学的创立者,重建了原子物理学,调和了光的波动性和粒子性. 我不会忘记提及力学部,由维拉领导,他因流体力学中的工作而出名,他还是国际著名汇编《数学科学回忆录》(*Memorial des Sciences Mathematiques*) 的编辑和《纯粹和应用数学期刊》(*Journal de Mathematiques Pures et Appliauees*) 的主编,几乎有一个世纪,这个期刊最初由刘维尔创办,在相当长的时间里由若尔当作编辑.

如果不提到综合工科学校和高等师范学校,法国数学活动的描述将是不完整的. 一个世纪以来,伟大的法国数学家们都感谢这两所大学对他们的教育. 最近半个世纪,这个重要的角色几乎为高等师范学校所垄断. 来自其他国家的年轻天才来到这里和他们的法国同行享受着同样的教育. 这就是不能不将我前面已经提到过的 Georges Tzitzeica 看作是法国数学家的原因. 基于同样的理由,我倾向于将我的好朋友 Mihailo Petrovic 归入法国数学家,他是南斯拉夫数学的老前辈. 他因为在算术、代数和分析中发明了谱方法的伟大原创性工作而得到公认,他还创立了一般现象学,这是一个系统研究解析模型(能用于同时表述几个明显不同的物理理论的模型) 存在性问题的领域. 我希望你们不会反对我将他的工作归到法国数学的伟大成就中.

由于高等师范学校,年轻数学家已经准备接替年老的数学家. 你们可能会觉得要提名还为时过早,但他们中有些确实已经非常著名. 我只想提一下雅克 · 埃尔布朗,他的工作因早逝而被无情地打断,但这并不妨碍宣布一个伟大数学家的诞生,这可能类似于伽罗华吧!

女士们、先生们,是该到我结束演讲的时候了,我已经花去大家非常多的注意力. 最后,我只想做一个很一般的总结.

有别于其他科学,数学通过一系列连续的抽象得到发展. 为了避免错误,数学家被迫去发现孤立问题的本质和所思考的实体的关系. 如果走向极端,这个过程就会如一个笑话所说的那样:数学家是既不知道他所谈论的又不知道他所谈论的是否存在的科学家. 但是,法国数学家不会使自己远离现实;他们确实知道,虽然逻辑是必要的,但无论如何不是关键. 数学活动和人类的其他类型活动一样,需要找到一个有价值的平衡点:正确思维无疑很重要,但是提炼出正确的问题更重要. 在这个意义上,我们可以自豪地说:法国数学家不仅永远知道他们所谈论的问题,而且有着正确地选择最基本问题的直觉;这些问题的解决将在整个科学的发展中产生最强烈的影响.

近来,由于费马猜想与庞加莱猜想的相继获证. 法国数学的光荣传统又重新进入了世人的视野之中. 正如1954年5月15日,在法国索邦(Sorbonne) 举行的纪念彭加勒诞生100周年纪念大会上,本书作者阿达玛(Hadamard) 在演讲中说:

“今天,法兰西在纪念她的民族骄子之一亨利·彭加勒.他的名字应该是人所共知的,应当像他生前在人类精神活动的另一个领域那样,使每一个法国人感到骄傲.数学家的业绩不是一眼就能看见的,它是大厦的基础、看不见的基础,而大厦是人人都可以欣赏的,然而它只有在坚实的基础上才能建立起来.”

大师名著之后,狗尾续貂,望读者见谅.

刘培杰
2015.9.1
于哈工大

集　　论

豪斯道夫　著

张义良　颜家驹　译

内容简介

全书共分十章.第一章至第四章讨论集及其结合,集的势、型及序数;第五章讲集系,内容包括环、体、Borel集及Suslin集;第六章和第七章为点集论,且Borel集及Suslin集在此获得进一步的阐述;第八章为空间的映象;第九章是实函数;第十章是比较近代的材料,内容包括Baire条件及半单叶映象.书末有一个附录,其中所列也是较新材料,但不加证明,作为正文中有关部分的参考.

本书对Borel集,Suslin集以及Baire函数有较完全的处理,对连续映象及同胚也讲得比较深入.本书适合大学师生及广大数学爱好者阅读.

三版序言

集论的不断蓬勃发展,使著者很想把本书再重写一次;由于一些客观原因,不得不放弃此想.因此前九章几乎是二版的无所更动的再版.但为了使这期间获得的进展至少部分地在此得到应有的反映,著者在新添的第十章中详细阐述了两个题材(这些是著者觉得特别应该重视的)以及在附录中不加证明地介绍了另外三个内容;如果不是受篇幅的限制,所涉范围原是可以大大扩充的.

二版序言摘录

本书试图通过详尽地论证阐明集论中一些最重要的理论,使通篇不需另外的辅助材料,但却有由此进研广泛文献的可能.对于读者,只假定具备微积分的初步基础,不必有更高深的数学知识,但应有一定的抽象思考敏锐力,大学二三年级学生读之可望获得成效.个别章末的较难材料,初学时不妨略过;读者若只欲得知点集论的梗概,则在浏览前两章之后即可读第六章.对于专家们,希望至少就形式方面,特别是通过定理的加强,证明的简化,以及多余假设的取消等方面向他们提供一些新东西.

对范围如此广博且尚在日益扩展中的本门学科,材料的选择不得不多少带有主观性,且许多愿望(包括著者的在内)都无法满足;教本固不能希冀专著的完备性.再者,照本书目前的规模,较之第一版要求在取材范围上大加限制,以致就连最小的部分也得有所更动,结果著者就索性重新写过了.在第一版的材料中,相信首先可删除的是比较独立的有序集理论(除一小部分仍予保留外),其次是Lebesgue测度与积分理论初阶,关于这些内容,都不乏别的著作.此外的一些删节也许将被认为是可惜的,那是为了进一步节省篇幅,在点集论里舍弃了拓扑论点(原先的讲法,显然会使第一版博得多方好评)而限制在尺度空间的较简单的理论上,对此,第八章 §6关于拓扑空间的概述是不足抵补的.最后,在专门性的理论方面,著者也做了如上的同样限制而删去了欧氏空间的特殊理论(如关于平面曲线的Jordan定理),即几乎所有建立在迫近多边形及多面形上的理论都删掉了;读者虽还能遇到大量关于欧氏空间的定理,但都只是以欧氏空间为可离空间或完全空间或局部连通空间等的特殊情况而对之成立的.——这些删节,使我们有可能对Borel集,Suslin集(1917年发现)以及Baire函数做比较全面的处理;连续映照及同胚亦较以往讲得深入些.至于有关矛盾及基础评论方面的讨论,和以往一样,现在仍不打算列入.

数论中的模函数与狄利克雷级数(第二版)

T. M. 阿普斯托　著
冯贝叶　译

内容简介

本书主要介绍模函数和狄利克雷级数的相关理论,并且进一步叙述了其理论对于数论的应用. 内容包括关于分拆函数的拉德马切尔级数的收敛性,关于模函数系数的收敛性,以及具有积性的整形式理论,最后讲述了广义狄利克雷级数等价性的博尔理论.

本书适合高等院校师生及数学爱好者研读.

译者说明

本书的著者是一位在数论领域中已取得了许多深刻结果的专家,同时他又写了不少教科书性质的和高级科普性质的优秀作品. 本书就是一本兼具教科书和高级科普性质的读物,是作者在 California Institute of Technology(加利福尼亚技术研究所)讲课期间所写的讲义改编成的一本两卷的教科书(*Mathematics* 160)的第 2 卷(第 1 卷是 *Introduction to Analytic Number Theory*(这本书已由哈尔滨工业大学出版社出版,唐太明翻译的中译本)).

作者在第一版序言中提到阅读本书(即上述讲义的第 2

卷）要比阅读第1卷需要更多的数论方面以及复变函数基本概念方面的背景知识. 其实我觉得，本书所要求的数论方面的知识十分有限，读者只须具备同余式方面的知识即可. 反过来，学习初等数论的读者，其实可以从本书得到不少有益的补充，如关于法雷（Farey）分数，关于戴德金（Dedekind）和的结果，以及关于用有理数逼近实数方面的各种逼近的结果（狄利克雷（Dirichlet）逼近定理，刘维尔（Liouville）逼近定理和一维以及高维的克罗内克逼近定理及其应用）等. 其中克罗内克（Kronecker）逼近定理对于一个数论问题的应用，可见哈尔滨工业大学出版社出版的《600个世界著名征解问题（500个世界著名征解问题修订版）》的4～192题（第一版中的第187题）（在两种版本中，此问题都是初等数论部分中的最后一个问题）. 为了减少没有看到上述版本图书的读者查阅的困难，译者特地把这一问题在此引用一下：

> 设 $x>1$ 是一个实数，$a_n=[x^n]$，ξ 是无穷小数 $0.a_1a_2a_3\cdots$（其中 $0.a_1a_2a_3\cdots$ 表示在小数点后依次写下数字 $a_1,a_2,a_3,\cdots$，例如对 $x=\pi$，$\xi=0.393\ 197\cdots$），问 ξ 是否能是一个有理数.

这个问题是一个我们数学界称之为解决时需要"耍大刀"的问题（即解决时需要应用一个证明比较困难或较长的定理），这里的"大刀"就是克罗内克逼近定理. 当然，这只是译者所知道的解法，如果读者能不引用这个结果而用通常的初等方法去解决这个问题那是令人很感兴趣的. 作为对比，我们请读者考虑下面的类似问题就可知这个问题是有一定难度的：

> **问题1** 设 $a_n\equiv C_{2n}^n \pmod 3$，证明：$\theta=0.a_1a_2a_3\cdots$ 是无理数（其中 $0.a_1a_2a_3\cdots$ 表示在小数点后依次写下数字 $a_1,a_2,a_3,\cdots$）.

这个问题只须用到初等方法，例如只须证明 $\theta=0.a_1a_2a_3\cdots$ 中可出现长度任意大的，完全由0组成的段即可.

设 F_n 表示第 n 个斐波那契(Fibonacci) 数,用完全初等的方法就可证明 $\theta = \sum_{n=1}^{\infty} \frac{1}{F_{2^n}}$ 是一个无理数,但是是一个代数数.

然而要想证明:

问题2 $\theta = \sum_{n=1}^{\infty} \frac{1}{F_n}$ 是一个无理数,乃至是一个超越数.

这可就比上面的问题难多了.解决这个问题就需用到本书中所介绍的狄利克雷级数.可见保罗·里本博伊姆(Paulo Ribenboim),*My Nunbers,My Friends,Popular Lectures on Number Theory*(《我的数,我的朋友——一本关于数论的通俗讲义》),Springer-Verlag,New York,2000(译者注:本书目前还没有中译本).

至于如何解决下述问题,译者到目前为止尚不知道,如果有任何读者可以解决这个问题请告知译者(fby@ amss. ac. cn),译者将非常感谢.

问题3 设 $d_n = [1,2,\cdots,n]$ 表示 $1,2,\cdots,n$ 的最小公倍数,证明:$\theta = \sum_{n=1}^{\infty} \frac{1}{d_n}$ 是一个无理数.

本书在讲述椭圆函数时,采用了与 W. A. 科佩尔(W. A. Coppel) 的《数论——数学导引》(冯贝叶译,由哈尔滨工业大学出版社出版) 一书中不同的路线,这两种不同的路线代表了椭圆函数发展历史上几种不同的路线.历史上一些著名的数学家,如阿贝尔(Abel),勒让德(Legendre),黎曼(Riemann),雅可比(Jacobi),维尔斯特拉斯(Weierstrass) 和 Euler(欧拉) 出于各自研究的兴趣,都得出了很多间接或直接与椭圆函数有关的结果(可详见科佩尔的书),他们所采用的不同方法和路线就导致了今天在讲解椭圆函数的理论时可以选择不同的方法和路线.

本书所采用的方法是首先给出椭圆函数的定义，再用维尔斯特拉斯的 $\wp$ 函数给出椭圆函数的具体例子，最后再讨论椭圆函数的性质及其应用，而科佩尔的书是首先由椭圆积分讲起，由此再引出具体的椭圆函数，最后也要归结到椭圆函数的性质及其应用. 这两种路线各有特点，也会导致有一些共同的讨论，例如二者都要讨论模群及模群上的变换，其讲法也几乎是相同的（我想，无论谁来讲，大概也只能这样讲）. 但是在引进椭圆函数的方法时，讲法就不一样了. 从概念的清晰和简明角度来说，我认为本书的讲法是给人非常清楚和简明的感觉的，但是为了追求简明性，就需要牺牲发展的自然性，这是指历史上椭圆函数的得出绝不是像今天一样一开始就知道了它的定义，而是椭圆函数发展到后来才认识到的. 另外，维尔斯特拉斯的 $\wp$ 函数也显得很突然，好像纯粹是为了给出一个椭圆函数的具体例子而出场的（不过你得承认，维尔斯特拉斯的确是一个利用级数给出例子的高手，像他那个处处连续而处处不可微的例子就太有名了）. 而相比之下，科佩尔的书中所采用的方法就显得比较自然. 由于在历史上，像雅可比、伯努利、欧拉这些数学家同时也都是力学专家，所以他们在研究时必然会遇到求运动的周期问题（像求最简单的单摆的摆动周期），而解决这个问题就必然会导致研究椭圆积分. 一开始，人们并未认识到并不是所有的积分都可用初等函数表出的，后来才发现这一点，并严格证明了某些积分的不可表达性，从此就开始了对一些不可用初等函数表出的积分所定义的函数的研究，按照这条路线走下去，就会导致椭圆函数的出现. 所以，科佩尔的书在讲椭圆函数的那一章中一开始就声明："我们关于椭圆函数的讨论可看成是一种比较容易的修改版本，由于不需用到刘维尔定理、黎曼曲面或维尔斯特拉斯函数，因此我们希望用找出对象源头的方式可以提供一种自然的但是严格的方法，同时又是很适用于应用的方法." 这种方式虽然符合了椭圆函数历史发展的过程，显得比较自然，但是在简明性上就要打折扣了. 按照这种方法，你一开始的注意力会被篇幅相当长的关于椭圆积分的讨论所吸引，并且在引出椭圆函数的性质时，还要利用微分方程的性质，而这也不比利用级数更初等. 等绕了一个大圈子后才会讲到椭圆函数.两种方法孰优孰劣,恐怕难以判断,只能说各有特点.因此我建议读者最好将这两本书对照着看收获会更大.另外,本书中不加证明地引用了好几个 *Introduction to Analytic Number Theory* 中的结果,因此我建议,在阅读本书时最好也常备这本书,可省去不少查阅的麻烦.

大家都知道,除了2,3,4次方程的根可用根号表出之外,一般的5次以上的方程的根都无法用根号表出.这是一个数学家经历了很长时间(从古希腊的三等分角问题直到伽罗瓦(Galois)的可解群的理论出现)才认识到的事实.(这也说明,人类对事物的本来面目的认识过程是多么曲折.这个问题之所以花了这么长时间才解决,一方面当然是数学的水平还未发展到解决的那一步,有许多需要的结果还未得出,另一方面就在于人们对解方程的认识与其本来面目有偏差,一开始就提出来的用根号来表出方程的根是一个没有解答的伪问题.可是由于2,3,4次方程的根都可用根号表出这一事实又很容易和自然地导致人们用根号表出更高次方程的根这一企图和想法.)但是我们现在又知道3次方程的根可用三角函数表出(见冯贝叶,《多项式与无理数》,哈尔滨,哈尔滨工业大学出版社,2008).这就说明,如果跳出了原来不合理的要求,那么解决问题的路子就宽了许多(正所谓退一步海阔天空).在椭圆函数的研究中,会出现一个模函数$j(\tau)$和一种θ-函数(见W.A.科佩尔的《数论——数学导引》),θ-函数有很多类似于三角函数的性质(如加法定理,但是更复杂),而$j(\tau)$则满足一些方程,这就使它们产生了一些令人吃惊的应用,例如,一般的5次方程可以用j解出.还有用$j(\tau)$的展开式的系数可以解释为什么$e^{\pi\sqrt{163}}$高度近似于一个整数262 537 412 640 768 744(精确到第12位小数).模函数和这些表面上看起来毫无关系的事情之间的奇妙联系正是数学的各个领域背后至今也还没有完全被认识的神秘联系的表现.感兴趣的读者可参看《数学译林》,28(2009),1:40-44,冯贝叶译《模的奇迹》一文.

托姆 M.阿普斯托(Tom M. Apostol)是一位善于把复杂的事情用有条理的、简明的方式解释得很清楚的高手.我以能成为他的这本书的译者而感到荣幸.当然,缺点和错误在所难免,希望专家和读者指出,译者将不胜感激.

冯贝叶

第二版序言

这一版的主要变化是把原来在第一版第 3 章中关于戴德金的 η 函数的变换公式放到了书末的参考文献之前,除此之外,这一版与第一版的内容几乎完全相同. 第一版中的印刷错误在这一版中都已更正. 习题做了小部分调整,参考文献也做了更新.

T. M. Apostol
1989 年 7 月

第一版序言

本书是根据我过去 25 年在 California Institute of Technology 讲课期间所写的讲义改编成的一本两卷的教科书(*Mathematics* 160)的第 2 卷①.

比起第 1 卷来,第 2 卷要求读者有更多的数论方面以及复变函数基本概念方面的知识背景.

本书的主要内容包括介绍椭圆函数和模函数及其对于数论的应用. 所处理的主要题目有关于分拆函数的拉德马切尔(Rademacher)级数的收敛性,关于模函数 $j(\tau)$ 的傅里叶系数的莱纳(Lehner)收敛性,以及具有积性傅里叶系数的整形式的赫克(Hecke)理论. 最后一章讲述了广义的狄利克雷级数等价性的博尔理论.

这两卷书都强调了一些近年来在当代已获得了大量进展

① 本书的第一卷已由 Springer-Verlag 出版社作为 *Undergraduate Texts in Mathematics*(大学生数学教科书)丛书中的一本书出版,书名是 *Introduction to Analytic Number Theory*(《解析数论导引》).

的课题的经典方面.我希望这两卷书能使非专业的数学爱好者熟悉数学的某些重要的和引人入胜的内容,同时提供某些每个该领域的专家都应知道的背景知识.

像第1卷一样,本书是献给那些已学过本课程并有志于在数论及数学的其他领域做出杰出贡献的学生的.

T. M. Apostol

1976年1月

超穷数理论基础文稿

康　托　著
陈　杰　刘晓力　译

内容简介

本书是德国数学家康托关于超穷数理论的一部名著,原文用德文写成,这里的中译本是根据1915年纽约多佛出版社的英译本译成的.本书由康托于1895和1897年在《数学年鉴》上发表的两篇论文构成,是康托关于超穷数理论研究二十多年工作的总结.第一部分为"全序集的研究"(1895),第二部分为"良序集的研究"(1897),内容分别为超穷基数和超穷序数理论.

本书的引言部分是英译者 P. E. B. Jourdain 对超穷数理论创立过程的历史追溯,书后的附注是对1897年以后超穷数理论发展所做的一个扼要介绍.

本书适合高等院校的师生及数学爱好者研读.

前　言

本书包括康托(George Cantor,1845—1918)的两篇非常重要的论文,题为 *Beiträge zur Begründung der transfinten Mengenlehre*,分别于1895年和1897年发表在《数学年鉴》(*Mathematische Annalen*)上.由于这两篇论文中主要研究的是各类超穷基数和超穷序数,而不是通常意义上的"集合论”(the theory of aggregates 或 the theory of sets)—— 集合元素是与一维或多维空间中几何意义的“点”对应的那些实数或复数 —— 我认为使用本书现在这个译名(《超穷数理论基础文稿》)较为恰当.

这两篇论文是康托自 1870 年开始发表的长篇系列文章中若干最重要成果的最终的逻辑精练. 要想体会康托在超穷数方面所做工作的极端重要性,我认为有必要对康托关于点集理论的早期研究进行专门的全面考查. 正是这些研究第一次表明对超穷数的需要,而且也只有对这些研究进行考查,我们中的大多数人才有可能对超穷数引进的所谓任意性,甚至不可靠性消除怀疑. 不但如此,我们还有必要,特别是通过维尔斯特拉斯等人的工作去追溯导致康托工作的那些研究的历史过程. 因此,我在本书前面加了一个引言,回顾了 19 世纪函数论的一部分进展,比较详细地谈到了维尔斯特拉斯及其他人的基础性研究,以及康托在 1870—1905 年间所做的工作. 书后的附注对 1897 年以后超穷数理论的发展做了一个扼要的介绍. 引言和附注所用的资料,极大地受益于许多年前康托教授寄给我的一封关于集合论的长信.

由康托的工作所引起的哲学革命的影响恐怕要超过由他所引起的数学革命的影响. 除了少数例外,数学家们愉快地接受了康托这个不朽理论的基础,对它寄予希望,仔细考查并使之更加完善;但是许多哲学家却反对它,这恐怕是由于他们中很少有人能真正理解它. 我希望本书有助于使数学家和哲学家都能对康托的理论有一个更好的认识.

最深刻地影响着现代纯粹数学,间接地也影响着与之密切相关的现代逻辑和哲学的最值得称道的三个人是维尔斯特拉斯、理查德 · 戴德金和康托. 戴德金的大部分工作沿着与康托相平行的方向展开,把戴德金的《连续性和无理数》《数的性质及其意义》和康托的工作加以比较将会是很有意思的. 戴德金这几部著作出色的英译本已出版①. 这里所介绍的康托的论文已有法文译本②,但至今还没有英文译本. 由于顺利地获准翻译出版此书,我要感谢莱比锡和柏林的 B. G. Teubner 先生们以及《数学年鉴》的出版者们.

P. E. B. 朱得因

中译者言

本书是一部数学经典,它记录了百年前数学领域的一项惊人成就,同时也是数学和哲学思想史上一场深刻的革命,这就是康托惊世骇俗的超穷数理论的创立.

对康托来说,"无穷" 是实有的. 它们可以不同,可以比较大小,可以进行数学运算,乃至可以对它们进行(超穷) 数学归纳,等. 康托关于无穷的研究从根本上背离了传统,因此一开始就在数学正统派营垒里引起激烈的争论,甚至遭受严厉的谴责. 数学权威克罗内克把康托说成是科学的骗子和叛徒;庞加莱则把超穷数论看成是数学发展史上的一场"疾病". 对康托的反对也来自哲学家和神学家. 一个长达几十年的学术大辩论由此引发,许多年内,康托的名字就意味着论辩和对立. 这使人想起,历史上,哥白尼以他惊人的理论去校正亚里士多德的地心说时,曾经历过痛苦的过程,并付出了血与火的代价. 康托的超穷数理论遭受同时代人严厉的审查和批判,其实是完全自然的. 当论战的硝烟沉落时,希尔伯特称赞康托的超穷算术是"数学思想最惊人的产物",并声称:"没有人能把我们从康托为我们建立的新乐园中驱逐出去". 罗素则把康托的工作说成"可能是这个时代所能夸耀的最巨大的成就". 由康托工作所引起的

---

① 《关于数论的随笔》(Ⅰ·《连续性和无理数》,Ⅱ·《数的性质及其意义》),W. W. 贝曼(W. W. Beman) 译,芝加哥,1901 年,简称《数的随笔》.

② F. 马洛特(F. Marotte),《关于超穷数理论的基础》,巴黎,1899 年.

哲学革命的影响甚至要超过由它引起的数学革命的影响.除去科学思想上的伟大意义,康托的理论还直接导致现代集合论的建立,与此同时也极大地刺激和推动了数理逻辑的大发展.而逻辑和现代集合论则构成了全部数学的基础.

本书是从朱得因(Philip E. B. Jourdain)的英译本转译的,原文是康托分别于1895和1897年发表在《数学年鉴》上名为*Beiträge zur Begründung der transfiniten Mengenlehre* Ⅰ 和 Ⅱ 的两篇论文.这是康托二十多年关于超穷数理论研究的最后总结,也是这个不朽理论的定形文稿.按康托的原名,本书应译作《超穷集合论基础文稿》,朱得因以他在英译本"前言"中所说的理由,把本书译为《超穷数理论基础文稿》,我们沿用了英译本的书名.

本书从英译本转译有两方面的原因:一方面是因为我们没有找到18世纪的《数学年鉴》,即康托原文的出处;更重要的是,英译者得益于康托本人给他的一封长信,为英译本加了一个长篇"引言",追踪了康托集合论产生和发展的详细过程,他还加了一个"附录",扼要介绍了1897—1915年英译本出版这段时间超穷数理论的进一步发展,这些对了解康托的工作无疑是有益的.

译者就翻译过程中遇到的一些问题,曾请教了康宏逵、郑毓信、袁向东、吴持哲几位先生,在此谨向他们表示诚挚的谢意.

陈杰　刘晓力

编辑手记

克尔凯郭尔(Soren Aabye Kierkegaard)有一句名言:"一种人是因为要做自己而痛苦;一种人是因为不要做自己而痛苦."

我们大多数人都是因为不要做自己而痛苦,而像康托这样的天才是因为要做自己而痛苦.

康托作为整个现代数学大厦基础的集合论的创始人,他最大的贡献或者说最突出的贡献是"超穷数"的观点的提出.但不幸的是他的老师克罗内克却是一个有穷论者,而且还是一个在当时德国数学界权力极大的当权派.他有一句流传至今的数学名言是:“整数是上帝创造的,其余都是人造的.”面对如此强大的对手,用村上春树的比喻是鸡蛋与墙壁般的悬殊差距的力量对比.康托选择了做自己,所以他非常痛苦,致使他非常抑郁,所以他过早地丧失了工作能力.

河南大学李娜和中国科学院软件研究所张锦文曾写过一个康托的评传:

> 康托的祖父母曾居住在丹麦的哥本哈根,1807年英国炮击哥本哈根时,他们家几乎丧失了一切,随后迁往俄罗斯的圣彼得堡,那里有康托祖母的亲戚.康托的父亲乔治·魏特曼·康托(George Woldemar Cantor)年轻时,曾在圣彼得堡经商.后来,他在汉堡、哥本哈根、伦敦甚至远及纽约从事国际买卖.1839年,他由于某种原因破产了.但不久,他又转到股票交易上,并很快取得了成功.1842年4月21日,魏特曼与M. A.鲍约姆(Böhm)结婚.鲍约姆出生在圣彼得堡的一个音乐世家.他们婚后有六个孩子,康托是他们的长子.1856年,康托随同全家移居德国的威斯巴登,并在当地的一所寄宿学校读书.后来在阿姆斯特丹读六年制中学.1862年,康托开始了他的大学生活.他曾就读于苏黎世大学、哥廷根大学和法兰克福大学.1863年,他父亲突然病逝,为此,康托回到了柏林,在柏林大学重新开始学习.
>
> 在那里,他从当时的几位数学大师K. W. T.维尔斯特拉斯、E. E.库默尔和L.克罗内克那里学到了不少东西.特别是受到维尔斯特拉斯的影响而转入纯粹数学.从此,他集中全力于哲学、物理、数学的学习和研究,并选择了数学作为他的职业.可是,最初他父亲并不希望他献身于纯粹科学,而是力促他学工.但是,康托越来越多地受到数学的吸引.1862年,年轻的康托做出了准备献身数学的决定.尽管他父亲对他的这

一选择是否明智曾表示怀疑,但仍以极大的热情支持儿子的事业.同时,他还提醒康托要广泛学习各科知识,并极力培养康托在文学、音乐等方面的兴趣.康托在绘画方面表现出的才能使整个家庭为之自豪.

由于康托一开始就具有献身数学的信念,这就为他创立超穷集合论、取得数学史上这一令人惊异的成就奠定了基础.尽管19世纪末他所从事的关于连续性和无穷的研究从根本上背离了数学中关于无穷的使用和解释的传统,从而引起了激烈的争论乃至严厉的谴责,但是他不顾众多数学家、哲学家甚至神学家的反对,坚定地捍卫了超穷集合论.也正是这种坚定、乐观的信念,使康托义无反顾地走向数学家之路,并真正取得了成就.

1866年12月14日,康托的第三篇论文《按照实际算学方法,决定极大类或相对解》(*In re mathematica ars proponendl pluris facienda est quam solvendi*)使他获得了博士学位.这时,他的主要兴趣在数论方面.1869年,康托在哈雷大学得到教职.他的授课资格论文讨论的是三元二次型的变换问题.不久,他任副教授,1879年任教授,从此一直在哈雷大学担任这个职务直到去世.1872年以后,他一直主持哈雷大学的数学讲座.

在柏林,康托是数学学会的成员之一.1864—1865年他任主席.他晚年积极为一个国际数学家联盟工作.他还设想成立一个德国数学家联合会,这个组织于1891年成立,康托是它的第一任主席.他还筹办了1897年在苏黎世召开的第一届国际数学家大会.1901年,康托被选为伦敦数学会和其他科学会的通讯会员或名誉会员,欧洲的一些大学授予他荣誉学位.1902年和1911年他分别获得来自克里斯丁亚那(Christiania)和圣安德鲁斯(St. Andrews)的荣誉博士学位.1904年伦敦皇家学会授予他最高的荣誉——西尔威斯特(Sylvester)奖章.

1874年初,康托经姐姐G.索菲(Sophie)介绍,与瓦雷·古德曼(Vally Guttmann)订婚,并于同年仲夏结婚.他们共有五个孩子.那时,哈雷大学教授的收入很微薄,康托一家一直处在经济困难之中.为此,康托希望在柏林获得一份收入较高、更受人尊敬的大学教授的职位.

然而在柏林,康托的老师克罗内克几乎有无限的权力.他是一个有穷论者,竭力反对康托"超穷数"的观点.他不仅对康托的工作进行粗暴的攻击,还阻碍康托到首都柏林工作,使康托得不到柏林大学的职位.由于他的攻击,还使数学家们对康托的工作总抱着怀疑的态度,致使康托在1884年患了抑郁症.最初发病的时间较短,1899年,来自事业和家庭生活两方面的打击,使他旧病复发.这年夏天,集合论悖论萦绕在他的头脑中,而连续统假设问题的解决仍毫无线索,这使康托陷入了失望的深渊.他请求学校停止他秋季学期的教学,还给文化大臣写信,要求完全放弃哈雷大学的职位,宁愿在一个图书馆找一份较轻松的工作.但他的请求没有得到批准.他不得不仍然留在哈雷,而且这一年的大部分时间是在医院度过的.同时,家庭不幸的消息也不断传来.在他母亲去世三年后,他的弟弟G.康士坦丁(Constantin)从部队退役后去世.12月16日,当康托在莱比锡发表演讲时,得到了将满13岁的小儿子G.鲁道夫(Rudolf)去世的噩耗.鲁道夫极有音乐天赋,康托希望他继承家庭的优良传统,成为一个著名的小提琴家.康托在给F.克莱因(Klein)的信中不仅流露出他失去爱子的悲痛心情,而且使他回想起自己早年学习小提琴的经历,并对放弃音乐转入数学是否值得表示怀疑.到1902年,康托勉强维持了三年的平静,后又被送到医院.1904年,他在两个女儿的陪同下,出席了第三次国际数学家大会.会上,他的精神又受到强烈的刺激,他被立即送往医院.在他生活的最后十年里,大都处在一种严重抑郁状态中.他在哈雷大学的精神病诊所里度过了漫长的时期.1917年5月他最后一次住进这所医院直到去世.

康托的工作大致分为三个时期:早期,他的主要兴趣在数论和经典分析等方面;之后,他创立了超穷集合论;晚年,他较多地从事哲学和神学的研究.康托的成就不是一直在解决问题,他对数学最重要的贡献是他询问问题的特殊方法,从而开创了大量新的研究领域.这使他成为数学史上最富于想象力,也是最有争议的人物之一.

1874年,29岁的康托就在《克雷尔数学杂志》(*Crelles Journal für Mathematik*)上发表了关于超穷集合理论的第一篇革命性文章,引入了震撼知识界的无穷的概念.这篇文章的题目叫《关于一切代数实数的一个性质》(*Über eine Eigenscharft das lnbegriffes aller algebraischen Zahlen*).尽管有些命题被指出是错误的,但这篇文章总体上的创造性引起了人们的注意.康托的集合论理论分散在他的许多文章和书信中,他的这些文章从1874年开始分载在《克雷尔数学杂志》和《数学年鉴》两种杂志上,后被收入由E.策梅罗(Zermelo)编的康托的《数学和哲学论文全集》(*Gesammelte Abhandlangen mathematischen und philosophischen lnhelts*)中.1879—1884年间,康托相继发表了六篇系列文章,并汇集成《关于无穷线性点集》(*Über unendliche linear Punktmannigfaltigkeiten, Nr.* 1—6),其中前四篇直接建立了集合论的一些重要的数学结果.1883年,康托认识到,要想对无穷的新理论作进一步推广,必须给出较前四篇系列文章更为详尽的阐述.随后,他又发表了第五和第六两篇文章,简洁而系统地阐述了超穷集合论.他在第五篇文章里,还专门讨论了由集合论产生的数学和哲学问题,其中包括回答反对者们对实无穷的非难.这篇文章非常重要,后来曾以《集合通论基础,无穷理论的数学和哲学的探

> 讨》(*Grundlagen einer allgemeinen Mannigfaltigkeits lehre, ein mathematisch – philosophischer Versuch in der Lehre des Unendlichen*)(以下简称《集合通论基础》)为题作为专著单独出版. 康托最著名的著作是1895—1897年出版的《超穷数理论基础》(*Beiträge zur Begriiadung der transfiniten Mengenlehre*)(共两卷).

本书实际上是由康托的两篇论文构成的. 数学论文多如牛毛,但多数是表面文章,只有极少数文章论及本学科的基本问题.

汪丁丁先生说,每个学科的基本问题都挥之不去,但也永远没有答案. 这样的描述会让人产生误解,以为学者可以忽略基本问题,只关注过程理性. 但仔细审视,人们会发现真正卓越的学者,无一例外在基本问题上是一种 postulate(假定)的方式,一种理所当然、简单相信的方式,如斯密、牛顿和托尔斯泰,他们都是在解决了人性的基本问题之后才开始深入思考. 由此想到,一个中国的大学本科生,如果没有首先建立起合乎人类文明常识的价值观,那么接下来他所有的学习和行动,都将变得无方向、无意义,他很可能一生都只学会了一种蚂蚁的生命方式,在一个狭窄而肤浅的平面时空里来往搬家谋生. 仔细想想,这正是当代中国的教育问题的症结之一.

19世纪末与20世纪初的世纪之交,产生了今天学者们所谓的"数学基础危机". 所谓"危机"主要是指在最基础的数学概念中,即在"集合"这个概念中发现了悖论. 因此,整个数学的严密性乃至真理性都受到挑战,所以对于像康托那样天才的大数学家所着眼考虑的都是数学中最基础、最本质的一些问题.

由于康托的集合论是以无穷集为研究对象的,从而肯定了作为完成整体的实无穷. 为此,他遭到了一些数学家、哲学家的批评和攻击. 为解决一些理论问题,也为了答复这些人的批评和攻击,康托做了大量的工作. 他的《关于无穷线性点集(5)》不单纯是对于新的超穷集合论的严格的数学阐述,也第一次公开地为实无穷这一受到大多数数学家、哲学家和神学家长期反对的概念提供了辩护. 他的目的之一就是论证这种对实无穷的反对是毫无根据的. 他在给瑞典数学家、历史学家 G. 埃斯特姆(Eneström) 的信中写道:“正像每个特例所表明的那样,我们可以从更一般的角度引出这样的结论:所有反对实无穷数的可能性的所谓证明都是站不住脚的. 他们从一开始就期望无穷数具有有穷数的所有特性,或者甚至把有穷数的性质强加到无穷数上. 与此相反,如果我们能够以任何方式理解无穷数的话,倒是由于它们(就其与有穷数的对立而言) 构成了全新的一个数类,它们的性质完全依赖于事物本身. 这是研究的对象,而不属于我们的主观臆想和偏见.” 康托有关实无穷的观点包括以下三个方面.

(1) 数学理论必须肯定实无穷

康托指出:在数学中要完全排斥实无穷的概念是不可能的,实无穷必须肯定. 因为很多最基本的数学概念,如一切正整数,圆周上的一切点等,事实上都是实无穷性的概念;关于极限理论,康托指出:它是建立在实数理论之上的,而实数理论的建立(无理数的引进) 又必须以这样或那样的实无穷的概念为基础,例如,戴德金分割和康托的基本序列都是一种实无穷的概念. 极限理论事实上也是建立在实无穷的概念之上;因此,承认作为变量的潜无穷,就必须承认实无穷. 变量如能取无穷多个值,就必须有一个预先给定的、不能再变的取值“域”,而这个域就是一个实无穷. 康托又指出,数学证明中应用实无穷(无穷集合) 由来已久,并且也是不可避免的. 后来的数学家们,如 J. L. 拉格朗日、A. M. 勒让德、P. G. L. 狄利克雷、柯西、维尔斯特拉斯、B. 波尔察诺等人在证明中都使用过. 康托还举出一个复杂证明的例子:假设把一无穷点集分为有穷个子集,其中必有一个为无穷集.

出于对数学研究的实际需要,康托对无穷集合进行了数量研究,实无穷的概念就成了数学的研究对象. 康托在他 1883 年的一篇论文里说,把无穷大不只是作为无穷增长的量,而是以完成的无穷的形式,数学地通过数量来确定下来,这种思想“我是经过多年科学上的努力,几乎违背我的意愿……,逻辑地被迫承认的.”

(2) 不能把有穷所具有的性质强加于无穷

无穷有其固有的本质.尽管康托对无穷集合的研究出于数学研究的实际需要,但是他仍然面临着怎样对这种研究的合理性做出说明的问题.尤其重要的是,他必须对历史上提出的各种关于“实无穷不能成为数学的研究对象”的“论证”做出合理的解释.

1874年,康托在这方面迈出了关键性的一步.他提出了“一一对应”原则:如果在两个集合的元素之间能建立一一对应,就说这两个集合具有相同的基数,即在数量上被认为相等.这个原则构成了对传统的“整体大于部分”观念的直接否定.然而,在康托以前,由于这一观念的束缚,使很多数学家认为实无穷性的概念不能成为数学的研究对象;现在,康托则大胆地冲破了这一思想桎梏,并由此发展出一套关于无穷集合的数学理论——超穷数理论.对此,康托解释说:“两个集合,其中的一个是另一个的部分,而又是具有相同的基数,这是经常会出现的,而且也没有什么矛盾.我认为,正是由于对这一事实缺乏认识,才形成了关于超穷数引进的主要障碍.”

为了更清楚地说明自己的研究工作的合理性,康托还曾对各种相反意见的错误根源进行分析,认为一切关于“实无穷不可能”的所谓证明都是错误的.

(3) 有穷的认识能力可以认识无穷

康托在《关于无穷线性点集(5)》里还讨论了J.洛克(Locke)、B.斯宾诺莎(Spinoza)和G.W.莱布尼兹的观点.他认为,这些人的思想虽有很多不同之处,但在无穷问题上,一致认为:“有穷性是数的概念的一部分;另一方面,真正的无穷,那就是上帝,是不允许有任何规定的.”反对实无穷的人还有一个理由是,人类认识能力是有限的,所以形成的数量只限于有穷.

康托认为,人的认识能力虽然有限,却可以认识无穷.无穷和有穷一样,是可以“通过确定的、明确的、彼此不同的数量”来表达和理解的.在一定意义下,也可以说人们有“无限的才能”,一步一步地去形成更大的数类或集合,去形成一个比一个更强的基数.

康托还强调,数学的无穷与哲学的及神学的无穷不同.超穷数可以增添,这是数学的无穷,与宗教和上帝无关.哲学上的绝对与神学上的上帝都不能被规定,“一切规定都是否定”,因之也不能增添.他又说,人们可以有坚定的信念必然能够认识那“绝对的存在”.

为了证明超穷数理论的“合法性”,康托也从事过关于超穷数的客观实在性的分析.康托指出:跟有穷数一样,超穷数也是从真实的集合中抽象出来的——这突出地表现在康托所给出的关于集合的基数和序数的定义上,集合的基数是两次抽象的结果:一次是从对象中抽去它们所具有的质的特性,另一次则是抽去在对象之间所存在的次序关系;(良序)集合的序数则是一次抽象的结果,即是从对象中抽去了它们所具有的质的特性.因此,和有穷数一样,超穷数也具有同样的客观实在性,它们的存在在物理世界的时空中,以及具体事物的无限性中有着自然的反映.数学的本质不在于它与经验世界的联系,而在于数学思维的自由性.

为了说明数学思想的自由性,康托引进了“两种真实性”的概念,并对它们之间的关系进行了分析.首先,他指出数学对象具有两种真实性:“内在真实性”和“外部真实性”.其中,“内在真实性”主要是指数学对象在逻辑上的相容性,“外部真实性”是指数学对象所具有的客观实在性,即“应把数看成是对于外在于我们智力世界的事物和关系的一种表述和描述”.其次,康托认为这两种真实性事实上是一致的:一个概念如果具有内在真实性就必然具有外部真实性.因此,对数学家来说,就只须考虑数学对象的内在真实性,即逻辑上的相容性,而无须考虑它们的客观内容.在康托看来,在数学对象的“创造”中,数学家们就具有了充分的“自由性”.康托写道:“数学在它自身的发展中完全是自由的,对它的概念的限制只在于:必须是无矛盾的并且和先前由确切定义引进的概论相协调……数学的本质就在于它的自由性.”

但是,究竟应当怎样来认识超穷数和无穷集合的客观实在性呢?为了解决这一问题,康托最后倒向了神学.他在1895年致法国数学家C.埃尔米特的信中,明确表达了这种思想.他说,数学对象的实在性并不在于真实世界,而是存在于上帝的无穷的智慧之中;数学对象的内在真实性,即逻辑上的相容性保证了这种对象的“可能性”,而上帝的绝对无限的本性则保证了这种“可能的对象”在上帝思维中的永恒存在. 此外,康托还谈道,他的集合论就是直接渊源于神的启示的. 其实,早在 1869 年,即康托刚刚开始学术生涯的时候,他就已经建立了这种神学的观念. 正如 J. W. 道本(Dauben)所言:“这是一种强烈的柏拉图主义思想,而康托则不断由此而取得支持.”也就是说,正是柏拉图主义的哲学立场为康托提供了从事集合论,特别是超穷数理论的研究的信心和勇气.

1886 年,德国的哲学家和神学家 C. 古特伯雷特(Gutberlet)发表了一篇文章. 其中援引了康托的集合论来为他自己关于无穷的哲学和神学性质的观点进行辩护. 他主要关注的是数学的无穷对于上帝独有的绝对无穷本性的挑战. 他和康托还就这个问题通了几次信. 古特伯雷特的许多思想激起了康托去研究超穷数理论的神学意义. 康托断言,超穷数并没有削弱上帝的无穷本性. 恰恰相反,正是超穷数使之更加至高无上了.

当时,天主教的学者们所关心的一个主要问题是,超穷数究竟是一种“可能”的存在,还是一种“真实”的存在. 康托认为可以通过区分两种不同类型的无穷来消除神学家们对于真实的、具体的无穷的怀疑. 1886 年 1 月他在给古特伯雷特的老师 J. 弗兰西林(Franzelin)的一封信中指出,除了“可能的”与“真实的”区分之外,我们还应注意绝对的无穷与真实的无穷的区分:前者是上帝特有的,后者则是见诸上帝创造的世界,并以宇宙中对象的实无穷数为其典范. 康托认为超穷的真实存在正是上帝的无穷性存在的反映. 他还发起了关于超穷的真实存在的两种论证:一种是先验的,认为可由上帝的概念直接导出超穷数创立的可能性和必要性;另一种则是后验的,认为仅仅依靠有穷的假定不可能对自然现象做出充分解释. 不管怎样,康托认为他已经证明了接受真实存在的超穷的必然性,而在这种论证中,康托毫不犹豫地求助于上帝. 他还声称,自己并非超穷数理论的创造者,而只是一个记录者:是上帝给他以启示,他所做的仅仅是组织和表述的工作. 康托认为这是他的一种神圣职责,即以上帝所恩赐的知识去防止教会在无穷性质的信条上所可能发生的错误.

在康托集合论中有没有悖论呢? 在19世纪末,虽然有些数学家反对康托集合论中研究无穷集合这样的对象,对他的无穷推理过程表示怀疑,但又找不出毛病来. 康托深信他的工作是正确的. 可是后来却发现,康托的超穷数理论包含着矛盾,这就是布瑞利-福蒂(Burall-Forti)的最大序数悖论和康托的最大基数悖论. 后来,康托又发现了更简单、更基本的集合论悖论,这一悖论叫康托悖论. 它说:假定 S 是一切集合的集合. 根据康托的幂集定理,可知 $\overline{\overline{P(S)}} > \overline{\overline{S}}$. 但因为 $P(S)$ 是一集合的集合,它必定是一切集合的集合 S 的一部分. 由此可得: $\overline{\overline{P(S)}} \leqslant \overline{\overline{S}}$,这与我们刚得到的结果矛盾.

布瑞利-福蒂悖论的构造与康托悖论是十分相似的. 当时因为这两者牵涉序数和基数这样较为复杂的理论,人们还认为,是由于在其中某些环节处不小心地引入一些错误所致,所以没有引起大家的注意. 1902年,B. 罗素在集合论中发现了一个悖论,这个悖论是从集合的基本概念着手,论证方法又和康托的著名定理中所用的方法相类似.

"罗素先生发现的一个矛盾现在可以陈述如下:没有一个人想要断定人的类是一个人. 这里我们有一个不属于自身的类. 当某物归属于以一个类为其外延的概念时,我就说它属于这个类. 现在让我们集中注意这个概念:不属于自身的类. 因此这个概念的外延(如果我们可以谈论它的外延的话)就是,不属于自身的那些类构成的类. 为简短起见,我们称它为类 K. 现在让我们问,这个类 K 是不是属于自身. 首先,让我们假定它属于自身. 如果一个东西属于一个类,那么它就归属于以这个类为其外延的概念. 这样,如果类 K 属于自身,那么它就是一个不属于自身的类. 因此我们的第一个假定导致自相矛盾. 第二,让我们假定类 K 不属于自身,这样它就归属于以自身为其外延的概念,因此就属于自身. 这里我们又一次得到同样的矛盾." 这就是著名的罗素悖论. 在当时,它曾引起了某些大数学家的极大震动.

对于悖论,康托曾表示过这种意见,即认为集合论悖论出现的原因在于使用了太大的集合. 康托指出:我们应把集合区分成相容的和不相容的,后者因太大不能看成是“一”,而必须看成是“多”. 这也就是说,不能把太大的集合看成是一种真正的集合. 他说:“对于多来说,那种把其所有元素联合起来的假设可能导致矛盾. 因此,不能把多看成是一种‘完成了的对象’,这种多我称之为绝对无限或不协调得多.”

由于严格的实数理论和极限理论都是以集合论为基础的,因而,集合论悖论导致了数学的第三次“危机”.

几位大数学家对康托的评论如下. 1926 年,希尔伯特称康托提出的超穷数理论,是“数学思想最惊人的产物,在纯粹理性的范畴中人类活动的最美的表现之一”,“数学精神最令人惊羡的花朵,人类理智活动最漂亮的成果”. 罗素把康托的工作描述为“可能是这个时代所能夸耀的最伟大的工作”. 苏联著名的数学家 A. N. 科尔莫戈洛夫说过:“康托的不朽功绩,是他敢于向无穷大冒险迈进,他对似是而非之论、流行的成见,哲学的教条等作了长期不懈的斗争,由此使他成为一门新学科的创造者. 这门学科(指集合论)今天已经成了整个数学的基础.”

最后我们在介绍完康托其人及其工作之后再来介绍一下本书. 它还有一个书名是《关于超限数理论的基础》(*Beiträge zur Begründung der transfiniten Mengenlehre*). 它曾分两部分先后发表于 1895 和 1897 年的《数学年刊》上. 后收入康托的全集中.

康托是集合论的创始人,他关于无穷集合的工作起源于三角级数的研究. 1873 年 11 月在给戴德金的信中他提出了实数集合是否可数的问题,同年 12 月 7 日在给戴德金的信中他声称自己成功地证明了实数集合是不可数的. 那一天可认为是集合论诞生之日. 1874 年他发表了关于集合论的第一篇论文《关于全体实代数数的一个性质》,证明了代数数全体是可数的,从而容易证明有不可数多个超越数. 这是惊人的创举. 在之后发表的一系列文章中,他发现了自己的理论. 他用一一对应作为基本准则,提出了“势”的概念来区分无穷集合的大小. 在证明了存在相同的势和不同的势的集合(从而区分出了无穷之间的差别)之后,他继续研究集合的势这一概念,并引进了基数与序数的理论. 其中超限基数与超限序数理论是惊人的创造. 在一般集合论发展中认识到对每 一个集合总存在势更高的集合是根本重要性的一步,康托最先就是通过他的序数的理论来证实这一点的. 在从1879年到1884年发表的几篇具有同一标题《关于无穷的线性点集》的文章中,康托发展了他的这一理论. 由于康托的关于无穷集合的一系列革命性之作未被当时的一些重要数学家所接受,尤其他受到了来自柏林大学的权威克罗内克的强烈反对,加上他长期研究工作的疲劳,康托一度陷入精神崩溃. 从1884年他停止了数学研究工作,但1887年又重新回到数学上来. 从那时起到他去世一共只发表了3篇数学文章,《关于超限数理论的基础》是最后的一篇.

《关于超限数理论的基础》在超限数理论的历史上具有决定性的意义. 在这篇纲要性的著作中,康托重新奠定了他的超限基数与超限序数理论的基础. 全文共分20节,第1节便是“势”或“基数”的概念. 文章一开头康托便给出了他关于“集合”的著名定义,他称“集合”M为确定的个别东西m的全体. 这些东西属于我们的直觉或思维,称为M的“元素”. 这用符号表示即$M = \{m\}$. 之后定义了“势”或“基数”的概念,康托写道:

“我们用M的‘势’或‘基数’称由我们的能动思维从M的各元素m的性质和其顺序中抽象出来的一般概念.”

并用$\overline{\overline{M}}$表示该双重抽象的结果,即M的基数或势. 虽然现代数学中已不再使用康托关于基数或序数的定义,但其后的一切发展无不导源于康托的理论范畴. 第2节中康托讨论了势的大小. 他断定对任意两基数a,b,必有或者$a = b$,或者$a < b$,或者$a > b$成立. 由此得到重要结论:“对两集合M,N,如果M等于N的一部分N_1,而N等于M的一部分M_1,则M与N相等.”(施勒德(1896)和伯恩施坦(1898)在没有“两基数之间三种数量关系必有其一成立”的前提下都独立地证明了该结论). 第3,4节中,分别给出了势的相加与相乘,势的指数的概念. 第5节讨论有限基数. 第 6 节介绍最小的超限基数. 第 7 到 11 节讨论序型. 在第 7 节中给出了序型的定义,讨论了全序集的序型. 他把序型理解为从集 M 的元素 m 中只抽取其性质而保留其顺序而得到的一般概念. 之后在第 8 节中给出了序型的加法和乘法. 第 10 节讨论含于超限有序集的基本序列,第 11 节研究了由介于 0,1 之间的一切实数以其自然顺序构成的线性连续统的序型 θ. 前 11 节构成文章的第一部分. 文章的第二部分讨论序数. 在第 12 节中给出了良序集的定义之后,13 节讨论了良序集的"节"(Abschnitt). 第 14 节研究了良序集的序数. 从第 15 节到第 20 节主要研究了第二数类 $Z(\aleph_0)$ 的一些性质,包括第二数类的数(15 节),第二数类域中的势(18 节),第二数类的数的范式(19 节),第二数类的 ε - 数(20 节) 等. 在第16 节中证明了第二数类的势等于第二个最大的超限基数 $\aleph_1$.

康托在该文中发展的超限数理论并不完善,也留下了许多工作,后来得到很大发展. 试图完善它的努力促使了数学基础这一学科的成长. 有些数学家认为他关于 $\aleph$ 的等级的学说是雾上之雾、玄乎其玄,有的把它作为一个有趣的"病理学的情形"来谈. 但康托提出的问题甚至比解决的问题更重要. 他的这一理论不仅对数学的意义是巨大的,而且对哲学产生了深刻的影响. 其重要性不久便由于它在分析学和测度论、拓扑学等方面的重要应用而被一些卓越的数学家所认识到. 今天集合论已成为现代数学的基础.

该文 1899 年出版了法文译本,英译本于 1915 年出版.

编辑手记除了介绍功能还有一个广告功能,即要告诉读者什么人适合看,为什么要看. 如果你要打发无聊时光,请你不要看本书. 但如果你想卓尔不群,你想拒绝平庸,你想思维有深度,那就有必要读了.

一般性的阅读,只会越来越实际,越来越倾向"消遣"与"实用",或以"品味"作为调剂,并以事件创造高潮. 这个潮流倾向,我们可以称为"阅读的平庸化".

但在这种平庸化的过程中,会有一种可贵的"反抗姿态". 它或许不脱平庸,却拥有一副意味深长的反抗姿态,引起阅读的惊喜. 例如,一位新生代编辑说,别找教授写《红楼梦》了,为什么不找安妮宝贝或九把刀来讲《红楼梦》？这就是解放，就是反抗姿态. 这就是新一代编辑带给我们的启示.

老编辑有一种"生命中无法承受之轻"的负担，但在出版平庸化的潮流中，他靠着一身学来的专业技术，保持他可贵的生命之重.

刘培杰
2016.3.1
于哈工大

常微分方程

庞特里亚金　著

金福临　李训经　译

内容简介

本书是 Л. С. 庞特里亚金院士根据他历年来在莫斯科大学数学力学系所用的讲义编成的一本教材，在内容安排上，与传统的教材有很大的不同. 作者从常微分方程在现代科学技术方面的应用出发，对材料做了新的选择和安排，不仅讲述了纯数学的常微分方程理论，同时还讲述了有关的技术应用本身. 全书共分六章，包括引论、常系数线性方程、变系数线性方程、存在性定理、稳定性、线性代数. 其中，常系数线性方程一章几乎占本书三分之一的篇幅，而线性代数一章是为理解本书内容而列入的.

本书可供高等学校数学系、物理系、工程类相关的系作为教材或教学参考书.

序

本书是根据我在莫斯科国立大学数学力学系所用的讲义编成的. 在编拟讲义的大纲时，我从这样的观点出发，就是内容的选取不应当是随意的，也不应当仅仅依靠原有的传统. 常微分方程在振动理论和自动控制理论中找到了最重要的和引起兴趣的技术上的应用. 这些应用就成为我选择材料的指导思想,振动理论和自动控制理论无疑的会在所有现代科学技术的发展中起重要作用. 因此,我认为这样选择教材的途径不仅是可能的,而且在任何情况下也是合适的. 我力求不仅教给学生在技术应用方面有用的纯粹的数学工具,同时也讲一点技术应用本身,我把一些技术问题包括在讲义中,它们在 §13, §27, §29 中讲述. 我认为这些问题组成了讲义的、因而也就是本书的不可分的有机部分.

除了讲义中讲述过的内容之外,也把学生讨论班上研究的某些较难的问题列在书内. 它们包含在 §19, §31 两节中. §24, §25, §30 三节的材料中只有一部分是在课程中讲过的. 为了读者方便起见,在最末的第六章按照本书的需要引述了一些线性代数的知识.

最后,我要对我的学生和亲近的同志们 В. Г. 巴尔强斯基(В. Г. Болтянский),Р. В. 加姆克来列采(Р. В. Гамкрелидзе)和 Е. Ф. 密什琴科(Е. Ф. Мищенко) 表示感谢,他们在讲义的准备和讲授以及本书的编写和校阅的过程中给我很大的帮助. 我也怀念同我有长久友谊的苏联杰出的振动理论和自动控制理论学家 А. А. 安德罗诺夫(Александров Александрович Андронов),他对我的研究兴趣有决定性的影响. 他的影响主要体现在本书的风格和指导思想上.

Л. С. 庞特里亚金
1960 年 7 月 16 日
莫斯科

黎曼 ZETA 函数的理论

E. C. 蒂奇玛什　著

内容简介

本书主要继承了作者本人的剑桥小册子 *The Zeta-function of Riemann* 的内容. 本书内容主要包括: $\zeta(s)$ 函数, 狄利克雷级数与 $\zeta(s)$ 函数的关系, $\zeta(s)$ 函数的分析特点, 函数方程, 近似公式, $\zeta(s)$ 函数在临界带的次序.

本书适合数学专业人士和数学爱好者参考阅读.

编辑手记

这是一本进入公版领域的世界名著. 所谓编辑手记无非是说说人、议议书、提提事. 我们就先来说说本书作者, 英国著名函数论大师蒂奇玛什.

蒂奇玛什, 英国人, 1899 年 6 月 1 日出生. 1923 年开始从事学术研究, 在英国许多大学里工作过. 1931 年起在牛津大学任教, 晚年任该大学数学研究所所长达 10 年之久. 1963 年 1 月 18 日逝世.

蒂奇玛什是哈代的学生, 他在傅里叶级数、傅里叶积分、微分方程、整数论以及复变函数论等方面都做出了贡献. 他发表了 130 多篇论著, 主要有《整函数的零点》(1926),《傅里叶积分理论导引》(1937),《函数论》(1939),《黎曼 ζ 函数》(1951)和《与二阶微分方程相联系的本征函数展开》(英文版,1946;中译本,上海科学技术出版社,1964).

蒂奇玛什先生是哈代的传人.他在中国也有一位传人,那就是闵嗣鹤先生.

1945 年,闵先生考取了公费留学,10 月到英国,在牛津大学由蒂奇玛什指导研究解析数论,由于在黎曼 Zeta 函数的阶估计等著名问题上得到了优异的结果,1947 年获博士学位.随后赴美国普林斯顿高等研究院进行研究工作,并参加了数学大师 H. Weyl 的讨论班.他在美国仅工作了一年,尽管有 Weyl 的真诚挽留,导师蒂奇玛什热情邀请他再赴英伦,但爱国之心,思母之情促使他急于返回祖国.1948 年秋回国后,再次在清华大学数学系执教,任副教授,1950 年晋升教授.1952 年起任北京大学数学力学系教授.他曾任中国科学院数学研究所专门委员,北京数学会理事等职.

闵先生对数学的许多分支都有研究,他的工作涉及数论、几何、调和分析、微分方程、复变函数、多重积分的近似计算及广义解析函数等许多方面,但他最主要的贡献是在解析数论,特别是在三角和估计与黎曼 Zeta 函数理论.诚如陈省身先生所指出的:"嗣鹤在解析数论的工作是中国数学的光荣."

各种形式的三角和估计是解析数论中最重要的研究课题之一.闵先生在大学毕业后,第一个重要的工作,就是得到了如下形式的完整三角和的均值估计

$$\sum_{a=1}^{p-1}\left|\sum_{x=1}^{p} e\left(\frac{af(x)}{p}\right)\right|^2 \ll p^{s-1-(s-n-1)/(n-1)} \qquad (1)$$

其中 p 为素数,$e(\theta)=e^{2\pi i\theta}$,$n>2$,$2\leqslant s\leqslant 2n$,以及整系数多项式

$$f(x)=a_nx^n+\cdots+a_1x,(p,a_n,\cdots,a_1)=1$$

由此,他进而证明:对任意整数 m 及 $2<s\leqslant 2n$,同余方程

$$f(x_1)+\cdots+f(x_s)\equiv m(\bmod p)$$

的解数 $\phi(f(x),s)$ 有渐近公式

$$\phi(f(x),s)=p^{s-1}+O(p^{s-1-(s-2)/(n-1)})$$

这一结果优于由 Mordell 的著名估计

$$\sum_{x=1}^{p} e\left(\frac{f(x)}{p}\right) \ll p^{1-1/n} \tag{2}$$

所能直接推出的渐近公式. 他的这一公式在多项式 Waring 问题中有重要应用. 他的这篇论文获得了当时为纪念高君韦女士有奖征文第一名.

如何把 Mordell 著名估计(2) 推广到 k 个变数的情形是一个重要问题. 他与华罗庚先生合作解决了 $k = 2$ 的情形,然后他又独自解决了对任意的 k 的情形.

1947 年,闵先生研究 ζ 函数论中的著名问题:$\zeta(1/2 + \mathrm{i}t)$ 的估计. 通过改进某种形式的二维 Weyl 指数和

$$\sum_{m} \sum_{n} e(f(m,n)) \tag{3}$$

的估计,他证明了当时最好的结果:对任何 $\varepsilon > 0$ 有

$$\zeta(1/2 + \mathrm{i}t) \ll (1 + |t|)^{15/92+\varepsilon}$$

后来,先后指导他的研究生迟宗陶、尹文霖进一步利用他估计指数和(3) 的方法,在除数问题、$\zeta(1/2 + \mathrm{i}t)$ 的阶估计等著名问题中得到了当时领先的结果.

数学中最著名的猜想之一是:黎曼 Zeta 函数 $\zeta(s)$ 的全部复零点均位于直线 $1/2 + \mathrm{i}t(-\infty < t < +\infty)$ 上,这就是所谓 Riemann 猜想,至今未获解决.

设 $s = \sigma + \mathrm{i}t$,$N(T)$ 表 $\zeta(s)$ 的区域

$$0 \leqslant t \leqslant T, \quad 1/2 \leqslant \sigma \leqslant 1$$

中的零点个数;$N_0(T)$ 表在直线

$$0 \leqslant t \leqslant T, \quad \sigma = 1/2$$

上的零点个数. Riemann 猜想就是要证明

$$N_0(T) = N(T)$$

ζ 函数论中的一个著名问题是定出尽可能好的常数 A,使得

$$N_0(T) > AN(T)$$

闵先生首先定出了 A 的值大于或等于 $(60\ 000)^{-1}$. 这一结果直到 1974 年才被 N. Levinson 改进.

20 世纪 50 年代中、后期,闵先生系统研究了黎曼 Zeta 函数的一种重要推广

$$Z_{n,h}(s) = \sum_{\substack{x_1=-\infty \\ |x_1|+\cdots+|x_k|\neq 0}}^{+\infty} \sum_{x_h=-\infty}^{+\infty} \frac{1}{(x_1^n+\cdots+x_k^n)^s}$$

其中 n 是正偶数,他建立了这种函数的基本理论,其中一部分工作是与其学生尹文霖合作完成的.

笔者曾力主在本工作室出版了闵先生的几部著作,特别是《闵嗣鹤文集》的出版受到了一致好评. 在这个过程中笔者也有幸结识了闵先生的二子闵惠泉先生. 他与闵先生一生坎坷,他的学生回忆说:

> "(闵先生)前半生里,他每有一点进展,便遭遇一次灾难. 刚入大学便死了祖母与父亲;毕业后刚能谋生又死了祖父;在昆明他学术上刚初露头角,次妹便死于车祸. 这些坎坷都被他的坚强意志杠过去了,以后的不幸却都逼向他本身. 1946 年博士学位在望,又有人生烦恼降临,以致神志失常,不得已而接受基督教洗礼. 1954 年学术具见峥嵘,而高血压病魔缠来,时常忍着眩晕讲授繁重的基础课. 从 1966 年夏季起,又在'旧知识分子'行列中泅渡'文化大革命'的骇浪. 多少年往事蹉跎,使他长期苦闷……两年之后发现了冠心病."

闵先生年仅 60 岁就逝世了. 他的祖父曾在弥留之际牵着他的手说:"你的前程不能太好,也不会很坏."果然一语成谶.

闵先生的人生信条写在 1935 年《毕业同学录》中,他说:"能受苦方为志士,肯吃亏不是痴人."今天国学盛行就是社会上肯受苦、肯吃亏的人太少了而产生的一种自我校正. 这方面其实我们多学学老一辈学者比读那些所谓国学宝典有用得多.

说完人,再议议书.

本书主要继承了作者本人的剑桥小册子,*The Zate-function of Riemann* 的内容. 本书内容主要包括:$\zeta(s)$ 函数,狄利克雷级数与 $\zeta(s)$ 函数的关系,$\zeta(s)$ 函数的分析特点,函数方程,近似公式,$\zeta(s)$ 函数在临界带的次序等.

最后,再提提事.本书的看点就在于它与黎曼猜想联系密切,在《数学奥林匹克与数学文化》第一辑中曾刊登了一篇文章如下:

一、Hardy的电报

让我们从一则小故事开始我们的黎曼猜想之旅吧.故事发生在大约70年前,当时英国有一位很著名的数学家叫作哈代(1877—1947),他是两百年来英国数学界的一位“勇士”.为什么说他是勇士呢?因为在17世纪的时候,英国的数学家与欧洲大陆的数学家之间发生了一场激烈的论战.论战的话题是谁先发现了微积分.论战的当事人一边是英国的科学泰斗牛顿(1642—1727),另一边是欧洲大陆(德国)的哲学及数学家莱布尼兹(1646—1716).这一场论战打下来,两边筋疲力尽自不待言,还大伤了和气,留下了旷日持久的后遗症.英国的许多数学家开始排斥起来自欧洲大陆的数学进展.一场争论演变到这样的一个地步,英国数学界的集体荣誉及尊严、牛顿的赫赫威名便都成了负资产,英国的数学在保守的舞步中走起了下坡路.

这下坡路一走便是两百年.

在这样的一个背景下,在复数理论还被一些英国数学家视为来自欧洲大陆的危险概念的时候,土生土长的英国数学家哈代却对来自欧洲大陆(德国——又是德国)、有着复变函数色彩的数学猜想——黎曼猜想——产生了浓厚的兴趣,积极地研究它,并且取得了令欧洲大陆数学界为之震动的成就(这一成就将在后文中介绍),算得上勇士所为.

当时哈代在丹麦有一位很好的数学家朋友叫作Harald Bohr(1887—1951),他是著名量子物理学家Niels Bohr的弟弟.Bohr对黎曼猜想也有浓厚的兴趣,曾与德国数学家Edmund Landau(1877—1938)一起研究黎曼猜想(他们的研究成果也将在后文中介绍).

哈代很喜欢与 Bohr 共度暑假，一起讨论黎曼猜想，常常待到假期将尽才匆匆赶回英国. 结果有一次当他赶到码头时，发现只剩下一条小船可以乘坐了. 在汪洋大海中乘坐一条小船可不是闹着玩的事情，弄得好算是浪漫刺激，弄不好就得葬身鱼腹. 信奉上帝的乘客们此时都忙着祈求上帝的保佑. 哈代却是一个坚决不信上帝的人，不仅不信上帝，有一年还把向大众证明上帝不存在列入自己的年度六大心愿之中，且排名第三(排名第一的是证明黎曼猜想). 不过在这生死攸关的时候哈代也没闲着，他给 Bohr 发去了一封电报，电报上只有一句话：

“我已经证明了黎曼！”

哈代为什么要发这么一个电报呢？回到英国后他向Bohr解释了原因，他说如果那次他乘坐的船真的沉没了，那人们就只好相信他真的证明了黎曼猜想，但他知道上帝是肯定不会把这么巨大的荣誉送给他 —— 一个坚决不信上帝的人，因此上帝一定不会让他的小船沉没的.

上帝果然没有舍得让哈代的小船沉没. 自那以后又过去了 70 来个年头，吝啬的上帝仍然没有物色到一个可以承受这么大荣誉的人.

二、黎曼 ζ 函数与黎曼猜想

那么这个让上帝如此吝啬的黎曼猜想究竟是一个什么样的猜想呢？在回答这个问题之前我们先来介绍一个函数：黎曼 ζ 函数. 这个函数虽然持着黎曼的大名，却不是黎曼提出的. 但是黎曼虽然不是这一函数的提出者，他的工作却大大加深了人们对这一函数的理解，为其在数学与物理上的广泛运用奠定了基础. 后人为了纪念黎曼的卓越贡献，就用他的名字命名了这一函数.

黎曼 ζ 函数 $\zeta(s)$ 是级数表达式(n 为自然数)

$$\zeta(s) = \sum_n n^{-s} \quad (\mathrm{Re}(s) > 1)$$

在复平面上的解析延拓. 之所以需要解析延拓,是因为上面这一表达——如我们已经注明的——只适用于平面上 $\mathrm{Re}(s) > 1$ 的区域(否则级数不收敛). 黎曼找到了上面这一表达式的解析延拓(当然黎曼没有使用"解析延拓"这一现代复变函数论的术语). 运用路径积分,解析延拓后的黎曼 ζ 函数可以表示为

$$\zeta(s) = \frac{\mathrm{i}\Gamma(1-s)}{2\pi}\int_c \frac{(-w)^{s-1}}{\mathrm{e}^w - 1}\mathrm{d}w$$

式中的积分环绕正实轴进行(即从 ∞ 出发,沿实轴上方积分至原点附近,环绕原点积分至实轴下方,再沿实轴下方积分至 ∞——离实轴的距离及环绕原点的半径均趋于0);式中的 Γ 函数 $\Gamma(s)$ 是阶乘函数在复平面上的推广,对于正整数 $s > 1$:$\Gamma(s) = (s-1)!$. 可以证明,这一积分表达式除了在 $s = 1$ 处有一个简单极点外在整个复平面上解析. 这就是黎曼 ζ 函数的完整定义.

运用上面的积分表达式可以证明,黎曼 ζ 函数满足以下代数关系式

$$\zeta(s) = 2\Gamma(1-s)(2\pi)^{s-1}\sin(\pi s/2)\zeta(1-s)$$

从这个关系式中不难发现,黎曼 ζ 函数在 $s = -2n$(n 为自然数)取值为零,因为 $\sin(\pi s/2)$ 为零. 复平面上的这种使黎曼 ζ 函数取值为零的点被称为黎曼 ζ 函数的零点. 因此 $s = -2n$(n 为自然数)是黎曼 ζ 函数的零点. 这些分布有序的零点性质十分简单,被称为黎曼 ζ 函数的平凡零点(trivial zeros). 除了这些平凡零点外,黎曼 ζ 函数还有许多其他的零点,那些零点被称为非平凡零点. 对黎曼 ζ 函数非平凡零点的研究构成了现代数学中最艰深的课题之一. 我们所要讨论的黎曼猜想就是关于这些非平凡零点的猜想,在这里我们先把它的内容表述一下,然后再叙述它的来龙去脉.

在黎曼猜想的研究中数学家们把复平面上 $\mathrm{Re}(s) = 1/2$ 的直线称为 Critical line,运用这一术语,黎曼猜想也可以表述为:黎曼 ζ 函数的所有非平凡零

点都位于 Critical line 上.

这就是黎曼猜想的内容,它是黎曼在1859年提出的. 从其表述上看,黎曼猜想似乎是一个纯粹有关复变函数的命题,但我们很快将会看到,它其实却是一曲有关素数分布的神秘乐章.

2003 年 11 月 6 日

写于纽约

本书在今天出版也算对往事的一个了结. 这是在笔者编辑生涯中的一件憾事. 2005 年笔者从专出版文学类图书的哈尔滨出版社到哈尔滨工业大学出版社工作,当时笔者正从事数学奥林匹克的教学工作,所以便想办一本《数学奥林匹克》的刊物. 在征求意见时,广州大学的吴伟朝教授就提出要加入文化元素,于是便有了《数学奥林匹克与数学文化》这个刊物. 由于国内对刊号限制很严. 经多方努力也没能办下来刊号. 于是便以系列文集代刊这样不伦不类的形式出到现在. 大概出了有十多本的样子. 在创刊号出版前没有稿件. 所以很多朋友纷纷推荐文章. 上海《科学》杂志的编辑田廷彦先生力推卢昌海先生的文章. 由于卢先生并非数学专业出身,所以并没引起重视,只是简单的一登,并没引发后期合作. 这在今天看来真是太遗憾了. 用周星驰的句式说就是:一位如此优秀的作者站在我面前,我没有珍惜. 后面的事便应验了那个段子:今天你对我不理不睬,明天我让你高攀不起.

前面那篇文章的作者他后来又出版了《黎曼猜想漫谈》(清华大学出版社);《数学文化》自 2010 年第 4 期至 2012 年第 1 期连续六期转载. 王元先生还专门写了一篇《黎曼猜想漫谈》读后感,数学文化,2012 年第 3 期,93—95 页. 代数几何专家于天还专门在最新一期的《数学文化》杂志上写了一篇《数学通报》前主编张其佑先生访问王元先生的文章. 在其中有这样的对话:

元老:"我现在年纪大了,不看数学文章了. 平时经常看四种杂志,《数学文化》《数学与人文》《数学译林》和《中国数学会通讯》. 你们的《数学文化》办得很好,里面有三个人的文章我认为是水平最高的,一个一个讲. 第一个是卢昌海,他的文章水平非常高,我推荐过很多次. 中央一台举行过一个颁奖典礼,卢昌海获奖也是我极力推荐的. 因为他写的黎曼猜想,从一个专业数论学家的角度来看,没有任何毛病."

英伯:"他是学物理的."

元老:"后来他们清华出版社把他所有的书都寄给我了,我都看了,很好的."

关磊,卢昌海《黎曼猜想漫谈》书评,数学文化,2013 年第 2 期,105—108 页.

解决百万美元悬赏问题:"黎曼猜想"的新思路

近日数学家发现,黎曼 $\zeta(s)$ 函数的解和另外一个方程的解有关系,而后者很有可能是证明黎曼猜想的一条捷径. 如果这个结果能被严格证明,作为数学界最大猜想之一的黎曼假设将获得最终证明,证明者即能摘得克雷数学研究所的 100 万美元悬赏.

黎曼猜想自 1859 年提出之后的 100 多年里,数学家试图走出证明的关键一步:找到一种算子函数. 今天,这一梦寐以求的函数可能终于出现了.

多杰 · 布罗迪(Dorje Brody)是伦敦布鲁内尔大学数学物理学家,也是相关论文的共同作者. 他表示:这是首次发现如此简洁的算子,其特征值(eigenvalue)与黎曼 $\zeta(s)$ 函数的非平凡零点精确相关.

接下来,数学家要证明下一步:所有特征值都是实数. 如果确实能证明这一点,黎曼猜想将最终获得证明. 布罗迪和其他两位共同作者 —— 来自华盛顿大学圣路易斯分校数学物理学家卡尔 · 本德(Carl Bender)和来自西安大略大学的马库斯 · 穆勒(Markus Müller)—— 在 *Physical Review Letters* 上发表了相关论文.

函数理论提供了证明黎曼猜想的有力工具. 它指出:所有

非平凡零点构成一个离散实数的集合. 有趣的是，某物理学上有广泛应用的函数——微分算子——其特征值跟非平凡零点的集合很相似.

20 世纪 90 年代初，这种相似性让一些数学家思考：可能存在某种微分算子，其特征值就是黎曼 $\zeta(s)$ 函数的非平凡零点.

今天，这个猜想被称为希尔伯特 - 波利亚猜想，尽管大卫·希尔伯特(David Hilbert) 和乔治 - 波利亚(George Pólya) 都没有在这方面发表任何著作. 希尔伯特·波利亚猜想包括 2 步：(1) 找到 1 个算子，证明其特征值就是黎曼 $\zeta(s)$ 函数的非平凡零点；(2) 证明这些特征值都是实数.

目前，相关的研究工作主要集中在第 1 步. 数学家已经确认了一种算子，其特征值精确对应于黎曼 $\zeta(s)$ 函数的非平凡零点. 第 2 步工作刚刚开始，数学家甚至还不能确定，证明第 2 步到底有多难. 他们确定的是，还需要更多的工作.

有趣的是，这种起关键作用的算子跟量子物理有密切联系. 1999 年，数学物理学家米切尔·博里(Michael Berry) 和约拿单·基廷(Jonathan Keating) 研究希尔伯特 - 波利亚猜想时，他们提出了另外一个重要的猜想：如果这种算子确实存在，那么它应该对应于一种具有某些特性的理论量子系统这个猜想被称为博里 - 基廷猜想，但是之前谁也没找到这个系统.

如今，布罗迪称，他们确定了博里 - 基廷哈密尔顿算子的量子化条件，并基本证明了博里 - 基廷猜想.

哈密尔顿算子通常用来描述一个物理系统的能量，但是傅里 - 基廷哈密尔顿算子的奇异之处在于，至少目前，科学家认为，它并不对应于任何物理系统，而是一个纯数学函数.

布罗迪表示，他们的证明工作基于启发性分析方法，这种方法源于已经有大约 15 年左右历史的伪厄米 PT - 对称量子理论. 因此，他们将文章发表在 *Physical Review Letters*，而不是数学期刊.

希尔伯特 - 波利亚猜想认为，关键的哈密尔顿算子应该也是厄米算子，而量子理论中，也通常要求哈密尔顿算子同时也是厄米算子，因此希尔伯特 - 波利亚猜想和量子理论有天然的联系. 布罗迪等人提出了希尔伯特 - 波利亚猜想的伪厄米形式,并将其作为下一步的研究重点.

现在,最大的挑战是证明:该算子的特征值都是实数.

总体来说,科学家对克服这个挑战表示乐观.原因在于,他们有一样法宝可以利用,那就是PT对称性.PT对称性是量子物理的概念——如果该系统满足PT对称性,当你改变四维时空的符号时,变换后的结果和变换之前相同.

尽管真实的世界一般不满足PT对称性,物理学家构建的这种算子却具有这种特性.然而,科学家现在需要证明,这种算子虚部的PT对称性被打破.若能做到这一点,则该算子的特征值都是实数——最终证明黎曼猜想.

科学家普遍认为,黎曼猜想的证明对计算机科学,特别是密码学有重大意义.此外,数学家也希望知道论证的结果到底会对理解基础数学原理带来些什么影响.

布罗迪表示,尽管他们还不能预测研究结果对数论的具体影响,但有理由期待后继成果.

尽管本书的第一版距现在已有半个多世纪了.但它仍闪烁着数学美的光辉.

米兰·昆德拉《笑忘书》中说:所谓美,就是星光一闪的瞬间,两个不同的时代跨越岁月的距离突然相遇.美是编年的废除,是对时间的反抗.

刘培杰
2017.5.1
于哈工大

高等代数教程

库洛什　著
柯　召　译

内容简介

本书是根据苏联技术理论出版社出版的库洛什所著的《高等代数教程》1955年修订版译出的. 原书经苏联高等教育部审定为苏联国立大学及师范学院教科书. 本书为代数的引论,其主要内容为线性代数多项式理论. 除在第十章介绍了环域等基本概念外,在最后一章述及群论初步.

本书可供高等院校本科生、研究生及数学爱好者使用.

第六版序

本书第一版发行于1946年,嗣后于1950,1952,1955和1956年再版. 为了反映出莫斯科大学代数教学方面的经验,在第二版和第四版里,本书有了很大的修改. 在准备现在的第六版时,进行了更加重大的修改,甚至于有足够理由把它算作一本新书,而不是原书的第六版.

这次修改有两个目的. 首先是根据多次提出的要求,将本书加以扩充,使它能包含大学里高等代数的全部必要材料,而不是像原来那样,仅供前两学期用. 为此目的,在书中加进了一些新的章节.其中一章是研究群论的,而其余的都属于线性代数 - 线性空间的理论,欧几里得空间的理论,λ - 矩阵和矩阵若当法式的理论.

自然,苏联现有的代数著作中,有着一系列的分量、内容和叙述的特点上都各有特色的关于线性代数的好书.即使像现在这样,在这本书中补充了如此大量的材料之后,也不能奢望以此书来代替那些书中的任何一本.但是无可争辩的是,把全部必要材料组织在一本教科书中并用同一体裁来叙述,这对大学生来说是很有帮助的.

另一方面,以前各版所采用的章节安排,早已不符合莫斯科大学实际讲授的顺序,这种新安排在很大程度上取决于必须在规定期限内教完一定分量的解析几何和数学分析教程的需要.特别是三年前,在莫斯科大学采用了新的高等代数教学大纲.在这几年中,它顺利地通过了考验,因而修改教本,把材料安排得完全适合于新的大纲,看来是合理的.有一本适应这个大纲的教科书,可能使苏联国内其他大学更便于采用新的大纲.

我们指出各学期材料的分配.第一学期:一至五章;第二学期:六至九章;第三学期:十、十一、十三和十四章.应该注意,莫斯科大学力学专业的学生只学习前两学期的内容.

无疑的,本书的这些修改对于在师范学院中的使用,并不增加困难,甚至可能更加容易.

本书的前几次修改没有增加任何篇幅.但这次自然不可能再这样做了.为了在某种程度上缩减篇幅,迫使我们除去了某些材料,特别是略去了关于霍维茨定理、代数的理论、勿劳别涅斯定理的章节.但是,在书中只叙述现行大纲中所规定的那些材料似乎是不合理的,也就是说,不能把这本书变作简单的讲义摘要.保留在书中的那些非最必要的材料 —— 用星号标出的那些节,照便是这种性质的材料:它们过去曾被列入高等代数科学家大纲的范围内,而且迄今仍列入有些大学或师范学院的大纲范围内;或者,要是分配给高等代数课的课时多一些的话,它们终归是要列入大纲范围内的.

修订本书时,还变动了某些细节,但这里不细说了.

A. 库洛什
1958 年 12 月
于莫斯科

斯米尔诺夫高等数学
(第二卷.第一分册)

斯米尔诺夫　著
斯米尔诺夫高等数学编译组　译

内容简介

本书根据1952年苏联国立技术理论书籍出版社出版的斯米尔诺夫院士的《高等数学教程》第二卷第十一版译出. 原书经苏联高等教育部确定为综合大学数理系及高等工业学院需用较高深数学的各系作为教材之用.

编辑手记

本丛书在中国的第一次出版距今已有半个世纪.

时光留予人的,从来不仅是它决然的背影,更有负载其上的努力、挣扎,以及由此生发出的意义与希望.

如果读一下我国老一代数学家和工程技术专家的回忆录,就会发现许多人在谈到读书生涯时都会提到斯米尔诺夫的这套高等数学教程.

其实俄罗斯几乎同时代有两位数学家都叫斯米尔诺夫. 一位是 V.I. 斯米尔诺夫(Vladimir Ivanovič Smirnov(Владимир Иванович Смирнов),1887—1974). 1887年生于彼得堡. 1910年毕业于彼得堡大学. 1912年至1930年任彼得堡交通道路工程学院教授. 1936年获博士学位. 1943年被选为苏联科学院院士.

斯米尔诺夫在数学上的主要贡献有:

1. 他与索波列夫一道从事固体力学和数学物理方程的研究,得到了带平面边界条件的弹性介质中波传播理论某些问题的新解法,并引入了欧几里得空间中共轭函数的概念;在偏微分方程、变分学、应用数学方面也取得了重要成果;他还开创了地震学理论的新的研究方向.

2. 斯米尔诺夫长期领导物理数学史委员会工作,为出版奥斯特罗格拉德斯基、李雅普诺夫(1857—1918)、克雷洛夫等的著作,做出了巨大的努力.

3. 斯米尔诺夫是位数学教育家,非常重视高等数学教材建设.他著的《高等数学教程》(共5卷),重印了20多次.还被翻译成几种国家的文字出版,中文版也重印过多次(高等教育出版社从1952年起出版各卷).

斯米尔诺夫曾获斯大林奖金;1967年获苏联社会主义劳动英雄称号;还曾获列宁勋章和其他许多勋章、奖章.

另一位是 N.V. 斯米尔诺夫(Nikolai Vasil'evič Smirnov(Николай Васильевич Смирнов),1900—1966).1900年10月17日生于莫斯科.第一次世界大战期间在前线做医疗救护工作.十月革命后加入红军.1921年复员后考入莫斯科大学,毕业后在莫斯科一些高校工作.1938年获数学物理学博士学位.同年开始在苏联科学院数学研究所从事研究.1939年成为教授.1960年成为苏联科学院通讯院士,同年开始主持该院数理统计研究室的工作.1966年6月2日逝世.

斯米尔诺夫主要研究数理统计和概率论.在非参数统计、变分级数的项的分布以及其他概率论、数理统计问题上取得了许多成果;对概率论的极限定理理论,提出了斯米尔诺夫判别法.他所编著的涉及概率论及数理统计的应用的教材和教学参考书在苏联和许多其他国家被广泛采用.他与鲍尔舍夫合作编制的多种数理统计表继承了斯卢茨基开创的这一重要工作,为现代计算数学做出了贡献.1970年由鲍尔舍夫主持出版了他的著作选.

斯米尔诺夫是苏联国家奖金获得者,并曾被授予劳动红旗勋章和多种奖章.本书作者是第一位斯米尔诺夫.

作为本书的策划编辑，理应在书后介绍一点重版的理由，其实就是要说明为什么我们要向俄罗斯学习，要对俄罗斯优秀的数学传统表示敬畏．正在为此捻断数根须之际，在微信公众号“赛先生”2016 年 6 月 25 日上的一篇由数学家张羿写的题为《顶级俄国数学家是怎样炼成的》的文章，正好回答了这一疑问．经作者同意转录于后．

顶级俄国数学家是怎样炼成的？

在过去的半个世纪中，俄国的顶尖大学产生了全世界近 25％的菲尔兹奖得主．科研与教学相结合是俄式教育的一大亮点，也是其能培养出大批非常年轻的顶尖科学家的原因之一．此外，俄国的科研院所气氛宽松自由，所谓领导的任务就是制造环境、创造气氛，使研究人员不受外部环境的干扰，全力投入到研究中去．20 世纪 50 年代，中国基本照搬了苏联的科研教育体系，但我们只抄来了形式，并没有真正地将如何协调、配合、鼓励创新的俄国精髓学到手．

俄国的精英教育起源于彼得大帝时代．我们熟知的莫斯科大学、圣彼得堡大学，包括今日的列宾美术学院等①，从建成的

① 俄国在彼得大帝改革之时，早就有着自己的文化传统，然而彼得大帝的改革是要将俄国拉向西方，建立大学也是为了培养西式人才．俄国大学（如莫斯科大学、圣彼得堡大学等）从一开始就与旧的俄国传统文化无关，而且从一开始，就定位在培养顶级精英人才．在学生来源上也是这样，宁缺毋滥．据笔者所知，圣彼得堡大学刚开始创办时，学生的人数少得可怜，只有 7 人．但同时，为了培养真正的人才，学校的大门又是向全社会敞开的，即便是农奴，只要有才能，也可以进入大学学习，并得到各类资助而成为大师．例如，18 ~ 19 世纪的 Andrey Veronikin 就是农奴出身，最终因其在建筑、艺术等多方面的成就而被选为俄罗斯科学院的院士，成为永垂史册的人物．类似的例子很多，这是笔者知道的最典型的一例．从大学创建之初直至今日，对传统俄国文化的学习仍在继续，但大学等当时的新生事物建立在圣彼得堡，所以新、旧两种教育体系基本相安无事，但切割得很清楚，没有利益上的冲突．新的大学尽管起步艰难，但最后终于成为主流，成为俄国乃至世界科学文化明星的摇篮．

第一天起,其目标就很明确,即培养西式精英人才.这使得俄国在过去一段时间里,在科技、艺术、文化等几乎各个领域都产生了大量的明星,成为世界上唯一一个可以和美国拿奖数量相接近的超级大国.其在昔日帝国时代提出的“我们要向欧洲学习,但我们一定要超越欧洲”的口号激励着一代又一代的俄国青年在各个领域努力成为精英.

俄国的精英教育基本上学自法国模式,只是它的规模更大、更系统,且目标更明确.俄国人把这一系统用在人文、艺术、体育,乃至科学等各个方面,尽管因为专业的不同而略有调整,但基本思想是一致的.

下面笔者将以数学为例,简述这一教育系统.对于数学精英,俄国人大致是这样定义的:

· 首先,他应该在约22岁时解决一个众多著名数学家都不能解决的大问题(即证明大定理),并将成果公开发表出来.这个问题或定理有多大,也多少决定了他未来的成就有多大.

· 在30～35岁时,在前面解决各种实际问题的基础上建立自己的理论,并为同行接受.

· 在40～45岁,在国际学术界建立自己的学派,有相当数量的跟随者.

培养数学精英,从初中开始

俄国中学、大学的精英教育基本上是为学生能够达到第一步而设计的.但同时,它有各类的文化教育、社会教育等为后两步打基础.

俄罗斯的精英教育始于初中阶段.以数学为例,在学生小学即将毕业时,他们可以从全国公开发行的一本数学物理科普杂志 *Quant*① 中得到一份试题.学生可以把自己做好的试题答案寄到其所在城市的指定部门,再由专家评阅试卷,成绩得出

---

① 这是一份创立于1970年,以数学和物理为主要专业的科普杂志,其对象是普通大众和学生.该杂志在俄国、欧美都有众多读者.

之后，城市的指定部门再组织对通过笔试的同学进行口试. 对学生进行口试的人员包括中学教师、大学教授及科学研究所的研究人员. 被选中的同学将进入所谓的“专业中学”(如果是数学，即数学中学)学习，三年以后初中升高中时，将有一次考试(淘汰)，弱者将转入普通高中.

在莫斯科或圣彼得堡这样的城市中，一般都有四五所这种以数学为主的中学. 在这里，学生们将接受普通的中学教育(包括相当多的文化、艺术以及其他的基本科学知识课程)以完成其人生必备的基本知识，但一半左右的时间将花在数学学习上. 每周他们还有两个下午去城市少年宫，在那里，有俄国的顶级数学大师①，如柯尔莫戈洛夫(Andrey Kolmogorov,1903—1987)、盖尔范特(Iserale Gelfand,1913—2009)、马蒂雅谢维奇(Yuri Matiyasevich,1947—)等，为他们讲授数学课. 这些课程的讲稿经过整理后也大都会发表在 *Quant* 这一类科普性质的数学物理杂志上. 这一杂志影响极广，在欧美国家有着众多的读者，包括大学教授、中学老师、学生等. 这种少年宫课程一般都设计得深入浅出，与前沿数学研究中重大问题的提出、现在发展的阶段乃至其解决紧密相连. 为了让学生理解并掌握好内容，科学院联合大学一起为这一类课程配备了大量的助教，这些助教一般包括大学三年级以上的数学系学生和各级大学教师、科研人员等，并且他们以前也都是毕业于这种数学专业中学的学生，基本上每三位中学生配备一位助教，这特别类似于法国巴黎高师中的辅导员(tutor).

夏天时，数学中学的同学们还将在老师的带领下去黑海海滨等地的度假胜地参加夏令营. 在那里，他们一边学习提高，一边玩耍. 同时，他们会遇到国内其他城市地区乃至部分外国来的数学中学生，大家可以彼此增进了解，几年下来，慢慢会形成一个所谓的圈子②. 在夏令营中，还有众多来教课、辅导的科研人员、大学生、中学老师等. 笔者认识的许多俄国著名数学家

---

① 俄国的顶级数学大师也是世界的顶级数学大师.

② 这一圈子可以说对他们终身都有很大影响，尤其是在学术职业生涯上的互相帮助等方面.

(有的已在20世纪90年代移民西方了)都会在夏天时去这些夏令营辅导学生、认识学生,同时去发现那些有才华、有潜力的中学生,以吸引他们进入数学研究领域.有些极有才华的中学生正是通过这种方式在高中时就和科学院或大学中的科研人员建立联系,并进入他们的讨论班开始做研究工作的.

因为这一制度,有许多知名的俄国数学家在18岁上大学一年级时(或在此之前)就取得了重要的成果,并且将论文发表在国际顶级数学杂志上.该制度激发了优秀"天才"少年的活力,使他们能有用武之地,这一点是极其重要的!俄式教育强调基础,无论是在科学,还是在体育、表演、艺术等诸多方面都非常出色,这一点也为中国人所熟知,但它还有我们不了解的另一面,就是更注重实践.在数学(乃至大多数科学领域)上就是鼓励研究、创新,去解决实际问题、大问题.另一点值得指出的是,数学中学与少年宫、数学夏令营的教育本身也是一个系统工程.它把中学数学知识、奥林匹克性质的数学竞赛技巧、大学各门数学课程的基本数学理念与思想、前沿问题等巧妙地结合在了一起.它使得一小部分学生从高中转入大学以后,立刻就能进入研究状态并开始实质性有意义的研究,即攻克著名数学难题.从高中进入大学以后,这些数学学生中只有少数人能剩下来,继续作为潜在的专业数学家被培养.在我们熟悉的莫斯科大学、圣彼得堡大学等部分高校里,每个学校会有一个由大约三十人组成的"精英"数学班来继续这部分人的数学学习与研究.笔者在此想指出,这些大学的数学系中当然还有众多别的数学学生,但他们的培养方向、要求等各方面都是不一样的①,甚至他们将来的毕业文凭都是不一样的②.

---

① 他们的培养方式有些类似于我们20世纪50年代从苏联学到的那一套比较正规的、严格的数学教育.如今这套教育在中国已经大大缩了水,原因是我们大学的数学系不断扩招,且20世纪90年代以后又开始向美国学习其大众教育模式,所以目前我国高等学校的数学教育完全就不是为了打造精英而设置的.

② 俄国的大学文凭(Diploma)相当于美国或中国的硕士,有普通文凭和红色文凭两种,极少数优秀学生能拿到红色文凭.

对于这些所谓的精英学生(乃至一般的普通学生),他们在选课学习上有相当大的自由度. 例如,莫斯科大学、圣彼得堡大学的学生,可以去科学院的斯捷克洛夫(Steklov) 数学研究所的专业讨论班中去学习,还可以去别的大学中修习一些本校没有开设的课程,甚至可以去别的学校(科研院所) 选择自己喜欢的教师的课程等. 同时,他们也可以在一入大学(甚至在入大学之前),就跟从科学院的研究所中的一些科研人员进行研究、写论文等. 这种科研与教学相结合的模式是俄式教育的一大亮点,也是为什么俄国能够培养出大批非常年轻的科学家的原因之一.

等大学二年级结束时,这三十几位精英学生的大部分已在学习过程中被淘汰了,只有五六名能剩下来,此时他们基本都已证明了可以令他们终生为之骄傲的定理,并开始撰写论文,且都已将论文发表出来了. 他们活跃在名师的讨论班里,向着新的目标前进. 他们的前程在此时也已基本上根据这时的成就而多少确定下来,即成为研究型的数学工作者.

笔者想在此指出,在俄国研究型大学的数学系中,有相当数量的课程供学生自由选择,绝非像我们的学校那样强迫学生去学那些必修课、限制性选修课乃至公共课①. 而许多做出过好的科研工作的数学学生甚至可以免掉大部分的课程,以保证他们在黄金创造期间不停地去深入研究学术. 许多俄国大数学家是在副博士毕业以后留校任教期间通过教书来学习普通大学生必须掌握的数学知识的②.

---

① 我们的学校应该学着尊重学生的选择,而不是强迫他们接受学校的安排. 笔者在美国的 Rutgers 大学哲学系念书时,在数学系、语言学系、心理学系、计算机系乃至艺术史系都修习过研究生课程,从来没觉得 Rutgers 大学强迫我学过任何一门课程. 我们国内的许多做法(如学校的课程安排、教学管理等) 是为了便于外行进行管理,而不是为了培养人才而设立的.

② 其实,许多欧美顶级大学都有类似的情况. 例如笔者的博士导师 Simon Thomas 在伦敦大学博士毕业以后还没学过"泛函分析" 课,那时他才 23 岁,已解决了简单群分类这一重要问题,并因此拿到了耶鲁大学的教职.

攻克难题,成为精英的关键一步

在俄制大学中,被选入精英小组的学生在二年级下半学年(第二学期)将按要求在一个学期左右的时间内完成他们的第一篇学术论文. 对数学而言,这篇论文的结果必须是解决学科中的某个重要公开问题,而回顾、综述之类的论文是不允许的. 论文成绩的好坏也基本上决定了该学生的学术前途,即是否能进入科学院的顶级研究所成为研究人员,或进入俄国顶级大学成为教师,等等. 值得强调的是,在俄式数学精英教育体制中,要求学生(或未来的精英数学家)必须在22岁左右公开发表论文正是由这一在二年级下半学年结束时写出论文的措施决定的. 该措施能够得以施行,对老师、学生的质量都有相当高的要求①.

这里例子有很多,比如柯尔莫戈洛夫将希尔伯特第13问题给了阿诺德(Arnold,1937—2010,曾获克拉福德奖、沃尔夫奖),马斯洛夫(Sergey Maslov)将希尔伯特第10问题给了马蒂

① 这里所说的精英学生在第二学年下半年用一学期左右完成第一篇学术论文,在完成论文的时间长短方面是有一定弹性的,有时为了彻底解决一个大问题,会拖上一两年的时间. 这一时间尺度基本上由学生的导师和他(她)所在的研究室主任来把握,如果时间过长,导师与研究室主任将不得不承受巨大的压力. 例如,笔者曾经听到著名的逻辑学家沙宁(Shanin)讲起过马蒂雅谢维奇用了近两年的时间才解决了希尔伯特第10问题. 在接近问题最终解决的关键时刻,大学乃至研究所里的行政人员开始不停地找沙宁谈话,希望马蒂雅谢维奇拿出"应有"的成果. 对于沙宁来说,这种压力是巨大的,他不得不要求马蒂雅谢维奇找一些在解决希尔伯特第10问题之前所做的小结果以应付来自各方的压力. 但同时,沙宁觉得马蒂雅谢维奇绝对有希望拿下希尔伯特第10问题,因此尽全力保护马蒂雅谢维奇,使他能够不受干扰并最终将问题解决掉. 在精英教育中,对导师乃至导师的上级领导的素质都有着很高的要求,如何协调行政与科研教学的关系是我们的大学中亟待解决的问题,如果我们要发展精英教育,这一点则更为重要.

雅谢维奇等.解决这类数学问题本身是任何一位数学家都想得到的荣誉,我们完全可以相信柯尔莫戈洛夫和马斯洛夫本人对如何解答希尔伯特第13、第10问题是根本不知道的,但他们对自己的学生的数学能力有着相当的了解,故此可以直截了当将问题告诉学生.对学生而言,拿到这类问题之后的前途基本上有两种:一是把前人有关该问题的部分结果做些修补,再添些新的部分结果;二是直截了当地将问题彻底解决掉.选择后者的学生很难从老师那里得到真正"具体"的帮助,因为老师也不可能知道答案,但作为老师,他知道前人失败的教训,知道问题难在哪里,为什么有些路走不通(或者可能走得通,但在什么地方必须克服什么样的困难).更重要的是,这些伟大的数学导师们作为国际数学家核心圈子的成员,他们对问题是否到了该被解决的时刻本身有着敏锐的洞察力与基本直觉,这一点对圈外的人而言是很难觉察到的.因此他们可以在对学生有相当了解的情况下将问题在合适的时机告诉某个学生,并期望他(她)能成功地解决问题①.

---

① 笔者这样写,也许多少有些唯心论的味道,但在数学界,许多大问题在解决之前的确是有先兆的,而这种先兆可以多少被圈内的大数学家(们)觉察到(只不过这些大数学家本人在该问题上已是"江郎才尽",没有什么新主意、新思想去克服解决该问题所要面临的诸多困难).

我们可以举几个现成的例子.美国数学家马丁·戴维斯(Martin Davis)在20世纪60年代末即感觉到希尔伯特第10问题应该快被解决了,他甚至有直觉这一问题可能会被一位极年轻的俄国数学家解决,他唯一没猜到的是马蒂雅谢维奇的名字.群论中的Burnside问题被俄国数学家Peter Novikov和他的学生Sergey Adian及英国数学家共同猜到,而最终由Peter Novikov和Sergey Adian联合解决.在20世纪50年代初期,20世纪最伟大的逻辑学家哥德尔(K. Godel)就已模模糊糊地猜到了乔治·康托的连续统假设(即希尔伯特第1问题)的独立性,并为此写了一篇结合数学和哲学的颇具科普色彩的文章来阐释他的观点.最后这一问题在20世纪50年代末、60年代初由年轻的Paul Colien在发明了新的数学工具——力迫法的基础上将其解决.在我国吵得沸沸扬扬的庞加莱猜想(Poincaré Conjecture),丘成桐、汉密尔顿(Hamiton)等人都猜到了它有可能将被解决掉,最后由俄罗斯圣彼得堡的佩雷尔曼(G. Perelman)将其成功解决.

对于精英小组的学生们而言,二年级下半学年的论文选题是他们步入学术界最关键的几步之一.可以说,他们为此已经做了多年的准备.此时,他们要在自己诸多非常熟悉的老师们当中选择一位作为自己今后多年的导师.一般来说,每个学生会在听课、讨论班,以及私下接触的基础上先去和三位(有时甚至是四位)老师进行接触,慎重考虑他们给出的研究问题,并同时要考虑多种其他因素,如自己是否愿意和某位老师长期共事,大家性格是否合得来,等等.当然,学生此时首先考虑的是自己的兴趣,然后是从老师那里得到的题目的难度,以及自己有多少把握,等等.但老师的非学术因素,如人品、性格、爱好,在此时也对学生的选择起着重要作用.

在经过极其慎重的考虑之后,学生最终自己做出最后的决定.对于一位18岁左右的青年人来说,这一选择并不容易.其实,在俄国的知识分子家庭(或世家)中,在这样的关键时刻,许多时候学生父母的意见是很重要的.有的时候,学生也会听取他本人从中学时形成的那个精英学生圈子内的"学生长辈"或是他(她)曾经的辅导员们的意见.选择什么样的题目、进入什么样的领域或哪一个分支等,这些对学生来说,有时候是很难把握的.尤其对于某个学科将来的走向,或者某些新兴学科的前途,学生不仅要经过慎重思考,许多时候也不得不多方咨询之后,才能做出决定.另一方面,有的学生不仅志向高远,而且有极其超常的能力和解决问题的欲望,他们会选择最艰难的著名问题,如我们前面提到的阿诺德、马蒂雅谢维奇等人.但我们必须指出,这种选择是有其冒险性的,我们知道的只是成功者的姓名.笔者遇到过一些失败者,他们早已被普通人忘记了,只有他们过去的同学或曾经的学生们还记得甚至欣赏他们的才华和勇气.尽管对某些人来说,俄国精英教育机制是残酷的,但无可否认,这一制度产生了大量的年轻精英人才,成就了20世纪苏联科学界一个群星灿烂的时代.

在拿到副博士学位以后,俄国的科学家们开始进入大学或研究所"正式"工作.与法国一样,如果他们要拿到相当于大学教授的高级职位,必须要再继续努力,写出所谓的"科学博士"论文.需要指出的是,俄国的科学博士论文水平极高,如果不是解决行业中的顶尖大问题(从数学上讲,应是拿到菲尔兹奖级别的工作),则必须是建立理论体系的大工程.以数学为例,美国数学学会专门组织专家将所有俄国数学方面的科学博士论文翻译成英文,可见对它的重视程度,同时,也是对俄国数学的尊敬①.

俄国的大学与科研院所是一个大型的系统工程,为俄国精英在毕业以后的发展,也为年轻精英的培养提供了舞台、条件及各种职业上的保障.中国在20世纪50年代时从苏联基本照搬了俄国模式,但是,我们只抄来了形式,并没有真正地将如何协调、配合、鼓励创新的精髓学到.

在俄国的主要高等教育发达城市(如莫斯科、圣彼得堡、新西伯利亚、喀山等)中,都有大学(包括综合性大学、师范类院校、理工大学,以及各类更专业的工科、文科、艺术院校)以及一些科学院的研究所.大学担负着教学任务,而各种研究所是科研潮流与时尚的引领者.俄国大学中的许多老师一般都在研究所中担任一定的正式职位(有半职的,有四分之一职的),在完成教学任务以后,他们都主动去研究所参加各种科研活动,并辅导在所里学习、研究的年轻学生们.这一办法使得研究所里的老师和大学里的学生都有了更多的选择,比如圣彼得堡大学的数学老师可以通过斯捷克洛夫研究所来正式辅导圣彼得堡师范大学的数学系学生写作论文,指导其进行研究;斯捷克洛夫研究所的研究人员可以指导俄国各大学的数学系学生进行论文写作、研究,这样可以使有限的教师资源得到更合理的配置与利用.

从另一方面讲,科学院的研究所里的科研人员大都会在当地的大学中兼职授课,有的资深学术大师同时还是大学里的教研室主任,通过教学(包括对大学教师的直接影响、接触等)来

---

① 其实,美国数学学会、伦敦数学学会联合起来,将俄国几乎所有的知名综合数学杂志,以及众多的专业数学杂志一字不漏地全部翻译成英文,这本身就说明问题.同时,大量的俄国教科书被翻译成英文等多种文字在全世界发行并应用,也说明了人们对这一教育、科研体系的认可.

传授他们的学术见解与理念. 通过在大学中教课,他们也可以及时发现有潜力的学生,将他们及早地吸收到科研队伍中来. 与此同时,研究所本身还举办各种讨论班、演讲、系列课程等,这些活动大都安排在下午 5 点以后,使得周边的大学、中学的专业教师和有兴趣的学生能够找到时间来参加这些活动,为他们提高自己的科研水平创造机会. 研究所与大学既竞争又合作的互动关系是我们当年没能从苏联学到的东西①.

中国在 20 世纪 50 年代向苏联学习,照搬照抄了苏联的高等教育模式,将苏联的教材、课程设置等一律搬过来. 然而,我们好像没有学到俄式教育的灵魂②. 其实,俄国大学尽管设置了这些课程,用的教材我们也曾用过,但如何教、怎么教才是最关键的. 比如在圣彼得堡大学,学生的基础课都是由一流的有过辉煌科研成果的资深教授来讲授的(比如逻辑入门课常常由马蒂雅谢维奇讲授,几何介绍由布莱格(Yuri Burago) 讲授,传统分析由 Sergey Kisliyakov 讲授等). 他们在讲授这些大学入门课时,也绝不是照本宣科,而是结合着当代的研究潮流与最新成果一起来讲授. 同时,他们在讲课时对所讲的内容不时做出判断、评价,并指出新的研究问题,这才是课程真正的精彩之处,这些也是课程的核心和灵魂. 对于书上的内容,学生自己要花时间去读去想,每门课程还配有习题课,习题课的老师一般是中年或青年教师,他们在专业研究领域极其活跃,具有过硬的专业技术,同时也愿意花大量的时间与学生去想一些艰难的技术问题. 在学习正常基础课的同时,学生可以自由地去修习各种讨论班. 在莫斯科大学、圣彼得堡大学这些顶级学校的数学系中,各种专业的数学讨论班每年有不下一百个,为学生提

---

① 如何发展大学与科学院下属研究院所的功能,使之更有效地联合起来为培养中国高端人才做出实质贡献是我们今天所面临的一个严肃而且紧迫的课题.

② 笔者想指出,在过去的半个世纪中,俄国的顶尖大学(如莫斯科大学、圣彼得堡大学、新西伯利亚大学等) 产生了全世界近 25% 的菲尔兹奖得主,每个大学都有多名诺贝尔奖得主(不包括文学奖、和平奖).

供了丰富的选择①. 正是这种自由的学术氛围激发着年轻学生的热情，同时，也为教师的科研提供着动力.

无论是在科学院还是大学，教课或领导研究的老师要对学生（尤其是精英学生）有足够的了解，即对他们的科研潜力、兴趣等都要有正确的估计. 如前所述，俄国学生如果要进入职业数学家的圈子，就必须在 22 岁左右拿下大问题（这个问题一定是行业内的著名难题，且被别的名家试过而没被做出来的）. 学生固然要战胜挑战，但老师在这里的作用（包括选题等）是必不可少的，如何指导学生达到这一步，对老师的智慧也是极大的挑战.

而在另一方面，大学与科研院所也要在制度上提供各种保障. 尽管我们看每位成功的俄国数学家（科学家）好像各有各的故事，有些人甚至还常常与领导发生各类冲突，但总的来说，俄国的科研院所是相当宽松自由的，而科研院所的所谓领导们的任务就是制造环境、创造气氛，使研究人员不受外部环境的干扰，全力投入到研究中去. 以著名的斯捷克洛夫研究所为例，该所五年才考核一次，常有人五年什么成果也没有，甚至十年过去了还没有，如果一个研究人员十年没有一篇论文，他（她）也只不过到所长那里去解释一下，他（她）在这段时间里到底在做什么，思考什么问题，遇到了什么困难，等等. 据说斯捷克洛夫研究所还没有出过一个一事无成的研究人员，如果有什么人写的文章不多，他必定是做出了可以载入史册的工作（如马蒂雅谢维奇、佩雷尔曼），或者他培养出了一群星光灿烂的学生（如布莱格）.

不难看出，源于苏联的俄式精英教育系统要远远比法国的复杂，并且它是一个牵涉中学、大学、科学院乃至许多政府职能部门的一个庞大的系统工程，它的投入以及对各种人力资源的调用是相当巨大的. 如果我们要学习这一系统，不可能是某个大学、某个地方（大概除北京以外）可以去仿效的. 尽管我们在

---

① 当然，我们不得不看到，能够组织如此众多的讨论班需要学校本身拥有众多的人才，这些人才可以全身心地投入到他们的科研事业（外加部分组织工作）中.

新中国成立初期模仿了苏联的教育系统、科研院所模式,但直到现在,我们也没能积聚起如此大量的高级人力资源.所以,我们能做的也只能是像美国或其他欧洲国家,如英、法、德乃至日本那样,以各种方式引进其高端人力资源为我们的科研和教学服务.

有一个胖子的自嘲是这样的:书,买过等于读过;化妆品,摸过等于化过;健身卡,办过等于练过;唯有吃的,买了肯定吃完.

不过对于这套书一定要知道,买过、读过才能算自己的.

刘培杰
2017.2.4
于哈工大

Wolstenholme 定理

刘培杰数学工作室　编著

内容简介

Wolstenholme 定理是数论中与素数有关的著名定理,可以利用多种方法对其进行证明. 例如,多项式的方法,幂级数的方法以及群论的方法. 本书利用初等数论的知识给出了它的一个简单证明,并对其进行了推广.

本书适合大学生、研究生以及数论爱好者阅读、钻研.

编辑手记

本书是一本由一道 2017 年北京市高中数学竞赛试题谈起的数论科普读物. 解决一道习题或试题与解决一个猜想没有本质区别.

一个著名的例子源于运筹学大师 George Dantizig. 他可谓是由父亲一手培养出的天才. George 的父亲是俄国人,曾在法国师从著名的科学家 Henri Poincaré. 他曾经这样回忆自己的父亲:"在我还是个中学生时,他就让我做几千道几何题……解决这些问题的大脑训练是父亲给我的最好礼物. 这些几何题,在发展我分析能力的过程中,起了最最重要的作用."

在伯克利学习的时候,有一天 George 上课迟到,只看到黑板上写着两个问题，他只当是课堂作业，随即将问题抄下来并做出解答. 六个月后，这门课的老师——著名的统计学家 Jerzy Neyman——帮助他把答案整理了一下，发表为论文，George 这才发现自己解决了统计学领域中一直悬而未决的两个难题.

George 后来在运筹学建树极高，获得了包括“冯诺伊曼理论奖”在内的诸多奖项. 他在 *Linear Programming and Extensions* 一书中研究了线性编程模型，为计算机语言的发展做出了不可磨灭的贡献. 然而，天妒英才，他于2005年5月13日去世.

笔者最早接触到这类问题是在1980年上海教育出版社出版的柯召与孙琦两位先生著的《初等数论100例》中. 原题是这样的：

设 $p>3$ 是一个素数，且设

$$1+\frac{1}{2}+\cdots+\frac{1}{p-1}+\frac{1}{p}=\frac{r}{ps},(r,s)=1 \quad (1)$$

则

$$p^3 \mid r-s$$

证法1 设

$$\begin{aligned}&(x-1)(x-2)\cdots(x-(p-1))\\&=x^{p-1}-s_1x^{p-2}+\cdots-s_{p-2}x+s_{p-1}\end{aligned} \quad (2)$$

由根与系数的关系，这里

$$s_{p-1}=(p-1)!$$

$$s_{p-2}=(p-1)!\left(1+\frac{1}{2}+\cdots+\frac{1}{p-1}\right)$$

因

$$x^{p-1}-s_1x^{p-2}+\cdots-s_{p-2}x+s_{p-1}\equiv x^{p-1}-1(\bmod p) \quad (3)$$

而 $s_{p-1}+1\equiv 0(\bmod p)$，故由式(3)得出同余式

$$-s_1x^{p-2}+\cdots-s_{p-2}x\equiv 0(\bmod p)$$

有 p 个解，故

$$p\mid(s_1,\cdots,s_{p-2})$$

在式(2)中令 $x=p$，得

$$p^{p-2}-s_1p^{p-3}+\cdots+s_{p-3}p-s_{p-2}=0$$

由于 $p>3$，故从上式得出

$$s_{p-2}\equiv 0(\bmod p^2)$$

式(1) 给出

$$s_{p-2}=\frac{(p-1)!\ (r-s)}{sp}$$

因为 $s\mid(p-1)!$，且 $p\nmid\frac{(p-1)!}{s}$，所以由 $s_{p-2}\equiv 0(\bmod p^2)$ 得出整数 $\frac{r-s}{p}$ 被 p^2 整除，故 $p^3\mid r-s$.

证法 2 调和级数前 p 项之和可写为

$$\frac{\frac{p!}{1}+\frac{p!}{2}+\cdots+\frac{p!}{p}}{p!}$$

因分母是 $p!$，分子不可被 p 整除，故分子与分母的任一公因数都小于 p. 因此只要对

$$r=\frac{p!}{1}+\frac{p!}{2}+\cdots+\frac{p!}{p}$$

与

$$s=(p-1)!$$

证明即可. 注意

$$r-s=p\left(\frac{(p-1)!}{1}+\frac{(p-1)!}{2}+\cdots+\frac{(p-1)!}{p-1}\right)$$

我们以下证明

$$\frac{(p-1)!}{1}+\frac{(p-1)!}{2}+\cdots+\frac{(p-1)!}{p-1}$$

可被 p^2 整除. 这个和等于

$$\sum_{k=1}^{\frac{p-1}{2}}(k+p-k)\frac{(p-1)!}{k(p-k)}=p\sum_{k=1}^{\frac{p-1}{2}}\frac{(p-1)!}{k(p-k)}$$

从而证明

$$\sum_{k=1}^{\frac{p-1}{2}}\frac{(p-1)!}{k(p-k)}$$

是可被 p 整除的整数. 注意，若 k^{-1} 表示 k 对模 p 的倒数，则 $p-k^{-1}$ 是 $p-k$ 对模 p 的倒数. 因此 $[k(p-k)]^{-1}$

的剩余类只表示 $k(p-k)\left(k=1,2,\cdots,\frac{p-1}{2}\right)$ 的剩余类的置换. 利用这个事实,有

$$\begin{aligned}\sum_{k=1}^{\frac{p-1}{2}}\frac{(p-1)!}{k(p-k)} &\equiv (p-1)!\sum_{k=1}^{\frac{p-1}{2}}[k(p-k)]^{-1} \\ &\equiv (p-1)!\sum_{k=1}^{\frac{p-1}{2}}k(p-k) \\ &\equiv -(p-1)!\sum_{k=1}^{\frac{p-1}{2}}k^2 \\ &= -(p-1)!\frac{\frac{p-1}{2}\cdot\frac{p+1}{2}\cdot p}{6} \\ &\equiv 0\pmod p\end{aligned}$$

证毕.

本书的中间还引用和摘录了国内外一些著名数论专家的结果. 但严格地说本书还仅仅是一本入门读物,距前沿还很远. 据北京大学数学学院的刘若川等几位教授讲:

数论不是一个工具性的学科,而是一个消费者. 比如说拓扑,它是一个工具,很多学科都要应用到,而数论本身没有一个"Theory",在早期学它是没有用的,它更像是一块数学发展中的试金石. 数论的问题是很基本的,人们可以制造出很多抽象的概念,这些概念间却有很多让人感觉很自然的、并不是人造的东西. 本科期间学数论不要贪多,这是不现实的. 哪怕是很著名的数学家,在数论核心的地方也只是做了一点儿事.

除了必修的基础课,做数论一般都要学交换代数,因为这是基础. 只要是做代数的,都要把这些东西搞得很熟,而且把时间花在这个上面是有意义的. 交换代数可能是最基本的,代数拓扑和代数曲线也值得一学,其他就看个人做的方向了. 比如说李群、表示论. 也可以去上研究生的课程. 其中同调论是最基本的,同伦论现在也挺重要的,因为数论和拓扑的联系还是挺密切的. 无论如何,基本的同伦论是需要懂的,像黎曼几何这样

的学科也是需要懂的,李群和紧李群上面的一些几何也是要搞清楚的.

路漫漫其修远兮,看你求索不求索.

刘培杰
2017 年 9 月 23 日
于哈工大

Abel-Ruffini 定理

王鸿飞　　编著

内容简介

本书是一位大学分析学教授在学习伽罗瓦理论时的心得体会,以还原历史的视角,从一元方程的求根公式讲起,配以大量的简单例子帮助初学者通过自学掌握伽罗瓦理论这一抽象代数中的经典内容.

本书适合于高等学校数学及相关专业师生使用,也适合于数学爱好者参考阅读.

编者的话

五次及五次以上方程式的根式解问题是很多人所感兴趣的,在数学史上,这个问题的解决差不多经历了 3 个世纪. 直到 19 世纪上半叶,经过几代数学家的努力,这个问题才最终因伽罗瓦创设的新理论(所谓伽罗瓦理论)而得到圆满解决. 然而遗憾的是,这个理论在大学数学的教育当中却鲜少得到一个充分的阐释,一学期的抽象代数学课程往往是群、环、域等概念介绍完毕也就完事了,代数方程根式解理论以及与之相关的三大尺规作图问题等根本就来不及介绍.

另一方面,在现有的中文文献中,关于伽罗瓦理论的讲述有着两种较为极端的情况. 一种是(少数) 以方程式论为背景的,但往往是蜻蜓点水式的叙述,读者不能得到问题的充分答案;另一种虽然是较为完备的叙述,但完全采用毫无方程式求根背景的抽象代数式的论证,令很多初学者望而却步.

在整个方程式根式解问题的探索过程中,其他一些数学家的工作也是值得注意的:拉格朗日关于代数方程根式解的工作;阿贝尔关于一般五次方程根式不可解的证明以及特殊根式可解方程式的研究;高斯关于分圆方程理论的研究;等等. 对于这部分内容,在中文文献中都没有做充分的剖析,要么是仅仅提供一些历史性的叙述材料,要么是语焉不详,论证模糊. 这对期望了解细节的读者不能不说是一个缺憾. 事实上,只有了解这些工作,才能真正排除这样的疑惑:方程式根式解问题的彻底解决,为什么是通过一种初看起来有些奇怪的方式 —— 利用根的置换(群) 理论.

所有这些都促成了本书的编辑. 本书是由五部分组成的,内容分为 12 章.

第一部分(第 1 章与第 2 章) 主要是根式解问题的提出与其发展的简单历史,二项方程式借助三角函数的解法以及二至四次一般方程式的根式解法.

第二部分(第 3 章与第 4 章) 是为后面的部分做准备的,讨论域上多项式的性质、对称多项式的基本定理以及数域的扩张.

第三部分(第 7 章) 是全书比较独立的一部分,主要讨论阿贝尔和克罗内克关于根式解四次以上方程式不可能性的证明(照顾到逻辑性,本书并未严格地按照历史发展的先后来叙述). 克罗内克的定理的重要意义在于以较少的篇幅,并且不是特别抽象的方式提供一个(根式解五次及以上代数方程) 不可能性的证明,同时还给出了这种方程的具体例子.

第四部分包括第 5 章、第 6 章、第 8 章、第 9 章、第 10 章和第 11 章. 前 4 章主要讨论由拉格朗日创始然后由伽罗瓦发展的关于"利用根的置换理论来解方程式" 的理论. 这里读者将看到群、不变子群、商群、同态等概念的自然引入过程. 同时得出了方程式解为根式的必要条件. 第 10 章主要讲解高斯关于分圆方程式的研究. 在这一章,我们没有利用伽罗瓦理论而证明了分圆方程式借助根式的可解性(§3). §4 则呈现了分圆方程式的高斯的具体解法. 第 11 章则是两种特殊类型方程式的根式求解,历史上这是阿贝尔所研究过的,并在此基础上得出了方程式解为根式的充分条件.

最后,第五部分(第 12 章) 是关于方程式的伽罗瓦理论的叙述. 虽然书的前面部分可以说完全解决了方程式的根式解问题,但编者认为,以抽象的、简捷的方式再来叙述一下是比较合适的.

在编写过程中参阅和引用了较多现有文献. 特别是黄缘芳翻译的迪克森的《代数方程式论》,李世雄的《代数方程与置换群》,周畅的博士论文《Bezout 的代数方程理论之研究》(西北大学,2010 年),王宵瑜的硕士论文《代数方程论的研究》(西北大学,2011 年),赵增逊的硕士论文《Lagrange 的代数方程求解理论之研究》(西北大学,2011 年) 等.

本书得以出版,得到了哈尔滨工业大学出版社刘培杰数学工作室的大力支持和帮助,在此向他们表示衷心的感谢.

编　者

2016 年 11 月 19 日

于浙江衢州

纽结理论中的 Jones 多项式

刘培杰　陈　明　孙博文　编著

内容简介

本书主要介绍了纽结理论、亚历山大多项式、琼斯多项式的基本知识,起源和发展等问题. 全书共十三章,读者可以较全面地了解这一类问题的实质,并且还可以认识到它在许多学科中的应用.

本书适合广大数学爱好者阅读和收藏.

编辑手记

这是一本闲书. 说它闲原因有两个:一是它不会对任何考试有帮助;二是阅读它需要少许的闲暇.

今天我们所使用的 school(学校)一词,来自希腊语的 schole,意思就是"闲暇". 在古希腊人看来,从事战争和搞政治的人是辛苦的,只有"闲暇"的人才有时间读书学习,所以亚里士多德、柏拉图给青年讲课的地方就被称作 schole.

本书不是快餐式的读物,需要慢慢研究才能有所体会.

在《南方周末》上曾有一篇文章专门议论过这事.

诺贝尔经济学奖得主卡尼曼写过一本书叫《快思考与慢思考》,将我们的认知系统一分为二. 系统一:反应快速,依赖直觉,几乎不需要我们的努力就能完成任务,粗糙,包含各种偏见,不那么精确,几乎自动运行,随时运作,低成本、低能耗,这就是快思考.系统二:工作起来需要我们集中注意力,但理性精准,运行需要分析与推理的介入,高成本、高能耗,这就是慢思考.

这两个系统,一个都不能少,但显然系统一控制的行为比系统二多得多.我们走路,设定了目的地与路线之后,基本是由系统一来控制的,左右脚交替迈步是不需要系统二持续发指令的;如果前面遇到阻挡,系统二就会介入,指令我们避让,然后又复归系统一控制.

在进化发生序列上,系统一要远远早于系统二出现.系统一对图形、故事情节与地图线路这样的信息是高度敏感的,能快速处理,但对抽象的内容就无感,需要系统二来介入.我们远古的祖先掌握前一种信息是有生存优势的.可见,注重图像化直观、注重具体应用的"启发式",适应了我们的大脑对具象信息的偏好,符合认知规律,让理解变得容易,能大大提高学习效率.在这个意义上,把"启发式"加到教育模式去,是极有必要的.

那这是否意味着有了"启发式"就足够了,就不能有"填鸭式"了?否.人的记忆是呈指数衰减的,当时通过启发与探索理解了但不及时巩固,时间久了也趋于零.传统主义强调及时反馈,以检验知识是否掌握与巩固;进行高强度重复训练,将记忆曲线在衰减前抬升若干次,使曲线尾端平缓化,以形成长期记忆,这把握了学习任何系统知识的普遍规律.

从系统一和系统二的相互关系来看,高强度重复训练是极其关键的.这两个系统是有交流的,系统二可成为系统一的奴隶,例如你不喜欢某个人,系统二就会找理由来合理化你的情绪,也可以反过来,系统二改造系统一,给系统一增加新的自动执行程序模块,方法就是通过高强度重复训练,这对知识的学习与技能的学习都适用.但前提是,高强度的重复训练要获得最佳效果,需要学习者有较强的兴趣.如果是与兴趣割裂的高强度训练,也可能对学生的创造性造成压抑.

学习数学到一定程度,是有精准的"数感"的,这说明你的数学知识与能力已经整合到你的系统一上去了.学习驾驶到一定程度,就有精准的“车感”与“路感”;敲击键盘,你根本记不住某个字母的键盘位置,但你可以快速打出来,这说明这些技能已经加到你的系统一上去了.什么叫学成了一门知识或技能?这就是标准.

高强度重复训练,既磨砺了你的系统二,也让你的系统一功能变得越来越强大.一个领域的顶级专家与顶级玩家,无非是他的系统一在这方面的功能被训练得越来越强大与精准.你在某个知识领域或技能领域的创新能力,其实是由你的系统一在这方面的功能界定的,“熟能生巧”就是对这一事实的朴素描述.所以说什么“填鸭式”抹杀创新能力是错误的.

高强度重复训练的本质、方向也应该是系统二控制与训练系统一,传统主义教育模式的精髓即在于此.当然,背离了这个本质与方向,那就成了名副其实的填鸭式了.

本书还是一本试图见微知著的小书.

胡适曾为“整理国故”进行辩护说:“浅学的人只觉得汉学家斤斤计较地争辩一字两字的校勘.以为‘支离破碎’,毫无趣味,其实汉学家的工夫,无论如何琐碎,都有一点不琐碎的元素,就是那点科学的精神.”

国人喜大,做学问也如此,单看一些书名就吓人,大全、观止、概论、通史,层出不穷.这种大事化小的论述方式像木匠用的刨子,薄薄的削下一片.而外国人做学问讲究见微知著,从一个非常狭窄的方向入手,讲究小题大做,做深做透.若干年前一位搞建筑史的俄罗斯专家来访.我们请他写一本建筑史著作.他吓得连连摆手说他只能搞中世纪史中的一个小片段,除此之外他便不再是专家.

大学问家陈寅恪费墨80万字为一个秦淮八艳之一的杨爱写了一本《柳如是别传》(杨爱因读宋朝辛弃疾《贺新郎》中:“能见青山多妩媚,料青山见我应如是”,故自号如是.柳如是之所以受青睐,原因之一是她嫁给了大文人钱谦益,钱后来向清军投降饱受世人诟病,但他的条件是:一,不能伤害无辜百姓,涂炭生灵;二,尽快恢复科举取士,让文脉延续.”)一位中国顶级大史学家竟会为一个名不见经传的小人物写传,充分体现了大家独到的以小见大的眼界与方法.

本套丛书也是秉承这一理念而设计的. 首先问题一定要小,最好限于中学生可理解的范围,但背景一定要深远,最好达到目前国际数学前沿. 本书从一道北京高一竞赛试题谈起,介绍了亚历山大多项式、Jones 多项式等纽结理论中的基本知识. 并介绍了传奇数学家、物理学家威腾的一些贡献. 本书涉及名人众多,除上面提到的三位以外还有:库尔特、沃林德、莫尔、塞尔伯格、阿蒂亚、陈省身、西蒙斯、费曼等一大批名人. 名人是信息社会不可缺少的元素,有他们才有人围观. 这不在网上由"陈罐西式茶货铺"引发了一场网络接龙游戏. 有:

张柏芝士蛋糕房,谢霆蜂王浆专卖店,钟欣桐油店,吴彦祖传老中医,吴奇隆胸专业会所,郑秀文胸店,桂纶美甲店,周杰伦胎专卖,陈奕迅捷快递,苍井空调专卖店,宋祖英语培训,郭美美容店,李冰冰棍批发中心,李开复印打印店,郭富成都小吃……

英国《电讯卫报》2014 年 12 月报道称:切·格瓦拉与第二个夫人所生的小儿子恩内斯托·格瓦拉(49 岁),于本月初开办了一家旅游网站, 旅行社的名字为"La Poderosa Tours". Poderosa 一词是他父亲切·格瓦拉于 1952 年在医大毕业前夕,在 9 个月期间里进行南美旅行所乘坐的 500cc 摩托车的名字. 恩内斯托共推出了两种旅游路线,分别是乘坐摩托车进行环岛 6 日游和环岛 9 日游,也称为 Fuser1 和 Fuser2. Fuser 是切·格瓦拉儿时的别名.

因本书所述内容过于前沿,虽是兴趣所在,但已远超笔者所能驾驭范围. 所以大部分皆为引介他人材料,在此必须说明,否则便有失规范. 在《胡适口述自传》中,胡适讲了一件事,原文是这样的:

> "今日回看我在 1916 年 12 月 26 日的日记上所写'论训诂之学',这整篇文章实是约翰·浦斯格教授为《大英百科全书》第八版所写的有关"版本学"一文的节译. 这篇文章今日已变成"版本学界"权威的经典著作了. 今版《大英百科全书》所采用的还是这一篇,

假如我不说出我那篇文章是上述辅文的节要,世上将无人知道,因为我那篇节要并未说明采自何书."

其实这样做是有一定风险的.在对学术文章的批评中,首先受到抨击的就是引用过多.有些人写文章,仿佛不是给读者看的,通篇不加解释的术语,且随处引文,弯弯绕.有些所谓学术文章,引文高达五分之三,既然如此,写它做甚?这种文章给外行颇高深的感觉,其实不过是以艰涩饰浅陋,强不知以为知,说得严重点,就是以其昏昏,使人昭昭.有人以为周作人后期文章,此病甚重,评论家居然认为其文有枯涩美,枯涩就是枯涩,与美何干?当代某才子,文章如网兜,不经意间总喜欢露出他那渊博的知识储备,他也以此自得、自炫,有论者讥讽他:君之大作去掉外国人名和名言警句,大概只剩"的、地、得"了.此乃妙评.另有一妙评说此类人:移动的书柜.

本书涉及较多的当代数学家是威腾.在Edward Witten访谈录中Hirost Ooguri采访Edward Witlen关于Khovanov同调时,问:

"我参加了您昨天的讲座,在那里您解释了您是如何得到了那个想法,即Khovanov同调可以写成当$N=4$时的超杨-Mills在一个非寻常积分闭链上的积分.令我印象深刻的是,您以前的文章是关键性的源头,即您与Anton Kapustin的工作,在其中你们列出了Kapustin-Witten方程,也在随后与Davide Gaiotto合作对关于在$N=4$的超杨-Mills理论中的边界条件进行了研究.当您写这些文章时,内心是否已经有了对Khovanov同调的应用?"

Witten说:

"回答是'否'.在那些年里我知道了Khovanov同调理论,但却因搞不懂它而沮丧,对于它与几何Langlands纲领的关系毫不知晓.之所以对于弄不懂

Khovanov 同调感到沮丧，是因为我觉得我在 Jones 多项式方面的工作理应是了解 Khovanov 同调的一个很好的出发点，但是我就是不明白该如何进行.（从数学观点看，Khovanov 同调是一个纽结的 Jones 多项式的'精炼'或'范畴化'.）实际上，Sergei Gukov，Albert Schwarz 和 Vafa 部分地借助于 Ooguri 和 Vafa 早先的工作给出了（在 2004 年）Khovanov 同调的一个基于物理学的解释. 但是我觉得它有些令人困惑和沮丧，它与规范场论的关系是那样地间接和遥远. 我想要找到一条更加直接的道路，但多年来我发现这很困难.

"然而，数学中的一些进展最终帮助我明白了，用理解几何 Langlands 纲领同样的要素应当能理解 Khovanov 同调. 我没有完全了解所有这些要素，但其中两个给了我启发. 一个是 Dennis Gaitsgory 的关于数学家称之为量子几何 Langlands 纲领的工作（我不能确定一个物理学家会不会使用这个名字），它证明量子几何 Langlands 纲领的 q 参数与量子群和 Jones 多项式的 q 参数相关联. 另一个则是 Sabin Cautis 和 Joe Kamnitzer 的工作，它运用一个经反复的赫克修正的空间构造了 Khovanov 同调. 我一开始并不知道用这些要素来做什么，但它们像悬挂在那里的一面红旗指引我前行.

"赫克变换是几何 Langlands 纲领的一个最重要的成分. 它们物理的意义曾长时间困扰了我，而最终成为用物理和量子规范场解释几何 Langlands 纲领的主要障碍. 最终，当我从西雅图乘飞机回家时，眼前突然一亮，在几何 Langlands 纲领的语境下，一个赫克变换竟然是以代数几何的方式去描述量子规范场论的一个't Hooft 算子'，我从没有研究过't Hooft'算子，但在 20 世纪 70 年代后期曾为了解量子规范场介绍过它们，故我熟悉它们. 对于如何运用't Hooft'算子以及在电磁对偶下它们会发生什么变化我们已有充分的了解，所以一旦我可以用't Hooft'算子去重新解释赫克变换时,对我来说,许多东西就豁然开朗了.

> “Cautis 和 Kamnitzer 用反复赫克变换空间的 B - 模型解释了 Khovanov 同调,而 Kamnitzer 在另一篇文章中也猜测存在同一个空间的 A - 模型的描述.从技术上说,要找到正确的 A - 模型是不容易的.我之所以想真正地去了解 A - 模型是因为那是人们可以期望由此获得三维或四维对称性.我研究 Khovanov 同调的主要目标是找出有明显对称性的一个描述以及与 Jones 多项式的规范场论之间的清晰关系.我终于成功地做到了.最具技巧性的要素是规范场必须满足一个微妙的我称之为 Nahm 极点边界条件的边界条件.(导致 Nahm 极点边界条件的基本想法是由 Werner Nahm 在 30 多年前在他关于磁单极的工作中引进的.)对我来说,幸运的是由于我曾在几年前与 Davide Gaiotto 一起做过一些工作,我熟悉 Nahm 极点边界条件以及它在电磁对偶中的作用.”

其实他在中国也挺出名的.20 世纪 80 年代,威腾提出了一个“威腾刚性定理”.哈佛大学的鲍特和另一位数学家阿布什给出了一个证明,但这个证明非常之烦琐,几乎没有几个数学家能看懂这一证明,而来自中国的年青数学家刘克峰到哈佛后不久就给出了一个精妙的证明,不仅极其简洁,还推导出了几个全新的刚性与消灭定理.并发现了与其他数学分支意想不到的联系.

刘小博教授最开始去美国的时候读的是黎曼几何,他的博士论文做的是紧李群中的整体极小子流形.博士毕业后,他去德国做了两年研究.在那期间他主要的工作是无穷维等参子流形,也属于无穷维黎曼几何的范畴.之后刘小博教授又回到美国,在麻省理工学院开始研究量子上同调和 Gromov-Witten 不变量理论.刘小博教授主要的研究方向就此确定下来.

Gromov-Witten 不变量是一个全新的领域.它大概是 90 年代才慢慢开始建立起来的,刘小博教授是1988 年到美国读研究生的,因此在整个研究生阶段他都没有听说过这个领域.他第一次接触这个理论是在波恩的 Max Planck 研究所. 有一些访问学者在那里开了一个关于 Gromov-Witten 不变量的讨论班. 刘小博教授当时的研究兴趣还在等参子流形上,因此在这个讨论班上听了几次报告后就放弃了. 而他真正从事这个领域研究,是在麻省理工学院做博士后期间开始的. 在田刚教授的建议下,他开始研究由三个物理学家 Eguchi,Hori 还有 Xiong 提出的 "Virasoro 猜想". 这个猜想的一个特例是 Witten 的一个非常有名的猜想,当时已经被 Kontsevich 证明了. Witten 的这个猜想还有很多别的证明,其中一个证明是在前几年由 Mirzakhani(2014 年菲尔兹奖获得者) 给出的. 她在毕业论文里用双曲几何给出 Witten 猜想的一个证明. Virasoro 猜想是 Witten 猜想的一个推广,可以说 Witten 猜想相当于 Virasoro 猜想在辛流形是一个点的情况. 当时田刚老师跟刘小博提到这个题目的时候,这个猜想刚提出来不久,能够找到的文献还非常少. 刘小博教授当时能找到的文献只有那三个物理学家的文章. 他当时还很少接触物理文章,这对他早期的研究造成了很大的障碍. 其实当时这个领域对刘小博教授来说也是从未接触过的全新领域. 面对种种困难和障碍的时候,他也曾动摇过,也怀疑过是否能继续做下去. 但是比较幸运的是,皇天不负有心人,经过不懈的努力,他后来终于找到了一个突破口,与田刚教授合作解决了零亏格的 Virasoro 猜想.

刘小博教授在 2002 年受邀在美国数学协会大会上做主题报告. 报告内容是有关亏格为 2 的Gromov-Witten 不变量的一些性质,主要的结果是证明了由 Mumford 等几位代数几何学家发现的曲线模空间上的两个关系可以决定所有的具有半单上同调的辛流形上的亏格为 2 的 Gromov-Witten 不变量. 当时这个成果可以说是有些出乎意料的,背后还有一段轶事. 在那之前,刘小博教授在 2001 年底去 Princeton 高等研究院参加会议. 会议开始阶段他做了一个报告,正是关于这项工作的. 当时会上有一位知名教授质疑刘小博教授的结果. 会后他来找刘小博教授,说他和别人已发表的文章里的一个例子是刘小博教授那个结果的反例. 他说那个例子是他们三个人一块儿算的,算了好几个月,肯定不会错. 当时会上聚集了这个领域很多重要的人物，比如说 Witten. 在此之前刘小博教授不知道这个反例的存在，因此非常紧张，担心万一这个结果有错，可能会对以后的学术生涯带来很不好的影响，以致会议后面的报告他都没有心思去听，整天都在研究那个例子. 到大会结束的时候，他已基本确定这个例子的错误所在. 会议结束以后他又做了更仔细的验算，更加确认他们那个例子确实有错误. 刘小博教授就把验算结果寄给那位教授，并很快得到了回复. 那位教授承认了自己的例子确实有错. 由于最初的证明比较复杂，别人难以理解，后来刘小博教授又花了很长的时间，得到了这个结果的一个简化的证明，并进一步证明了亏格为 2 的半单条件下的 Virasoro 猜想. 关于 Virasoro 猜想的工作是刘小博教授在 2006 年世界数学家大会上所做报告的主要内容.

近年来，国内的科研环境和学术氛围有了很大的改善，在很多方面并不比国外的条件差. 国家对数学学科的发展给予了很大的支持，北京国际数学研究中心的建立就是一个例子. 这种日新月异的巨大变化吸引着刘小博教授. 虽然在国外取得了许多重大的学术成就，但祖国的召唤却是那样真切. 感受到在国内工作，学术上也可以进一步发展，在人才培养上还可以发挥更大的作用，刘小博教授决定全心回到祖国，投身于祖国的数学事业中去. 于是他毅然放弃在著名的美国圣母大学的职务，全职在北京大学北京国际数学研究中心工作.

刘小博教授回国后全心投入科研工作，在 Gromov-Witten 不变量普适方程和 Virasoro 猜想的研究上取得了新的重要进展. 刘小博教授还和他在北大的研究生王新合作解决了 Dubrovin- 刘思齐 - 张友金关于亏格为 2 的 G- 函数的猜想. G- 函数是半单上同调场论中亏格为 2 的生成函数最复杂的构成部分. 这个猜想预测 ADE 型奇点理论和 ADE 型球面轨形的 G- 函数应该为 0. 刘小博教授和王新的工作给出了 G- 函数为 0 的一个几何条件，从而得到了这个猜想所有情形的一个统一证明. 最近刘小博教授和北京国际数学研究中心的博士后王戈浩合作证明了 Kontsevich-Witten tau- 函数和 Hodge tau- 函数可以用 Virasoro 算子连接起来，从而解决了 Alexandrov 的一个猜想.

本书的出版是一个相当理想主义的行为，因为从经济上计算它远不是畅销书的类型. 在报上曾看到一则轶事,是讲雷锋的. 雷锋爱演讲,小学毕业那天,他走上讲台,面对全校师生,宣布他的人生目标:当个好农民,当个好工人,当个好士兵. 在此之后的六年中他认真地完成了这一规划. 但收入却递减:由农民(开拖拉机)时的 32 元降到工人(鞍钢学徒)时的 22 元再到战士津贴的 6 元. 但他认为梦想是最重要的,而金钱次之,所以毛泽东在看了《雷锋日记》后说:“此人懂些哲学.”笔者也略懂一点哲学,所以也赞同:

梦想最重要,而金钱次之!

刘培杰
2017 年 1 月
于哈工大

360个数学竞赛问题

提图·安德烈斯库
多林·安德里卡　著
郑元禄　译

序

我非常高兴地向罗马尼亚国内外所有读者推荐T. Andreescu与D. Andrica教授的这本书.本书是这两位作者——奥林匹克与其他数学竞赛数学问题的著名创建者——的出色工作的成果.他们在许多数学刊物上发表了无数的新颖问题.

本书由6章组成:代数学,数论,几何学,三角学,数学分析与综合性问题.另外,其他方面的数学内容也可以在本书中找到它们的位置,例如组合问题可以在最后一章中找到,复数包含在三角学部分中.并且,在本书的所有各章中,认真的读者可以找到许多有趣的不等式问题,随着困难程度的增加,所有颇具特点的问题都是有趣的,其中一些问题是真正的佳作,它们将带给试图解决或推广它们的数学爱好者以巨大的满足感.

由于两位作者都曾是罗马尼亚全国数学奥林匹克、巴尔干数学竞赛与国际数学奥林匹克(IMO)的评奖成员,在他们的带领和支持下,罗马尼亚竞赛参加者在这些竞赛中获得了优异的成绩.他们在准备数学夏令营与冬令营的讲义及编写原创性问题用于选拔真正有数学才能的学生的考试中,都做了大量的工作.为了支持这样的要求,即被选出的罗马尼亚学生代表国家真正能够获得崇高荣誉的人,我们指出只有两位罗马尼亚血统的数学家,即前国际数学奥林匹克金质奖章获得者,新近被邀请参加了世界数学家大会的D. Voiculescu(祖利奇,1994)与

D. Tataru(柏林,2002). 罗马尼亚数学界一致公认这是 T. Andreescu 与 D. Andrica 教授的杰出功绩. T. Andreescu 当时是在 Timi Soara 的 Loga 学院的教授,在参加国际数学奥林匹克的代表队中有他的学生,他被任命为国家代表队副队长. 现在,T. Andreescu 的潜力,如同不同领域的其他罗马尼亚人一样,被美国完全了解,他领导了参加国际数学奥林匹克的美国代表队,配合参赛选手的培训与选拔,并且作为多个国家与地区的数学竞赛评奖人参加服务.

我再次强烈地表达我的意见,本书中颇具特色的 360 个数学问题将向所有学生显示出数学之美,并将是他们的老师们的指导书.

布加勒斯特大学数学与计算机科学系教授,
罗马尼亚科学院通讯院士 I. Tomescu

数学反思:2010—2011

蒂图·安德雷斯库　著
余应龙　译

序言

得到了忠实读者的赏识和他们具有建设性反馈意见的鼓舞,在此我们呈现《数学反思》一书:本书编撰了同名网上杂志2010和2011卷的修订本.该杂志每年出版六期,从2006年1月开始,它吸引了世界各国的读者和投稿人.为了实现使数学变得更优雅,更激动人心这一个共同的目标,该杂志成功地鼓舞了具有不同文化背景的人们对数学的热情.

本书的读者对象是高中学生、数学竞赛的参与者、大学生,以及任何对数学拥有热情的人.许多问题的提出和解答,以及文章都来自于热情洋溢的读者,他们渴望创造性、经验,以及提高对数学思想的领悟.在出版本书时,我们特别注意对许多问题的解答和文章的校正与改进,以使读者能够享受到更多的学习乐趣.

这里的文章主要集中于主流课堂以外的令人感兴趣的问题.学生们通过学习正规的数学课堂教育范围之外的材料才能开阔视野.对于指导老师来讲,这些文章为其提供了一个超越传统课程内容范畴的机会,激起其对问题讨论的动力,通过极为珍贵的发现时刻指导学生.所有这些富有特色的问题都是原创的.为了让读者更容易接受这些材料,本书由具有解题能力的专家精心编撰.初级部分呈现的是入门问题(尽管未必容易).高级部分和奥林匹克部分是为国内和国际数学竞赛准备的,例如美国数学竞赛(USAMO)或者国际数学奥林匹克竞赛

(IMO). 大学部分为高等学校学生提供了解线性代数、微积分或图论等范围内非传统问题的独有的方法.

没有忠实的读者和网上杂志的合作,本书的出版是看不到希望的. 我们衷心感谢所有的读者,并对他们继续给予有力的支持表示感激之情. 我们真诚希望各位能沿着他们的足迹,接过他们的接力棒,使该杂志给热忱的数学爱好者提供更多的机会,以及在未来出版既有创新精神,又有趣的作品的这一使命得到实现.

我们也要对 Maxim Ignatiuc 先生为收集稿件提供的帮助表示感谢. 对 Gabriel Dospinescu, Cosmin Pohoata 和 Iven Borsenco 先生审阅本书表示十分感谢. 特别要感谢的是 Richard Stong 先生对手稿多处做了改进. 如果你有兴趣阅读该杂志,请登录: http://awesomemath.org/mathematical-reflections/. 读者也可以将撰写的文章、提出的问题或给出的解答发送到邮箱: reflections@awesomemath.org.

出售本书的收入,我们将用于维持未来几年杂志的运营. 让我们共同分享本书中的问题和文章吧!

Titu Andreescu 博士

编辑手记

对数学所言,什么是最重要的?《美国数学月刊》前主编哈尔莫斯一语道破:问题是数学的心脏. 对于学习数学而言,什么最重要呢? 是习题. 正如华罗庚先生所指出:看书不做习题,就像入宝山而空返. 那么什么样的问题和习题,才有价值呢?

晚清重臣左宗棠回湘阴老家,游境内神鼎山时,做了一副嵌字联,道是:神所依凭,将在德矣;鼎之轻重,似可问焉. 显然,左宗棠的这副联语化自《左传·宣公三年》中的如下这段话:“楚子伐陆浑之戎,遂至于雒,观兵于周疆. 定王使王孙满劳楚子. 楚子问鼎之大小轻重焉. 对曰:‘在德不在鼎……周德虽衰,天命未改. 鼎之轻重,未可问也.’”这段话也是后世“问鼎”一词的出处.

问题和习题重不重要如同问鼎之大小轻重一样 —— 在人,在于提出者在圈子中的地位与分量.本书作者蒂图在国际数学奥林匹克中地位极高,曾有一本小书《美国奥数生》就专门介绍过他.

蒂图原来是罗马尼亚的一位数学教师,IMO 的起源就在罗马尼亚,所以那里有着深厚的数学竞赛土壤,蒂图在东欧裂变时去了美国,在美国重新开辟了一片天地,甚至还自己创办了一个名为 XYZ 的出版社,专门出版与数学竞赛相关的图书.笔者对其极其欣赏,一鼓作气买下了他们这个小出版社的几乎全部图书的中文版权,总共也就几十本.其后有国内的其他大社闻讯后也要出版,怎奈大陆中文版权全在我们工作室手中,为了保持其系统性与完整性,我们坚持独家出版,绝不转让,望同行谅解.

本书的译者是上海的中学数学教研员余应龙先生.对余先生笔者了解挺多,所以要多介绍几句.有人曾发问:“编辑工作有什么好?”笔者认为最大的好处就是能与行业内的精英近距离地接触与学习.

余先生出生在上海的大户人家,父亲是一位财务专业人员,家境殷实.新中国成立后由于出身问题,余先生的青年时代相当的苦闷与压抑,经过痛苦的思考他决定不能就此沉沦下去,要奋斗要闯出一条路来.余先生决心已下,便开始了从身体到学业的魔鬼训练,身体的锻炼是以冷水浴和长跑为主,学业上的自修是以外语为主.余先生自修了英语、俄语、法语、德语,其中英语已经达到了能翻译文学名著的程度(余先生翻译的一本反映种族隔离政策的小说已完成了几十年,笔者承诺,择机将其出版,以此向他在逆境中奋起的行为致敬).在数学方面余先生也翻译了大量的国外名著,其中有波兰数论专家希尔宾斯基的《数论》,另外他还涉猎了许多其他学科,如天体力学等.在那个几乎全民信奉读书无用论的荒唐年代,他坚信知识是有用的,人是要有本事才行的(不知为什么上海人大都坚信此道,在“文化大革命”时期不肯虚度的人居全国之首,20 世纪 80 年代宣传的物理学家曹狄秋,概率学家郑伟安等都是上海的普通青年工人).余先生曾将当年偷偷买到的许多外文版的数理专著转送给了笔者,使笔者感到惭愧的是对于此,笔者只能有叶公好龙之嫌了.

令我们不安的是,由于在当前的社会大环境下,数学书销售不畅,我们并没有给出能够标志余先生劳动价值的报酬. 这在我们国家似乎是有历史渊源的,曾看见过一个有意思的资料:

> 《胶东文化》创刊号于1949年1月1日出版,68页. 封面是毛泽东头戴八角帽头像,两侧有红旗映衬,下方饰以党徽,"新年创刊号"字体分外醒目. 封二印有"迎接1949年,在毛主席胜利的旗帜下,英勇前进! 胶东文化社全体同人鞠躬"字样. 该刊编委会由以马少波为主任、江风为副主任的20人组成. 有趣的是,这份刊物是以当时的猪肉价为参照计算稿酬的.
>
> 该刊"征稿条例"中说:"来稿一经刊载,每千字以猪肉斤半时价计酬,逐期结算."尽显胶东解放区的地方特色和时代特征.

余先生老有所为,从动手到动脑,我们在上海见面时是在复旦旧书店. 出来后令笔者诧异的是这位七旬老人居然驾驶着一辆车,而且告诉笔者他是年近七十才学的开车. 退休后他携夫人游遍欧美、澳洲,在沪期间则笔耕不辍,为我们工作室翻译了大量的数学著作,并且自己全部用电脑打出来,又好又快. 对一项工作完成好坏的一个最高评价就是叫:超预期. 余老师的工作完全是一种超预期的好,许多中年男性经常在想一个问题:人的一生应该如何度过? 就像以张爱玲小说改编的电影《半生缘》中的曼桢最后对自己所说的:"每个人的一生,总有一两件事可以拿来讲."

也有人曾经拿这个问题问金庸:"人的一生应如何度过?"94岁的老先生答:"大闹一场,悄然离去."

按照以上说法,余先生的人生之路还是很理想的,先苦后甜,尽心尽力,有益社会,充实高效.

本书是一本问题集,问题好、解法优,一个好的问题和一个好的解法都是有价值的，更何况是两者的结合，对此单墫老师举过一个例子：

已知：$x,y,z\in\mathbf{R}^+$，求证

$$x^3z+y^3x+z^3y\geqslant xyz(x+y+z) \qquad ①$$

证明 式①的两边都是x,y,z的轮换式，不妨设y在x,z之间.

因为x^2,z^2的大小顺序与xz,yz相同，所以由排序不等式

$$x^2xz+z^2yz\geqslant x^2yz+z^2xz \qquad ②$$

同样y^2,z^2的顺序与yx,zx的相同，所以

$$y^2yx+z^2zx\geqslant y^2zx+z^2yx \qquad ③$$

由式②③得①.

常见的排序不等式，现在分成两次运用，颇为有趣.

又证 式①即

$$\frac{x^2}{y}+\frac{y^2}{z}+\frac{z^2}{x}\geqslant x+y+z \qquad ④$$

因为

$$\frac{x^2}{y}+y\geqslant 2x$$

$$\frac{y^2}{z}+z\geqslant 2y$$

$$\frac{z^2}{x}+x\geqslant 2z$$

以上三式相加即得④.

更一般的，设$x_1,x_2,\cdots,x_n\in\mathbf{R}^+$，则

$$\frac{x_1^2}{x_2}+\frac{x_2^2}{x_3}+\frac{x_3^2}{x_4}+\cdots+\frac{x_n^2}{x_1}\geqslant x_1+x_2+\cdots+x_n \qquad ⑤$$

式⑤是单老师发现的推广，曾作为1984年全国高中联赛的压轴题. 原来单老师的解答用归纳法，较繁. 但第二天，参加命题的一位老师即找到简单证法（即“又证”的证法）.

另一个例子来自公众号“许康华竞赛优学”(这是个活跃的微信公众号),是文来中学王子龙老师写的题为《也谈一道三角不等式的证明》的文章.

著名奥数教练张小明教授于2018年3月10日在“许康华竞赛优学”公众号发表了《三角形不等式的“$B-C$”证法》一文,文中开始从一道经典的三角不等式

$$\sum \cos A \leqslant \frac{3}{2}$$

的证明讲起,逐步深入到主题.

笔者对开始的这个三角不等式很感兴趣,故抛砖引玉,给出几种证法,以飨读者.

由于对称性,不妨设 $0 < A \leqslant B \leqslant C < \pi$.

证法一(琴生不等式 + 调整法)

(1) 若 $C \leqslant \frac{\pi}{2}$,因为余弦函数是 $\left[0,\frac{\pi}{2}\right]$ 的凹函数,所以

$$\frac{1}{3}\sum \cos A \leqslant \cos \frac{\sum A}{3} = \cos \frac{\pi}{3} = \frac{1}{2}$$

所以 $\sum \cos A \leqslant \frac{3}{2}$,当且仅当 $A = B = C = \frac{\pi}{3}$ 时取等号.

(2) 若 $\frac{\pi}{2} < C < \pi$,此时显然不能对三个角直接使用余弦函数的琴生不等式,但是依旧继续可以对两个锐角使用琴生不等式,故得以下证法

$$\begin{aligned}\frac{1}{2}\sum \cos A &= \frac{1}{2}(\cos A + \cos B) - \frac{1}{2}\cos(A+B)\\ &\leqslant \cos \frac{A+B}{2} - \frac{1}{2}\left(2\cos^2 \frac{A+B}{2} - 1\right)\\ &= -\cos^2 \frac{A+B}{2} + \cos \frac{A+B}{2} + \frac{1}{2} \leqslant \frac{3}{4}\end{aligned}$$

所以 $\sum\cos A\leqslant\frac{3}{2}$,当且仅当 $A=B,\cos\frac{A+B}{2}=\frac{1}{2}$ 时取等号,而此时$A=B=C=\frac{\pi}{3}$,故

$$\sum\cos A<\frac{3}{2}$$

综上 $\sum\cos A\leqslant\frac{3}{2}$,当且仅当 $A=B=C=\frac{\pi}{3}$ 时取等号.

证法二(余弦定理 + Schur 不等式)

Schur **不等式**　a,b,c 均为非负数,k 为正常数,则不等式 $\sum\limits_{cyc}a^k(a-b)(a-c)\geqslant 0$ 成立,当且仅当 $a=b=c$ 或 $a=b,c=0$ 及其循环排列时取等号.

为了便于读者理解证明思路,使用分析法叙述如下

$$\begin{aligned}
&\sum\cos A\leqslant\frac{3}{2}\\
\Leftarrow&\sum\frac{b^2+c^2-a^2}{2bc}\leqslant\frac{3}{2}\\
\Leftarrow&\sum\frac{b^2+c^2-a^2}{bc}\leqslant 3\\
\Leftarrow&\sum a(b^2+c^2-a^2)\leqslant 3abc\\
\Leftarrow&\sum a(a^2-b^2-c^2)+3abc\leqslant 0\\
\Leftarrow&\sum a(a-c)(b-c)\geqslant 0
\end{aligned}$$

最后一个不等式即为指数 $k=1$ 的 Schur 不等式.

注:(1) 事实上根据证法二可见,原不等式成立的条件可以放宽到 a,b,c 均为非负数即可,而不需要一定要满足构成三角形的三边.放宽后取等号条件也有所宽松,只须 $a=b=c$ 或 $a=b,c=0$ 及其循环排列时均可取等号.

(2) 指数 $k=0$ 时,Schur 不等式依旧成立,即

$$\sum_{cyc}(a-b)(a-c)\geqslant 0$$

这是因为

$$\begin{aligned}\sum_{cyc}(a-b)(a-c) &= \sum_{cyc}a^2-\sum_{cyc}ab-\sum_{cyc}ac+\sum_{cyc}bc\\ &= \sum_{cyc}a^2-\sum_{cyc}ab\\ &= \frac{1}{2}\sum_{cyc}(a-b)^2\geqslant 0\end{aligned}$$

这是中学数学竞赛选手熟知的一个结论. 但要注意指数为 0 时不等式取等号的条件比 Schur 不等式取等号的条件更严格,只能是 $a=b=c$ 时.

在介绍证法三和证法四之前先引入两个重要的恒等式:

R,r 分别为 $\triangle ABC$ 的外接圆和内切圆半径,则有以下恒等式

$$\sin A+\sin B+\sin C=4\cos\frac{A}{2}\cos\frac{B}{2}\cos\frac{C}{2}$$

和

$$\frac{r}{R}=4\sin\frac{A}{2}\sin\frac{B}{2}\sin\frac{C}{2}=\cos A+\cos B+\cos C-1$$

分析 三角恒等式部分只须和差化积两次即可证明,故只须证明

$$\frac{r}{R}=4\sin\frac{A}{2}\sin\frac{B}{2}\sin\frac{C}{2}$$

证明:利用三角形面积和正弦定理我们有

$$\frac{a+b+c}{2}r=\frac{1}{2}ab\sin C$$

$$\Rightarrow\frac{a+b+c}{2}r=\frac{1}{2}\cdot 4R^2\sin A\sin B\sin C$$

$$\Rightarrow\left(\frac{a}{R}+\frac{b}{R}+\frac{c}{R}\right)\frac{r}{R}=4\sin A\sin B\sin C$$

$$\Rightarrow 2(\sin A+\sin B+\sin C)\frac{r}{R}=4\sin A\sin B\sin C$$

$$\Rightarrow\frac{r}{R}=\frac{2\sin A\sin B\sin C}{\sin A+\sin B+\sin C}$$

由第一个三角恒等式得

$$\frac{r}{R}=\frac{2\sin A\sin B\sin C}{4\cos\frac{A}{2}\cos\frac{B}{2}\cos\frac{C}{2}}$$

$$\Rightarrow\frac{r}{R}=4\sin\frac{A}{2}\sin\frac{B}{2}\sin\frac{C}{2}$$

证毕.

证法三(三角恒等式 + 欧拉公式)

依旧采用分析法叙述

$$\sum\cos A\leqslant\frac{3}{2}\Leftarrow\left(\sum\cos A\right)-1$$

$$\leqslant\frac{1}{2}\Leftarrow\frac{r}{R}\leqslant\frac{1}{2}\Leftarrow R\geqslant 2r$$

由三角形欧拉公式 $R^2=d^2+2Rr$(d 为三角形外接圆圆心与内切圆圆心距)得 $R^2\geqslant 2Rr$,即 $R\geqslant 2r$. 当且仅当 $d=0$,即 $A=B=C=\frac{\pi}{3}$ 时取等号.

证法四(三角恒等式 + 琴生不等式)

分析 证法一由于钝角三角形不能直接用余弦函数凹凸性,不得不使用调整法,为了克服这一问题,我们可以使用三角恒等式把内角化为半角,把余弦化为正弦,从而克服以上问题.

证明

$$\sum\cos A\leqslant\frac{3}{2}$$

$$\Leftarrow\left(\sum\cos A\right)-1\leqslant\frac{1}{2}$$

$$\Leftarrow 4\sin\frac{A}{2}\sin\frac{B}{2}\sin\frac{C}{2}\leqslant\frac{1}{2}$$

$$\Leftarrow\sin\frac{A}{2}\sin\frac{B}{2}\sin\frac{C}{2}\leqslant\frac{1}{8}$$

$$\Leftarrow\ln\sin\frac{A}{2}\sin\frac{B}{2}\sin\frac{C}{2}\leqslant\ln\frac{1}{8}$$

$$\Leftarrow\sum_{\text{cyc}}\ln\sin\frac{A}{2}\leqslant 3\ln\frac{1}{2}$$

令 $f(x)=\ln\sin x, x\in\left(0,\frac{\pi}{2}\right)$,则 $f''(x)=\frac{-1}{\sin^2 x}<0$.

故 $f(x)$ 为 $(0,\frac{\pi}{2})$ 上的一个凹函数,由琴生不等式得

$$\frac{1}{3}\sum_{\text{cyc}}\ln\sin\frac{A}{2}=\frac{1}{3}\sum_{\text{cyc}}f\left(\frac{A}{2}\right)\leqslant f\left(\frac{1}{2}\sum\frac{A}{2}\right)$$

$$=\ln\sin\frac{\sum\frac{A}{2}}{3}=\ln\frac{1}{2}$$

于是 $\sum\limits_{\text{cyc}}\ln\sin\frac{A}{2}\leqslant 3\ln\frac{1}{2}$. 当且仅当 $\frac{A}{2}=\frac{B}{2}=\frac{C}{2}$,即 $A=B=C=\frac{\pi}{3}$ 时取等号.

最后笔者认为这个三角不等式是一道好题,引用金磊老师于2018年2月4日在"许康华竞赛优学"公众号上发表的《又和老婆讨论小学奥数题》一文中的原话:"我跟她说这个题目确实是一道好题!所谓'好题',标准是'起点低、解法多、观点高'.也就是说,题目易入手,所有人都能做,可以从各个方面去解决;但题目又有内涵,可以引导愿意深入思考的人去探索和发现新的解法,甚至新的知识."

我记得上周末拜访裘宗沪裘老时,裘老也曾谈起"好题"的标准是"让学生有话可说,产生思考".对此,我的观点与裘老基本不谋而合.

本书是蒂图的系列图书中的第一本,其余的各本很快就会与大家见面,敬请期待!

刘培杰

2018年3月15日

于哈工大

108 个代数问题:来自 AwesomeMath 全年课程

蒂图·安德雷斯库
阿迪亚·加内什　著
李　鹏　译

内容简介

本书是美国著名数学竞赛专家 Titu Andreescu 教授及其团队精心编写的试题集系列中的一本.

本书从解题的视角来举例说明初等代数中的基本策略和技巧,书中涵盖了初等代数的众多经典论题,包括因式分解、二次函数、方程和方程组、Vieta 定理、指数和对数、无理式、复数、不等式、连加和连乘、多项式以及三角代换等主题.为了让读者能够对每章中讨论的策略和技巧进行实践,除例题之外,作者精选了 108 个不同的问题,包括 54 个入门问题和 54 个高级问题,给出了所有这些问题的解答,并对不同的方法进行了比较.

本书适合于热爱数学的广大教师和学生使用,也可供从事数学竞赛工作的相关人员参考.

编辑手记

这是一本由美国著名奥数教练写给天才少年的试题集.

心理学上有著名的弗林效应:过去一个世纪以来,人的平均智商在以每十年 2 至 3 分的速度增长.而且,这个分数还在持续攀升中.难怪有人感慨,这一代的孩子长大了,跟我们大概不属于同一个物种. 我们是人类 1.0,他们就是人类 2.0.

所以要想给这些人编点题做并不是件容易的事.

当今社会是一个资讯泛滥的社会,各种信息铺天盖地. 数学题目也是如此,用题海早已不足以形容,但多和好并不等价. 一位中国现代著名诗人曾自谦说自己:诗多,好的少. 借用以形容数学题是恰当的.

本书题目经过作者精心挑选和命制,既经典又优美. 而且加以 Richard Stong 博士和 Mircea Becheanu 博士的修正及完善臻于完美. 举一例说明:

在本书刚开始的第 2 章"让我们来做因式分解" 中有如下一段:

> 我们最后来看下面这个有用的代数恒等式
>
> $$a^3+b^3+c^3-3abc$$
> $$=(a+b+c)(a^2+b^2+c^2-ab-bc-ca)$$
>
> 当然,我们原则上可以简单地将等式右边展开来证明它. 然而,假设我们被要求对表达式 $a^3+b^3+c^3-3abc$ 因式分解. 那么为此,考虑根为 a,b,c 的多项式 $P(x)$
>
> $$P(x)=(x-a)(x-b)(x-c)$$
> $$=x^3-(a+b+c)x^2+(ab+bc+ca)x-abc$$
>
> 由于 a,b,c 是根,注意到
>
> $$P(a)=P(b)=P(c)=0$$
>
> 给出了下面三个方程
>
> $$a^3-(a+b+c)a^2+(ab+bc+ca)a-abc=0$$
> $$b^3-(a+b+c)b^2+(ab+bc+ca)b-abc=0$$
> $$c^3-(a+b+c)c^2+(ab+bc+ca)c-abc=0$$
>
> 现在将这三个式子相加并把 $a^3+b^3+c^3-3abc$ 分离在等式的一侧,我们得到
>
> $$a^3+b^3+c^3-3abc$$
> $$=(a+b+c)(a^2+b^2+c^2)-$$
> $$(ab+bc+ca)(a+b+c)$$
> $$=(a+b+c)(a^2+b^2+c^2-ab-bc-ca)$$
>
> 我们注意到

$$a^2+b^2+c^2-ab-bc-ca$$
$$=\frac{1}{2}[(a-b)^2+(b-c)^2+(c-a)^2]$$
$$\geqslant 0$$

其等号成立当且仅当 $a=b=c$. 因此

$$a^3+b^3+c^3=3abc$$

当且仅当 $a=b=c$ 或 $a+b+c=0$. 本书的前篇《105个代数问题:来自 AwesomeMath 夏季课程》有一个小节,其中的大量问题都是用这个恒等式解决的.

其实这个恒等式在中国早被人们所熟知,比如下例:

题目1 求出不定方程

$$x^3+y^3+z^3-3xyz=0 \quad ①$$

的全部整数解.

解 设 (x_1,y_1,z_1) 是方程 ① 的一组整数解,则由方程 ① 得

$$x_1^3+y_1^3+z_1^3-3x_1y_1z_1$$
$$=(x_1+y_1+z_1)(x_1^2+y_1^2+z_1^2-x_1y_1-x_1z_1-y_1z_1)$$
$$=0$$

故得

$$x_1+y_1+z_1=0 \quad ②$$

或

$$x_1^2+y_1^2+z_1^2-x_1y_1-x_1z_1-y_1z_1=0 \quad ③$$

由式 ③ 得

$$(x_1-y_1)^2+(x_1-z_1)^2+(y_1-z_1)^2=0$$

即

$$x_1=y_1=z_1$$

所以,设

$$x=y=z=\mu \quad ⑤$$

或

$$x=\nu, y=\omega, z=-\nu-\omega \quad ⑥$$

或

$$x=\nu, y=-\nu-\omega, z=\omega \quad ⑦$$

或

$$x=-\nu-\omega, y=\nu, z=\omega \qquad ⑧$$

则任给整数 μ,ν,ω 都得出方程①的整数解 (x,y,z). 故式⑤⑥⑦⑧给出了方程①的全部整数解.(出自柯召,孙琦《初等数论100例》,上海教育出版社,1980年版,第26题.)

近年这个恒等式又被广泛地应用于各级各类考试中,如:

题目2(复旦大学自主招生试题)　设 x_1,x_2,x_3 是方程 $x^3+x+2=0$ 的三个根,则行列式 $\begin{vmatrix} x_1 & x_2 & x_3 \\ x_2 & x_3 & x_1 \\ x_3 & x_1 & x_2 \end{vmatrix}=(\qquad)$.

A. -4　　B. -1　　C. 0　　D. 2

解　由三次方程的 Vieta 定理有

$$x_1+x_2+x_3=0$$

$$x_1x_2+x_2x_3+x_3x_1=1$$

$$x_1x_2x_3=-2$$

由行列式定义

$$D=3x_1x_2x_3-(x_1^3+x_2^3+x_3^3)$$

故选 C.

题目3(美国数学邀请赛试题)　已知 r,s,t 为方程 $8x^3+1\ 001x+2\ 008=0$ 的三个根,求 $(r+s)^3+(s+t)^3+(t+r)^3$.

解　利用公式

$$x^3+y^3+z^3-3xyz$$
$$=(x+y+z)(x^2+y^2+z^2-xy-yz-zx)$$

令

$$x=r+s, y=s+t, z=t+r$$

由 Vieta 定理

$$r+s+t=0$$

故

$$x+y+z=0$$

所以

$$x^3+y^3+z^3=3xyz=3(-t)(-r)(-s)$$
$$=-3rst=3\times\frac{2\ 008}{8}=753$$

题目4(2013年清华大学保送生试题)　已知 $abc=-1$,$\frac{a^2}{c}+\frac{b}{c^2}=1$,$a^2b+b^2c+c^2a=t$,求 $ab^5+bc^5+ca^5$ 的值.

解法1　由 $abc=-1$,得

$$b=-\frac{1}{ac}$$

再由

$$\frac{a^2}{c}+\frac{b}{c^2}=1$$

得

$$a^2c+b=c^2$$

结合 $abc=-1$,我们可以对称地得到轮换式

$$b^2a+c=a^2$$

$$c^2b+a=b^2$$

即

$$\frac{b^2}{a}+\frac{c}{a^2}=1$$

$$\frac{c^2}{b}+\frac{a}{b^2}=1$$

于是

$$a^5c=a^3(a^2c)=a^3c^2-a^3b$$

同理可得

$$b^5a=b^3a^2-b^3c$$

$$c^5b=c^3b^2-c^3a$$

因此

$$\begin{aligned}ab^5+bc^5+ca^5&=b^3a^2-b^3c+c^3b^2-c^3a+a^3c^2-a^3b\\&=(b^3a^2-ac^3)+(a^3c^2-cb^3)+(c^3b^2-ba^3)\\&=(abc)^2\left(\frac{b}{c^2}-\frac{c}{ab^2}+\frac{a}{b^2}-\frac{b}{ca^2}+\frac{c}{a^2}-\frac{a}{bc^2}\right)\\&=\frac{b}{c^2}+\frac{c^2}{b}+\frac{a}{b^2}+\frac{b^2}{a}+\frac{c}{a^2}+\frac{a^2}{c}\\&=3\end{aligned}$$

解法2　由 $abc=-1$ 得

$$b=-\frac{1}{ac}$$

代入

$$\frac{a^2}{c}+\frac{b}{c^2}=1$$

整理得

$$a^3c^2=ac^3+1$$

从而

$$\begin{aligned}ab^5+bc^5+ca^5&=-\frac{1}{a^4c^5}-\frac{c^4}{a}+ca^5=\frac{a^9c^6-1-a^3c^9}{a^4c^5}\\&=\frac{(ac^3+1)^3-1-a^3c^9}{a^4c^5}=\frac{3(a^2c^6+ac^3)}{a^4c^5}\\&=\frac{3(ac^3+1)}{a^3c^2}\\&=3\end{aligned}$$

这两个解法技巧性都比较强,但下面这个解法就比较容易接受.

解法 3 由 $abc=-1$,可设

$$a=-\frac{y}{x},b=-\frac{z}{y},c=-\frac{x}{z}$$

代入$\frac{a^2}{c}+\frac{b}{c^2}=1$,得

$$x^3y+y^3z+z^3x=0$$

从而

$$\begin{aligned}ab^5+bc^5+ca^5&=\frac{z^5}{xy^4}+\frac{x^5}{yz^4}+\frac{y^5}{zx^4}\\&=\frac{z^9x^3+x^9y^3+y^9x^3}{x^4y^4z^4}\\&=\frac{3(x^3y)(y^3z)(z^3x)}{x^4y^4z^4}\\&=\frac{3x^4y^4z^4}{x^4y^4z^4}\\&=3\end{aligned}$$

(利用若 $a+b+c=0$,则 $a^3+b^3+c^3=3abc$).

题目 5(2008 年上海交通大学保送生试题)　若函数 $f(x)$ 满足

$$f(x+y)=f(x)+f(y)+xy(x+y) \quad ①$$

$$f'(0)=1$$

求函数 $f(x)$ 的解析式.

解　因为

$$xy(x+y)=(-x)(-y)(x+y)$$

注意到

$$-x-y+(x+y)=0$$

故

$$(-x)^3+(-y)^3+(x+y)^3=3xy(x+y)$$

由

$$f(x+y)=f(x)+f(y)+xy(x+y)$$

$$\Rightarrow f(x+y)=f(x)+f(y)+\frac{1}{3}[(x+y)^3-x^3-y^3]$$

$$\Rightarrow f(x+y)-\frac{1}{3}(x+y)^3=f(x)-\frac{1}{3}x^3+f(y)-\frac{1}{3}y^3$$

令 $g(x)=f(x)-\frac{1}{3}x^3$,则式 ① 化为

$$g(x+y)=g(x)+g(y) \quad ②$$

由于 $f'(0)=1$,则 $f(x)$ 在 $x=0$ 处连续. 由此可知式 ② 是一个柯西方程,其解为 $g(x)=ax$(其中 $a=g(1)$),所以

$$f(x)=\frac{1}{3}x^3+ax$$

那么

$$f'(x)=x^2+a$$

再由 $f'(0)=1$,知 $a=1$,所以

$$f(x)=\frac{1}{3}x^3+x$$

注　柯西方程 $g(x+y)=g(x)+g(y)$ 中,不一定非要求 $g(x)$ 连续,其实 $g(x)$ 只要单调或在某一点处连续均可以得到柯西方程的解为 $g(x)=ax$,其中 $a=g(1)$.

这个恒等式甚至还引起了数学史工作者的注意,如林开亮博士就提出了猜想:

已知

$$x^3+y^3+z^3-3xyz$$
$$=(x+y+z)\left[\frac{1}{2}((x-y)^2+(x-z)^2+(y-z)^2)\right]$$

问：$x^4+y^4+z^4+w^4-4xyzw$ 可否分解为 $\sum\limits_{i\times j}(x_i-x_j)^2$ 与某因子的乘积，乃至更一般的

$$x_1^n+\cdots+x_n^n-nx_1\cdots x_n$$

如果回答是，那么具体表达式又如何？

注 $n=2$ 的情况

$$x^2+y^2-2xy=(x-y)^2\cdot 1$$

即使是在被充分挖掘了的园地中，本书作者还是能提出新的应用.

在本书的第14页就给出了一个精彩应用：

证明对于任何正整数 m 和 n，数 $8m^6+27m^3n^3+27n^6$ 都是合数.

解 看到有两项可以被3整除，并且有很多立方，我们想起了恒等式

$$x^3+y^3+z^3-3xyz$$
$$=(x+y+z)(x^2+y^2+z^2-xy-yz-zx).$$

我们试着用某种方式重写这个表达式，使得可以用上这个因式分解. 将前两项写成立方的形式并将 $27m^3n^3$ 拆开，我们有

$$8m^6+27m^3n^3+27n^6$$
$$=(2m^2)^3+(3n^2)^3-27m^3n^3+54m^3n^3$$
$$=(2m^2)^3+(3n^2)^3+(-3mn)^3-3(2m^2)(3n^2)(-3mn)$$

现在，这个式子就形如 $x^3+y^3+z^3-3xyz$ 了，那么我们就可以使用上面提到的恒等式，这里 $x=2m^2$，$y=3n^2$，$z=-3mn$. 这给出了

$$(2m^2)^3+(3n^2)^3+(-3mn)^3-3(2m^2)(3n^2)(-3mn)$$
$$=(2m^2+3n^2-3mn)(4m^4+9n^4+9m^2n^2-6m^2n^2+9mn^3+6m^3n)$$

因此,$2m^2+3n^2-3mn$ 总是 $8m^6+27m^3n^3+27n^6$ 的一个因子.为了完成证明,我们使用 m 和 n 都是正整数这一事实,现在只须证明 $1<2m^2+3n^2-3mn<8m^6+27m^3n^3+27n^6$,这保证了乘积不会因为等于1乘以一个素数而成为素数.事实上,因为 $3mn>0$,我们有

$$2m^2+3n^2-3mn<2m^2+3n^2<8m^6+27m^3n^3+27n^6$$

另一方面

$$2m^2+3n^2-3mn=2(m-n)^2+n^2+mn>1$$

于是我们得到 $8m^6+27m^3n^3+27n^6$ 是合数.

不仅如此,在本书的186页还给出了另一个新应用:

设 k 是整数并且设

$$n=\sqrt[3]{k+\sqrt{k^2-1}}+\sqrt[3]{k-\sqrt{k^2-1}}+1$$

证明:n^3-3n^2 是整数.

解 令

$$a=\sqrt[3]{k+\sqrt{k^2-1}}$$

且

$$b=\sqrt[3]{k-\sqrt{k^2-1}}$$

那么 $n=a+b+1$.这等价于 $a+b+(1-n)=0$.现在,回想 $x+y+z=0$ 推出 $x^3+y^3+z^3=3xyz$,这已在第2章的理论部分证明过.

令 $x=a,y=b,z=1-n$,我们有

$$a^3+b^3+(1-n)^3=3ab(1-n)$$

然而

$$ab=\sqrt[3]{(k+\sqrt{k^2-1})(k-\sqrt{k^2-1})}=\sqrt[3]{1}=1$$

并且

$$a^3+b^3=k+\sqrt{k^2-1}+k-\sqrt{k^2-1}=2k$$

于是前面的关系式就等价于

$$2k-(n-1)^3=-3(n-1)$$

整理后得到

$$n^3-3n^2=2k-2$$

在首届全国数学奥林匹克命题比赛中,北京大学的张筑生教授所提供的试题获唯一的一个一等奖.题目为:空间中有1 989个点,其中任何三点不共线.把它们分成点数互不相同的30组,在任何三个不同的组中各取一点为顶点作三角形.要使这种三角形的总数最大,各组的点数应为多少?

解 当把这1989个点分成30组,每组点数分别为 $n_1<n_2<\cdots<n_{30}$ 时,顶点分别在三个组的三角形的总数为

$$S=\sum_{1\leqslant i<j<k\leqslant 30}n_in_jn_k \qquad ①$$

1. $n_{i+1}-n_i\leqslant 2,i=1,2,\cdots,29$. 若不然,设有 i_0 使 $n_{i_0+1}-n_{i_0}\geqslant 3$,不妨设 $i_0=1$. 我们将①改写为

$$S=n_1n_2\sum_{i=3}^{30}n_i+(n_1+n_2)\sum_{3<j<k<30}n_jn_k+\sum_{3<i<j<k<30}n_in_jn_k \qquad ②$$

令 $n_1'=n_1+1,n_2'=n_2-1$,则 $n_1'+n_2'=n_1+n_2,n_1'n_2'>n_1n_2$. 当 n_1',n_2'代替 n_1,n_2,而 $n_3,\cdots,n_{30}$ 不动时,S 值变大,矛盾.

2. 使 $n_{i+1}-n_i=2$ 的 i 值不多于1个. 若有 $1\leqslant i_0<j_0\leqslant 29$,使 $n_{i_0+1}-n_{i_0}=2,n_{j_0+1}-n_{j_0}=2$,则当用 $n_{i_0}'=n_{i_0+1}+1,n_{j_0+1}'=n_{j_0+1}-1$ 代替 n_{i_0},n_{j_0+1} 而其余 n_k 不动时,容易看出 S 值变大,此不可能.

3. 使 $n_{i+1}-n_i=2$ 的 i 值恰有一个. 若对所有 $1\leqslant i\leqslant 29$,均有 $n_{i+1}-n_i=1$,则30组的点数可分别为 $m-14,m-13,\cdots,m,m+1,\cdots,m+15$. 这时

$$(m-14)+\cdots+m+(m+1)+\cdots+(m+15)=30m+15$$

即点的总数是5的倍数,不可能是1 989.

4. 设第 i_0 个差 $n_{i_0+1}-n_{i_0}=2$,而其余的差均为1,于是可设

$$n_i=m+j-1,j=1,\cdots,i_0$$
$$n_j=m+j,j=i_0+1,\cdots,30$$

因而有

$$\sum_{j=1}^{i_0}(m+j-1)+\sum_{j=i_0+1}^{30}(m+j)=1\ 989$$
$$30m+\sum_{j=1}^{30}j-i_0=1\ 989$$
$$30m-i_0=1\ 524$$

可见,$m=51,i_0=6$,即30组点的数目分别为

$$51,52,\cdots,56,58,59,\cdots,82$$

这个试题的核心是处理 $S=\sum_{1\leqslant i<j<k\leqslant 30}n_in_jn_k$,对于它的一种特殊情况的一般性结论在本书中有所体现.

计算 $\sum_{1\leqslant i<j<k\leqslant n}ijk$.

解 令

$$S_1=\sum_{i=1}^{n}i,S_2=\sum_{1\leqslant i<j\leqslant n}ij,S_3=\sum_{1\leqslant i<j<k\leqslant n}ijk$$

再令

$$P_1=\sum_{i=1}^{n}i,P_2=\sum_{i=1}^{n}i^2,P_3=\sum_{i=1}^{n}i^3$$

我们熟知

$$S_1=P_1=\frac{n(n+1)}{2}$$
$$P_2=\frac{n(n+1)(2n+1)}{6}$$
$$P_3=\left(\frac{n(n+1)}{2}\right)^2$$

我们可以使用牛顿恒等式来解出题目中欲求的量 S_3.

首先,我们有

$$S_2 = \frac{1}{2}(P_1^2 - P_2)$$
$$= \frac{1}{2}\left(\frac{n^2(n+1)^2}{4} - \frac{n(n+1)(2n+1)}{6}\right)$$
$$= \frac{n(n^2-1)(3n+2)}{24}$$

现在,我们就可以用已经知道的表达式来表示出欲求的量 S_3

$$S_3 = \frac{1}{3}(P_3 - P_1^3 + 3P_1S_2)$$
$$= \frac{1}{3}\left(\frac{n^2(n+1)^2}{4} - \frac{n^3(n+1)^3}{8} + 3\left(\frac{n(n+1)}{2}\right)\left(\frac{n(n^2-1)(3n+2)}{24}\right)\right)$$
$$= \frac{1}{48}(n+1)^2n^2(n-1)(n-2)$$

本书作者试图用奥数的手段挖掘天才少年,这是一个可行的方案.

曾经,美国的一个天才儿童军团借此取得了辉煌的战果. SMPY(Study of Mathematically Precocious Youth),大体可以翻译成“关于数学能力早熟青少年的研究”,是美国心理学家朱利安·斯坦利1971年在约翰·霍普金斯大学启动的一个超常儿童研究项目.

这个机构在45年的时间里追踪了美国约5 000名在全国排名1%的超常儿童的职业和成就(这些孩子基本上都在青春期早期就考上了大学),这也是美国历史上持续时间最长的一次对超常儿童的纵向调查,调查内容包括他们从小到大在学校各个年级的表现、大学的录取率、硕博士学位的获得率、科研专利的获得率、论文发表数量、进入职场后的年收入水平,等等. 结果发现当年占据金字塔尖1%的孩子都成了一流科学家、世界500强的CEO、联邦法官、亿万富翁. 其中最著名的人物如数学家陶哲轩、脸书创始人扎克伯格、谷歌联合创始人谢尔盖·布林. 一点不夸张地说,这些人塑造了我们今天的世界.

斯坦利的研究有两点与众不同之处. 第一,他没有使用 IQ 测试,而是用 SAT 的数学考试来选拔具有数学天赋的超常儿童. 也就是说,数学能力比智商更能预测一个人在科学技术领域的成就. 第二,他们的研究还表明了空间能力的重要性——空间能力是创造力与创新的试金石. 那么数学和语言能力不怎么突出,但是空间能力出色的孩子往往更可能成为工程师、建筑师和医生.

本书的优秀译者已在另外一本书中介绍了,这里就不多说了.

刘培杰

2018 年 8 月 15 日

于哈工大

《数学原理》的演化——伯特兰·罗素撰写第二版时的手稿与笔记

伯纳德·林斯基　著

编辑手记

今年是罗素(Bertrand Russell,1872—1970)发表后来以他的名字命名的悖论发表100周年. 此悖论的提出开启了数学家们建立能阻止出现悖论的数学体系的工作,推进了20世纪初叶数学基础沿着逻辑化、形式化和直觉主义三条主线的重建,最后导致"建立在以三段论和排中律上的无矛盾性的系统为不可能"的哥德尔(K. Gödel)不可判定理论的诞生,因此将它赞为"数学和哲学在天际相会""激励数学基础、数理哲学、集合论、逻辑学的源泉"并不过分,尽管有人认为罗素发现的不过是与他同时代的德国数学家策梅罗(E. F. F. Zermelo)所发现的悖论的一个特例,但这并没有影响罗素所享的世纪盛誉. 本书是关于罗素的一部巨著的书.

读罗素的《数学原理》固然难,要了解罗素的生平也不易,因为一是他长寿经历多,二是每一个与之接触的名人身后又是一堆的名人,所以没有对欧洲近现代史的了解及各领域著名人物的了解是不可能完整地了解罗素的. 比如罗素有一个非常著名的学生,就是后来大名鼎鼎的哲学家路德维希·维特根斯坦(Ludwig Josef Johann Wittgenstein,1889—1951),他家世显赫,其父与作曲家勃拉姆斯等都是朋友,他在林茨实科中学读书时有一个臭名昭著的同班同学就是阿道夫·希特勒. 在1901年的一张班级合影中,他俩同框,希特勒曾说:他对犹太人的仇恨始于林茨的一位中学同学,据历史学家考证,这位同学就是维特根斯坦,一位各方面都比希特勒优秀得多的犹太人.

1906 年维特根斯坦中学毕业,本打算跟从路德维希·玻尔兹曼(Ludwig Boltzmann)学习物理学,但不巧玻尔兹曼在这一年自杀了.

后来经由著名逻辑学家、数学家弗雷格(G. Frege)(就是那位对胡塞尔《算术哲学》提出批评的人)推荐来到英国剑桥大学师从罗素. 现在越来越受到大家重视的著名经济学家弗里德里希·奥古斯特·冯·哈耶克(Friedrich August von Hayek)是他的表兄. 但他与哈耶克的经济理念完全不同,作为一个逻辑主义者,维特根斯坦难免倾向于计划经济,也就对苏联怀有好感,事实证明理性主义者所说的理性并非完全理性. 这也就好理解为什么罗素也倾向于苏联的计划经济,因为他们毕竟是师徒嘛.

当前但凡有点文化的人都在议论一个话题,那就是:中国式的中产焦虑. 中产阶级有什么焦虑呢? 无非是两点:一是如何才能跻身上流社会,二是怎样避免跌落进底层阶级. 而本书恰好是一副治愈剂.

首先要搞清楚什么是上流社会? 它有什么基本特征? 用数学抽象的眼光来刻画这一阶层,其根本特征是拥有大量非必需品. 一个人或一个家庭不管多么富有,如果他所拥有的东西全都是生活必需品,那他就是个穷人,这样的家庭就是贫困户,是需要被精准扶贫的. 而一个富人,他的思考完全是非经济实用的,其 CPI 几乎趋于零. 曾经有一本风靡一时的书叫《格调》,作者以上层社会人家的房子门前的小径为例,它一定是弯曲的,因为它比直的更不实用.

本书是对哲学家、数学家、逻辑学家、历史学家、社会评论家伯特兰·罗素关于《数学原理》第二版的手稿与笔记的整理和解读.

1910 年罗素的《数学原理》第一版出版,该书促使了数理逻辑和计算机科学的发展,从而推动了信息科学的进步. 它成为现代分析哲学的模型,至今仍然占据着重要的地位. 1925—1927 年,怀特海(A. N. Whitehead)和罗素出版了该书的第二版. 第二版分为三卷,由剑桥大学出版社出版,其中包含了第一版的内容,同时增加了由罗素独立撰写的新导论、三个附录(附录 A,B 和 C) 和一个定义列表. 虽然新增的这些内容只有短短 66 页的篇幅,但是它却完全改变了《数学原理》的体系结构,有些地方甚至需要深层次地重新思考逻辑的本质. 在 20 世纪 60 年代后期,加拿大麦克马斯特大学(McMaster University) 的伯特兰 · 罗素档案馆得到了罗素的论文、信件及藏书. 这些档案里面包含了罗素在 1925 年为第二版新增的新导论和三个附录的手稿,还有关于"命题函项的分层" 一文的手稿,该文是最后修改《数学原理》第二版的主要内容. 这些文档展示出罗素非凡的洞察力,如附录 B 中罗素尝试求解有问题的理论"可化归性公理".

本书共 8 章:1. 导论;2. 关于第二版的写作;3. 第一版的逻辑;4. 记号和逻辑;5. 新版本的改进;6. 在附录 B 中的归纳法和类型;7. 第二版收到的评价;8. 罗素写给卡纳普(Carnap) 的定义列表.

本书作者伯纳德 · 林斯基(Bernard Linsky) 是加拿大阿尔伯塔大学的哲学系教授,研究有关形而上学的哲学逻辑领域,出版书籍 6 部,发表论文 40 余篇. 2003 年开始访问罗素档案馆,研究罗素的手稿和书信,编辑整理罗素关于《数学原理》第二版的手稿和笔记,并写出一系列的研究论文.

本书适合研究哲学、逻辑学、逻辑数学等相关领域的人员阅读.

这里读者应该了解两个背景.

第一个需要了解伯特兰 · 罗素是何人. 他是英国数理逻辑学家,生于英格兰蒙茅斯郡的特雷勒克,卒于威尔士的彭林代德赖恩附近的帕莱斯彭林.

罗素出身于一个贵族的家庭. 他的祖父约翰 · 罗素(John Russell) 伯爵是维多利亚时代一个著名的改良派政治家,他于 1832 年提出第一个议会选举修正案,曾两度出任英国政府首相. 罗素 2 岁时母亲去世,3 岁时父亲也去世. 于是罗素和他的哥哥便与祖父、祖母生活在一起,由他们照管. 罗素 6 岁时,祖父去世. 26 岁时,祖母去世,她对罗素在童年、少年和青年时期的发展有过决定性的影响. 她出身于一个贵族的虔诚教徒的家庭,具有很强烈的道德信念和宗教信仰,在政治上较为激进. 她曾用一条箴言告诫罗素:“你不应该追随别人去做坏事”,罗素一生都努力遵循这条准则. 罗素少年时未被送到学校去学习,而只是在家里接受保姆和家庭教师的教育. 他在童年和少年时代都是孤独的. 由于他的一个叔叔的影响,他从小就对科学产生了兴趣. 在他哥哥的帮助下,他 11 岁就掌握了欧几里得几何学,这是他智力发展的一个重要转折.

1890 年 10 月,罗素考入剑桥大学,在三一学院学习数学和哲学. 在此期间,他结识了当时剑桥大学数学讲师怀特海、哲学家穆尔(G. E. Moore) 和麦克塔格特(J. M. E. McTaggart) 以及其他一些历史学家、经济学家、诗人和散文家. 从 1895 年至 1901 年他任三一学院研究员,在该院讲授与研究逻辑,在此期间,罗素撰写了《几何学的基础》一书. 这本书的主题是用康德(Kant) 关于数学是先验综合判断的思想来检查几何学的发展和现状,他用稍加修改的康德的观点来评价非欧几何学的产生. 但后来罗素对这本书的评价甚低. 罗素最初在哲学上受黑格尔(G. W. F. Hegel) 哲学的影响较大,1898 年在穆尔的劝说下抛弃了黑格尔的哲学观点,参加了反叛绝对唯心主义哲学的运动,从此转变为经验主义者、实证主义者和物理主义者. 罗素说过,“在这个时期,就哲学的基本问题而言,在所有的主要方面,我的立场都来自穆尔先生,…… 在数学上,我主要受惠于康托尔(G. Cantor) 和皮亚诺(G. Peano) 教授.” 从1900 年至1914年,罗素主要从事数理逻辑和数学基础的研究,他在这个领域中最重要的工作都是在这个时期完成的. 从 1910 年至 1916 年罗素任三一学院哲学讲师. 从20世纪20年代至40年代,罗素主要从事哲学方面的研究和讲学. 罗素用“逻辑原子主义”来称呼他的哲学. 他的主要哲学著作有《神秘主义与逻辑》《心的分析》《物的分析》《意义与真理的探究》《人类的知识 —— 其范围与限度》等. 从1916 年至20 世纪30 年代后期,罗素没有任何固定的职务,他以写作和公开演讲为生.

1920 年至 1921 年,他曾访问过中国,他在中国讲学近一年,其讲稿曾在中国出版,书名为《罗素五大讲演》. 罗素对老子和庄子的著作很有兴趣,在其著作中常有引用. 1938 年,罗素到美国,先后在芝加哥大学、加州大学任教. 1941 年至 1943 年他在费城讲学.

1916 年,罗素因反对第一次世界大战被三一学院解职, 1918 年,罗素因反对第一次世界大战而被监禁 6 个月. 1944 年重任三一学院研究员直到去世.

20 世纪 50 年代后期,罗素从哲学转向国际政治,他积极参加世界和平运动,反对世界战争、核战争、主张核裁军,曾获世界和平奖. 1955 年,他动员了许多著名科学家包括爱因斯坦(A. Einstein)在内签署了一个为争取世界和平而合作的宣言. 1961 年,89 岁高龄时又因参加群众性静坐运动而被拘留 7 天. 1964 年,他建立了罗素和平基金会,抨击美国政府的侵略政策. 1967 年后他与存在主义者萨特(Jean-Paul Sartre)建立了一个国际战犯审判法庭,并传讯美国总统约翰逊(L. Johnson). 由于罗素积极从事政治活动,他晚年享有世界范围的名望. 罗素一生中曾三次竞选下院议员,但都没有成功. 他曾两次被捕入狱,其原因是他伸张民主和参加核裁军运动.

罗素于 1908 年当选为英国皇家学会会员. 1949 年他成为英国科学院的荣誉院士,同年还被授予功勋奖章. 他曾两度担任亚里士多德学会的会长,并担任过理性主义者新闻协会会长多年. 1950 年他获得诺贝尔文学奖. 诺贝尔奖委员会在授予他奖金时称他为"当代理性和人道的最杰出的代言人之一,西方自由言论和自由思想的无畏斗士".

罗素学识渊博,他通晓学科之多大概是 20 世纪学者中少有的. 他在哲学、数学、逻辑学、教育学、社会学、政治学等许多领域都颇有建树. 他的哲学观点多变,以善于吸取别人见解、勇于指出自己的错误和弱点而著称. 由此他在言论上常出现矛盾,思想上表现出调和色彩.

罗素一生曾 4 次结婚,有 3 个孩子. 1931 年,由于他哥哥去世,他成为罗素伯爵三世.

1920 年,罗素曾来中国讲学. 但当他刚到上海时,却遭受到一次意外的冷遇.

原来,罗素在接到中国的邀请后,非常兴奋,五天内便办好了出国手续,憧憬那崭新的生活. 但当他偕同女伴抵达上海码头时,却发现冷冷清清的,没有一个人来接他们. 他们人生地不熟,茫然不知所措,觉得自己被戏弄了,正考虑是否应该再回老家去,但又怀疑别人不会无缘无故为他支付来中国的旅费,谁会拿出一大笔钱来跟他开一个玩笑呢!

就在两人在码头上狐疑不定,进退失据、不知所措时,欢迎的人群出现了,原来主人把时间弄错了.

罗素到中国后生了一场大病. 病后,他拒绝任何报社的人的采访,一家对此很不满意的日本报刊谎登了罗素已去世的消息. 后虽交涉,他们仍不愿收回此消息.

在他回国的路上,罗素取道日本,这家报社又设法采访他. 作为报复,罗素让他的秘书给每个记者分发印好的字条,纸上写着:“由于罗素先生已死,他无法接受采访.”

罗素有很多的名言,这里分享其中一些经典的句子:

(1) 乞丐并不会妒忌百万富翁,但是他肯定会妒忌收入更高的乞丐.

(2) 你能在浪费时间中获得乐趣,就不是浪费时间.

(3) 我的人生正是:使事业成为喜悦,使喜悦成为事业.

(4) 不要为自己持独特看法而感到害怕,因为我们现在所接受的常识都曾是独特看法.

(5) 一部分儿童有思考的习惯,而教育的目的在于铲除他们的这种习惯.(这句话是在讽刺当时西方的教育.)

在中国,罗素也有一大批粉丝,有人视他为智慧的象征,有人视他为道义的化身,亦有人对其所鼓吹的“新道德”颇富感应. 而像张申府这样的人,则更是视罗素为其人生的导师,所思所行无不以其为榜样.

但就是这样一位“成功”的大人物,在其传记作者瑞·蒙克(Ray Monk)的笔下,却被认为是度过了悲剧性的一生. 这究竟是为什么? 考虑到瑞·蒙克花费十年之功,在查阅了大量的书信、档案,并做了大量访谈的基础之上,撰写了一部上千页的罗素传记这一事实,即可想见他的这一判断绝非虚言.

瑞·蒙克说,罗素的一生是一个“悲剧”,对于这一看法,人们在读完传记之后,当可有自己的理解和判断. 但无论如何,我们至少可以看到,每个人在做选择的同时,必定也在付出相应的代价;在某些表面耀眼的人生背后,同样存在着失败的阴影.

聪慧者如罗素,似乎亦不能例外.

对于罗素的成就,张锦文研究员曾撰长文专门介绍:

19 世纪下半叶,数学家对微积分的理论基础进行了严格处理.维尔斯特拉斯用“ε-δ”方法重新表述了柯西的极限论,把微积分理论建立在实数理论的基础上.接着,戴德金和康托尔分别从有理数出发定义了实数;之后,维尔斯特拉斯和皮亚诺从自然数出发定义了有理数,并且皮亚诺还从不经定义的“集合”“自然数”“后继者”等概念出发,用公理化的方法叙述了自然数理论;最后康托尔建立了无穷集合的理论.康托尔的这项工作起源于对三角级数和数学基础问题的研究,他先提出了点集理论,进而又提出了一般无穷集合论.与此同时,数理逻辑通过布尔(G. Boole)、施罗德(E. Schröder)、皮亚诺和弗雷格等人的工作得到了长足的进步.但是除少数人如弗雷格和皮亚诺外,许多数学家忽视逻辑的作用,看不到数理逻辑对数学基础研究的重要性.1900 年 8 月,罗素到巴黎参加国际哲学大会时遇到皮亚诺,这件事对罗素的学术生涯来说是一个重大的转折点.通过聆听皮亚诺的讲演,罗素才意识到数理逻辑对于数学基础研究的重要性.于是罗素向他请教并表示希望拜读他的著作.在读完皮亚诺的有关著作后,罗素很快地掌握了皮亚诺的符号逻辑和思想,在此基础上他开始了数理逻辑和数学基础的研究工作,其主要成果是《数学的原理》一书.该书的大部分写于 1900 年下半年,并于 1903 年出版.从此之后到 1914 年,罗素与怀特海合作进行这方面的研究,他撰写了 30 余篇有关论文,1910—1913 年他与怀特海合著的三卷本巨著《数学原理》陆续出版.1919 年,他又出版了该著作的通俗读本《数理哲学导论》.在数学基础和数理逻辑方面,罗素的主要成就有两个方面,一是他通过建立逻辑类型论来消除逻辑悖论;二是他从一个较为简单的逻辑系统出发加之少量非逻辑公理推导出经典数学.

总之,罗素总结和发展了前辈们的数理逻辑成果,在数理逻辑发展史上起了承前启后的作用.他对数理逻辑的主要贡献有：

（1）改进和发展了弗雷格的命题演算和谓词演算.

（2）发现了逻辑悖论，提出了解决悖论的方案，建立了类型论（简单类型论与分支类型论）.

（3）建立了完整的关系逻辑和抽象的关系理论.

（4）建立了摹状词理论.

（5）建立了逻辑与数学的深刻联系. 在他与怀特海合著的三卷本巨著中，他改进与完整地建立了皮亚诺形式算术公理系统，推演了许多重要定理，影响很大，以至1931年哥德尔的关于不完全性定理的论文题目为“PM 及有关系统中的形式不可判定命题”，其中 PM 即指罗素与怀特海的巨著《数学原理》.

一阶逻辑（命题演算和谓词演算）应当归功于弗雷格，但弗雷格的符号难懂，并且采用非线性记法，罗素做了改进，对这一理论的普及与发展起了重要的作用. 关系逻辑前人虽有论述，但罗素贡献甚大，使之成为完整的理论体系，丰富了数理逻辑理论. 摹状词理论与类型论是独创，尤其类型论至今不仅在数学研究中而且在计算机科学中仍然在发挥着重大的作用.

罗素的著作有很多，逻辑著作主要有：《几何学的基础》《数学的原理》《数学原理》《数理哲学导论》《关于超穷数理论的一些困难和类型论》和《以类型论为基础的数理逻辑》.

罗素是一位有影响的哲学家，主要哲学著作有：《莱布尼兹的哲学》（1900）、《哲学问题》（1911）、《我们关于外间世界的知识》（1914）、《逻辑原子主义哲学》（1918—1919）、《人类的知识——其范围与限度》（1948）、《我的哲学的发展》（1959）.

悖论思维是探索性思维的一种基本类型，以类型论为基础的数理逻辑是研究数学的一个基本方法，罗素在这方面做出了重大贡献，现叙述如次.

（一）发现集合论悖论的思想方法

罗素发现著名的罗素集合论悖论是在1901年. 开始他似乎觉得“所有类这个类是一个类”，后来由于受到康托尔证明没有最大的基数方法的启发，“使我考虑不是自己的项的那些类. 好像这些类一定成一类. 我问自己，这一个类是不是它自己的一项.如果它是自己的一项,它一定具有这个类的分明的特性,这个特性就不是这个类的一项.如果这个类不是它自己的一项,它就一定不具有这个类的分明的特性,所以就一定是它自己的一项.这样说来,二者之中无论哪一个,都走到它相反的方面,于是就有了矛盾."①1902 年,罗素将上述结果写信告诉了弗雷格,弗雷格回答说,罗素悖论的发现使他惊愕之极,由于这个悖论,他的《算术原理》(*Grundgesetze der Arithmetik*,Vol. Ⅰ,1893,Vol. Ⅱ,1903)中的第 5 公理便是错的,必须给予剔除,于是他认为算术的基础发生了动摇.

现在我们概述罗素的悖论:设 T 为所有不是自己元素的集合所组成的一个整体,即

$$T = \{x \mid x \notin x\}$$

试问,T 属于 T 吗?

假设 $T \in T$,T 为它自身的元素,即 T 为 T 的元素.又因为 T 的元素具有性质:自己不属于自己,亦即 $T \notin T$.因此,这与假设 $T \in T$ 矛盾.

假设 $T \notin T$,即 T 不是自身的元素.由 T 的定义,T 是由所有不是自身的元素的集合组成的,既然 $T \notin T$,T 就是 T 的元素,故 $T \in T$.这又与假设 $T \notin T$ 矛盾.

根据上述论证,不管是 $T \in T$,还是 $T \notin T$,都导致矛盾.同时,依照逻辑排中律,总有 $T \in T$ 或 $T \notin T$ 之一成立.这样,就得到一个悖论,称它为罗素悖论.

罗素在 1918 年把上述悖论给了一个通俗化的形式.某个村庄中有一位理发师,他有一条规定:他为而且只为该村中所有不给自己理发的人来理发.有人问他:你的头发由谁来理呢?他无言对答.因为,假若他的头发由他自己来理,违背了他的规定;假若他的头发由别人理,按照他的规定,就应该由他来理.这样,他自己又为自己理发了,再次违背了他的规定.不管怎样,都要引起矛盾,这就是理发师悖论.

这个悖论在知识界流传甚广,以至于哲学家冯友兰曾讥讽

① *My Philosophical Development*,1959,第 66,67 页.

傅斯年说:“请看剃头者,今也被人剃”,恰似罗素悖论.

由于罗素悖论的论证方式与康托尔定理的证明似乎有某种类似之处,同时又由于它的通俗性,就使得它比其他悖论有更大的影响.

这些逻辑悖论在数学界曾引起过很大的震惊,甚至有人想以此来否定无穷,否定集合论.

(二) 简单类型论

罗素认为产生悖论的根源在于错误的假定:一类对象可以含有此类的整体作为元素.由此就有一切类所构成的类还是一个类.罗素称这种类为“不合法的全体”.他认为承认“不合法的全体”就要引起“恶性循环的错误”,从而导致了悖论.可以看出,这种“不合法的全体”与康托尔的“不协调的集合”是一致的.罗素认为只要排除了“不合法的全体”就消除了悖论.为此,他提出了类型的概念,借以排除“不合法的全体”.

罗素把集合(类)、谓词区分为不同的类型.就集合来说,可以有下列类型:作为层次的基础是1型对象(亦即无须接受逻辑分析的原始对象,这是一些个体,比如通常人们可以把自然数作为原始对象,不过罗素对自然数还是作逻辑分析的);1型对象可以作为元素组成2型对象,即1型对象组成的集合或类为2型对象;由2型对象组成的集合为3型对象;一般来说,对于任一正整数$n(n \geqslant 1)$,$n+1$型对象为由n型对象组成的集合,这样,$n+1$型对象的元素只能是n型对象.

令$x_1, y_1, z_1, \cdots$表示1型对象;$x_2, y_2, z_2, \cdots$表示2型对象;$x_3, y_3, z_3, \cdots$表示3型对象;$x_n, y_n, z_n, \cdots$表示n型对象;x_{n+1},$y_{n+1}, z_{n+1}, \cdots$表示$n+1$型对象.简单类型论要求正整数可以作为型,只有正整数才能作为型,并且只有形式为

$$x_i \in x_{i+1}$$

的公式才是合法的初级公式.换句话说,对于形如$x_i \in x_j$的公式来说,当且仅当$j=i+1$时才是合法的.

在类型论中,没有不附加类型(或称型)的对象,也没有不附加型的变元.人们不能说所有的对象如何如何,只能说某一型的所有对象如何如何.任一集合的型都比它的任一元素的型

恰好大于 1,如果不满足这样的要求,那么一个陈述语句(即命题)就不仅是错误的,而且是毫无意义的.

如此看来,按照简单类型论的要求,已经不允许有“$x \in x$”及“$x \notin x$”等说法了,这些说法不仅是错误的,而且是毫无意义的. 因此,罗素悖论就被排除了. 当然,排除了悖论,还要保留集合论的基本内容,特别是要保留无穷集合与集合的基本运算(包括幂集合运算). 为了说明这些内容,首先需要陈述一下简单类型论所使用的形式语言.

这里用的形式语言,除上面按类型引进的符号外,还需要如下的一些逻辑符号:$\neg$, $\vee$, $\wedge$, $\rightarrow$, $\leftrightarrow$, $\forall$, $\exists$. 另外,还需要形成合法的公式和语句的规则:

(1) 对于任意的正整数 i, $x_i \in x_{i+1}$ 称为初级公式,初级公式都是公式.

(2) 若 A 为一公式,则 $\neg A$ 也是公式.

(3) 若 A,B 是公式,则 $(A \wedge B)$, $(A \vee B)$, $(A \rightarrow B)$ 和 $(A \leftrightarrow B)$ 都是公式.

(4) 若 $A(x_i)$ 为一公式,变元 x_i 在 $A(x_i)$ 中自由出现,则 $\forall x_i A(x_i)$, $\exists x_i A(x_i)$ 都是公式.

(5) 公式都是由上述(1)至(4)而获得的.

在形成规则(3)中指出,当变元 x_i 在公式 $A(x_i)$ 中自由出现时,$\forall x_i A(x_i)$ 和 $\exists x_i A(x_i)$ 均是公式,在这两个新的公式中,x_i 就不再是自由出现了,我们称它为约束出现. 当一个公式中的所有变元都是约束出现时,就称这个公式为一个语句或命题.

下面,我们来陈述简单类型论的公理,共有 3 个,即外延公理、概括公理和无穷公理.

外延公理 两个具有相同元素的集合是相等的. 也就是说,一个集合的所有元素都给定时,这个集合就完全确定了.

用符号来表达这一公理,就是对于任意的正整数 i,有

$$\forall x_{i+1} \forall y_{i+1}(\forall z_i(z_i \in x_{i+1} \leftrightarrow z_i \in y_{i+1}) \rightarrow x_{i+1} = y_{i+1})$$

概括公理 对于任一正整数 i,公式 $A(x_i)$,变元 x_i 在其中自由出现,变元 y_{i+1} 在其中不自由出现,都有

$$\exists y_{i+1} \forall x_i (x_i \in y_{i+1} \leftrightarrow A(x_i))$$

也就是说,有一集合 y_{i+1},它的元素恰好为满足 $A(x_i)$ 的所有 x_i,亦即

$$y_{i+1} = \{x_i \mid A(x_i)\}$$

由此,我们可以得到两个集合 y_{i+1} 与 z_{i+1} 的并集合 $y_{i+1} \cup z_{i+1}$ 及交集合 $y_{i+1} \cap z_{i+1}$,以及集合 u_{i+1} 的幂集合 v_{i+2},即

$$v_{i+2} = \{z_{i+1} \mid z_{i+1} \subseteq u_{i+1}\}$$

其中 $z_{i+1} \subseteq u_{i+1} := \forall x_i (x_i \in z_{i+1} \rightarrow x_i \in u_{i+1})$,即 y_{i+1} 是 u_{i+1} 的子集合.

无穷公理　就是说存在一个实无穷的总体,即存在着无穷集合.

关于无穷集合,罗素在他的《数理哲学导论》中曾说:“然而如果我们要反对无穷集合,却也没有确实的逻辑根据. 因此,我们现在研究这个假设,肯定世界上有无穷集合,在逻辑上并没有不合理之处.”罗素不仅承认可数无穷集合及它们的基数 $\aleph$,而且承认更大的基数. 他说:“并不是所有的无穷集合的项数都是 $\aleph$,例如实数的项数就大于 $\aleph$. 事实上,它的项数是 $2^{\aleph_0}$,即使 n 是无穷的,我们也不难证明 2^n 大于 n. 证明了这一点,也予人的智慧以启发 ……”“…… 事实上,我们将要看到,$2^{\aleph_0}$ 将是一个非常重要的数 …… 在 $\aleph$ 之后,$2^{\aleph_0}$ 是无穷基数中最重要的和最有趣的.”罗素在论述从 ω 与 $\aleph$ 得到 ω_1 与 $\aleph_1$ 之后接着说,“用完全类似的方法,我们可以从 ω_1 和 $\aleph_1$ 得到 ω_2 和 $\aleph_2$,沿着这种途径我们可以无限制地进行下去,得到一些新的基数和新的序数,没有东西会限制我们. 现在还不知道在 $\aleph$ 的序列中有哪一个基数等于 $2^{\aleph_0}$. 我们甚至还不知道是否可以将它们和 $2^{\aleph_0}$ 比较大小;或许和我们的知识相反,$2^{\aleph_0}$ 可能既不等于,也不大于或小于任何一个 $\aleph$.”

十分清楚,罗素是肯定无穷集合、无穷序数和无穷基数的.

在简单类型论中描述无穷公理,必须注意层次关系. x_1, y_1 是 1 型对象,无序对集合 $\{x_1, y_1\}$ 为 2 型对象,有序对集合 $\langle x_1, y_1\rangle$ 定义为

$$\langle x_1, y_1\rangle := \{\{x_1\}, \{x_1, x_2\}\}$$

因此,$\langle x_1, y_1\rangle$ 是一个 3 型对象. 一个关系是有序对的集合,从

而它是一个4型对象. 总之,关于1型对象的关系为一个4型对象,我们用 W_4 表示之,即令

$$W_4(x_1,y_1):=\langle x_1,y_1\rangle \in W_4$$

不难看出,下述语句保证存在着无穷多个个体

$$\exists W_4(\forall x_1 \rightarrow W_4(x_1,x_1) \wedge$$
$$\forall x_1 \exists y_1 W_4(x_1,y_1) \wedge$$
$$\forall x_1 \forall y_1 \forall z_1(W_4(x_1,y_1) \wedge$$
$$W_4(y_1,z_1)) \rightarrow W_4(x_1,z))$$

由上述形式语言、3个公理和初等逻辑就构成了简单类型论的形式系统 T. 这样一来,简单类型论就有两个方面:类型分层的直观模型和形式系统 T. 显然,如果我们相信这一直观模型在研究集合论时的指导作用,那么,我们就应当相信上述形式系统 T 也能起到这一指导作用. 如果假定有无穷多个个体,并且从这些个体出发,按层次进行构造,最终将做出层次结构(图1),那么,我们不难相信,上述形式系统 T 对于这一结构(模型)来说是成立的. 外延公理之所以为真,是因为每一集合都是由它的外延所决定的;概括公理之所以为真,是因为属于某一类型的对象的每一性质都决定了一个集合. 也就是说,一定存在一个集合 y_{i+1},它含有具有这一性质的每一对象 x_i;无穷公理之所以为真,是因为我们已经假定有无穷多个个体,并由此出发构造的直观模型.

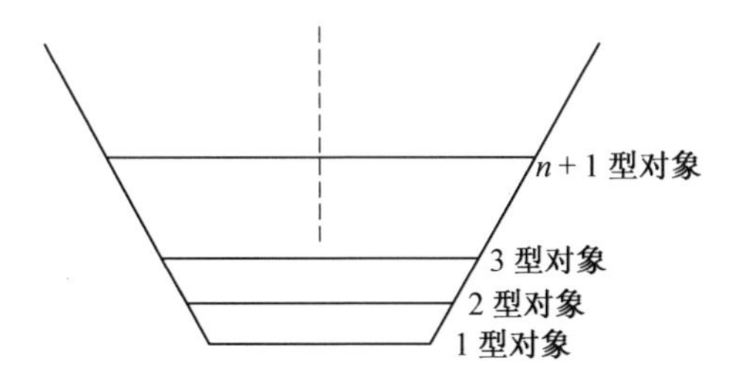

图1　类型分层的直观模型

如上所述,如果我们相信按类型分层的直观模型,就蕴涵着我们也可以相信形式系统 T 了. 为什么我们能够相信上述直观模型呢? 因为它自然地摆脱了"不合法的全体",因而也就不

仅消除了罗素悖论，而且也消除了康托尔、布拉利·福尔蒂(Burali-Forti)悖论.

简单类型论不仅已被逻辑学家所公认，而且在数学中也产生了很大的影响. 罗宾逊(A. Robinson)在创立非标准分析时，所用的型结构与型语言正是简单类型的推广，集合论模型中的层次概念也是简单类型论的推广，并且是在两个方向上做了推广. 一是把有穷层次推广到任意序数的层次，二是把 $x \in y$ 只限于 x 的层次恰好比 y 的层次低 1，推广到只要 x 的层次小于 y 的层次就是合理的. 这两项推广，使得既保持了理论的严谨性，又在应用上具有很大的灵活性. 因此，目前它在计算机科学中也有广泛的应用.

上述简单类型论在用它来处理数、命题或语义学悖论时却有困难.

为了进一步寻找解决如像理查德(J. A. Richard)那样的语义悖论的方法，1906 年罗素在论文"关于超穷数和超穷序型理论中的一些困难"中又提出了另外三种理论，即曲折论、限量论和无类论. 曲折论是罗素在研究康托尔最大基数悖论后提出的，他认为对命题函项的复杂性应加以限制，只有非常简单的命题函项才能决定类，而其他复杂的、费解的命题函项则不能. 这样就可以避免构成一个可以导致悖论的太大的类. 罗素的这个思想后来在奎因(W. van O. Quine)1937 年的有关数理逻辑的工作中得到发展. 限量论是罗素在研究布拉利·福尔蒂悖论后提出的，它的主要论点是否认全类和不加限制的某些概念的存在性，从而避免过大的类. 在无类论中，罗素在摹状词理论的基础上主张取消类作为实体存在的资格，而只把类看作一种逻辑的虚构、一种说话的方便而已和一种"不完全的符号". 后来他又把类等同于命题函项.

1906 年，庞加莱研究了理查德悖论之后提出，悖论的根源在于非直谓定义. 如果 x 是类 A 的一个成员，但定义 x 时又需要依赖于 A，则这种定义称为非直谓的. 显然这种定义具有循环定义，即"反身自指"的特征. 罗素吸取了庞加莱的这个思想，提出了避免悖论的"恶性循环原则"，认为：凡包含一个集体的总体的对象，它不应再是集体的一个成员；反之，假如一个集体有一个总体,该集体又含有只能由它的总体来定义的成员,则该集体没有总体.遵循这条原则便可以避免“反身自指”的不合逻辑的总体的产生,而这种不合法总体正是导致悖论的基础.在无类论和恶性循环原则的基础上,罗素于1908年在论文“以类型论为基础的数理逻辑”中进一步提出了分支类型论的理论.这个理论后来在《数学原理》的第一卷中也有详细的论述.

(三)分支类型论

我们深入地考查理查德悖论时,不难发现,当我们把理查德悖论中所枚举的函数看作一个集合 F 时,那么,一方面,函数 f 是集合 F 的元素;另一方面,f 的定义又依赖于 F.这种定义过程,罗素称为非直谓的.如果一个对象 x 具有性质 P,但 x 的定义又依赖于 P,那么,相应的定义也是非直谓的.非直谓的定义是循环的,因为被定义的对象已渗透到它的定义里面去了.

我们重新考查康托尔、布拉利·福尔蒂和罗素悖论,不难看出,它们都用到了非直谓的定义.例如,罗素悖论是说,把所有的集合组成的 M 区分为两类,第一类是由那些以自身作为自身的元素的集合所组成,第二类(即前述的 T)是由那些不以自身作为元素的集合所组成.然后,把由 M 分成两类而定义的 T 放回到 M 中,而问它在 M 的哪一类中,这当然是非直谓的.虽然有非直谓定义,但是采用简单类型论,却能排除了悖论.理查德悖论中也用到了非直谓定义,因为在论证过程中,把汉语中能描述任一数论函数的语句已概括为一个总体,但在定义函数 f 时又用到了这一总体.然而,简单类型论不能排除这一悖论,这说明简单类型论不能完全摆脱非直谓定义.事实也正是如此.设 I_3 为一个3型对象,按照它的概括公理,存在着一个2型对象 x_2,满足

$$\forall x_1(x_1 \in x_2 \leftrightarrow \exists y_2(x_1 \in y_2 \wedge y_2 \in y_3))$$

显然,x_2 是一个2型对象,然而却要依赖于2型中变动的辅助变元 y_2 来定义.这就说明 x_2 是依赖于一个含有 x_2 在内的整体来定义的,这正是一个非直谓的集合.1906年,庞加莱指出,非直谓定义含有恶性循环,因而引起了悖论.这是一个重要的论断,恶性循环引起悖论是他最先指出的.为了排除恶性循环和非直

谓性,罗素引进了分支类型论.

分支类型论比较复杂.粗略地说,分支类型论是在简单类型论的基础上,对于同一类型的集合、类与性质(谓词),再按其逻辑复杂性区分为不同的级.例如,对2型对象来说,不涉及任何2型总体的性质为0级性质,而用到某级性质的总体所定义的性质便为更高一级的性质.罗素想借此来排除非直谓性质.他提出了恶性循环原则,实际上是避免恶性循环原则.这一原则是说,没有一个总体能够包含下列两个元素:它只能由该总体而定义,它或者包括(或者预先假定)该总体.这样看来,人们已经对于悖论有了一个充分的理解与解决方案了.然而,排除非直谓性质又带来了新的困难,本来人们的目的在于既要消除悖论,又要保存数学的基本内容,但是在数学分析中,尤其在其基本概念中包含非直谓的定义.

例如,对于一个实数集合S,定义实数u为S的上确界,按照戴德金的实数理论,任一实数都是某一有理数集合,不难证明,当u满足下式时,u就是S的上确界.显然,上确界

$$\forall x(x \in u \text{当且仅当} \exists y(y \in S \text{且} x \in y))$$

这一概念是非直谓的.如果排除了非直谓性质,那么就排除了分析学中上确界、下确界等一系列基本概念,从而也排除了实数的上确界定理:任一非空的实数集合,如果它有上界,则必有上确界.这样一来,分支类型论当然就不能作为分析学和表达数学命题的工具了,这是它的一个严重缺陷.为了补救这一缺陷,罗素不得已又增添了一个还原公理:“一切非直谓性质都有一等值的直谓性质”.有了这一个公理,人们就可以用直谓性质来代替非直谓性质.这样,实质上等于取消了分支类型论所要求的级的区别.

1926年,罗素的学生英国逻辑学家拉姆塞(F. P. Ramsey)把悖论分为逻辑的与语义的,前者可以用简单类型论来排除,理查德悖论属于后者,而这种悖论在逻辑系统的对象语言中不会出现,从而分支类型论所引起的困难得到了解决.至于语义悖论,塔斯基(A. Tarski)在罗素与哥德尔所取得的成果的基础上,建立了“语言层次”理论,不仅成功地解决了这种悖论,而且开辟了逻辑语义学的研究方向.

分支类型论虽然不能普遍像简单类型论那样适用，但是对于某些领域和某些方法却获得了极大的应用. 在证明连续统假设的相对协调性和独立性时，分支类型论的思想也获得了发展.

（四）逻辑演算

现在叙述逻辑演算加上若干数学公理推演数学理论系统，无穷公理与乘法公理.

罗素认为数学可以从逻辑推导出来. 在《数学原理》中指出："本书有两个目的，第一是要说明一切数学都可以从符号逻辑导出，第二是尽量找出符号逻辑本身的所有原理." 这两点扼要地表明了他对数学基础的观点.

罗素继弗雷格之后奉行逻辑主义的研究纲领，其核心思想是认为可以将数学还原为逻辑学，从而奠定数学的牢固基础. 他曾将纯数学定义为是由所有"p 蕴涵 q"这种形式的命题所构成的一个类，其中 p，q 的相同点在于它们都是包含一个或多个变元的命题，并且无论 p 还是 q 都不包含任何非逻辑的常项. 罗素想通过自己的工作表明：数学概念可以通过显定义从逻辑概念推导出来，而数学定理也可以通过纯粹的逻辑演绎法从逻辑公理推导出来. 因此在他看来，在数学与逻辑之间完全划不出一条界线来，它们二者实际上是一门学科，它们的不同就像儿童与成人的不同，逻辑是数学的少年时代，数学是逻辑的成人时代.

罗素试图推演出经典数学的逻辑系统是由如下概念和公理组成的：

（1）基本概念.

语句 p 的否定，"非 p"（$\neg p$）；两个语句的析取，"p 或者 q"（$p \vee q$）；合取，"p 并且 q"（$p \wedge q$）；蕴涵，"若 p，则 q"（$p \rightarrow q$）；等价，"p 蕴涵 q 且 q 蕴涵 p"（$p \leftrightarrow q$）；全称量词 $\forall$，$\forall x \phi x$（读作：对于每一个 x，x 具有性质 ϕ）；存在量词 $\exists$，如 $\exists x \phi x$（读作：有一个 x，x 具有性质 ϕ）；等等. 上述概念还可以相互表示，如 $p \vee q$ 可以定义为 $\neg(\neg p \wedge \neg q)$，$\exists x \phi x$ 可以定义为 $\neg \forall x \neg \phi x$，因此上述基本概念

并不都是初始的.①

(2) 命题演算的公理(在表述方式上与原稿略有不同).

① 若 $p, p \to q$,则 q.

②$(p \vee q) \to p$.

③$q \to (p \vee q)$.

④$(p \vee q) \to (q \vee p)$.

⑤$(p \vee (q \vee r)) \to (q \vee (p \vee r))$.

⑥$(q \to r) \to ((p \vee q) \to (p \vee r))$②.

(3) 谓词演算的公理.

①$\forall xFx \to Fy$.

② 若 Fy,则 $\forall xFx$.

③$\forall x(p \vee Fx) \to (p \vee \forall xFx)$③.

早在弗雷格之前,数学家已经证明,所有传统的纯数学都可以看作由有关自然数的命题所组成,即其中的概念可以用自然数来定义,其中的命题可以从自然数的性质推导得出. 而自然数的理论由皮亚诺归纳为 3 个基本概念(如 0、数和后继) 和 5 个基本命题(即公理) 组成,其中 5 个基本命题是:(1)0 是一个数;(2) 任何数的后继是一个数;(3) 没有两个数有相同的后继;(4)0 不是任何数的后继;(5) 任何性质, 如果 0 有此性质, 且如果任一数有此性质,它的后继必定也有此性质,那么所有的数都有此性质. 罗素在此基础上要做的工作是要将皮亚诺的 3 个基本概念和 5 个基本命题归纳为上述的逻辑概念和公理.

在从逻辑概念推出自然数的概念方面,虽然弗雷格已经找到解决这一问题的办法,但罗素和怀特海也独立地获得相同的结果. 罗素解决问题的关键在于正确认识自然数的逻辑性质,它们不属于事物而属于概念的逻辑属性. 他从类和关系的概念出发,定义了类的相似,接着又定义了:一个类的数是所有相似的类的类,而所谓数则是某一个类的数. 例如,0 是以空类为唯

---

① 《数学原理》,第一卷,第 1 章.

② 《数学原理》,第一卷,第 94—97 页.

③ 《数学原理》,第一卷,第 139—140 页.

一成员的类,数 1 是所有单元集合(即恰有一个元素的集合)所组成的类,数 2 是所有对子(即恰有两个不同元素的集合)所组成的类,依此类推,我们可获得所有的自然数. 至于"后继"则定义为:类 α 所有项数的后继就是 α 与任何不属于 α 的项 x 一起所构成的类. 在此基础上"自然数"就可以定义为是对于"直接前趋"这一关系("后继"的逆关系)而言的 0 的"后代". 至于皮亚诺的 5 个基本命题,第(1)(2)(4)(5)都可以从上述 0、数、后继和自然数概念中推出. 但是在证明第(3)个时却遇到了一点困难,如果宇宙中个体的总数不是有穷的,这个困难就不至于发生. 因此为了不使第(3)个公理失效,便需要断定无穷集合的存在. 于是罗素不得不追加一个"无穷公理",即"若 n 是任一归纳基数,则至少有一个类有 n 个个体". 由于 n 是任意的,可知无穷集合必然存在,于是困难才得以解决. 另外,罗素在定义因子数可能是无穷的自然数乘法时发现,以往对两个因数相乘的定义是以假定其中每一个因数的数目是有穷为先决条件的,如果要将这种情况扩展到无穷时必然要以如下的命题奠基,即"给定一个类的类,若这类的分子互相排斥,则必定至少有一个类,这个类是由那些给定类中的每一个的一个项所组成". 但对这个命题人们既不能证明又不能否证. 为了克服困难,罗素把这个命题作为公理引进到他的系统中去,这就是所谓"乘法公理". 罗素引入乘法公理还有其他原因,譬如,他发现在证明"每一个非归纳的基数必是一个自反数"的命题时,也需要以乘法公理为出发点;再者,他看到乘法公理有许多与之等价的重要命题,如策梅罗良序定理等,如果乘法公理为真,那么这些重要命题自然亦为真. 由于引进乘法公理,皮亚诺算术理论便可从他的系统中推演出来. 人们已经证明:乘法公理、选择公理、良序定理都是等价的,即可互相推导的.

为了进一步推演出经典数学较高的部分,罗素在自然数的基础上定义了正数、负数、分数、实数和复数的概念,这种定义不是用通常增加自然数的定义域的方法来完成的,而是通过构造一种全新的定义域来实现的. 他把"$+m$"定义为归纳数 $n+m$ 对于 n 的关系,"$-m$"是 n 对于 $n+m$ 的关系;把分数"$\frac{m}{n}$"定

义为当 $xn = ym$ 时,两个归纳数 x,y 之间的一个关系;把一个"实数"定义为以大小为序的分数序列中之一节,其中把一个"有理实数"定义为以大小为序的分数序列中有边界的一节,把一个"无理实数"定义为以大小为序的分数序列中无边界的一节,如$\sqrt{2}$就是所有平方小于2的分数所形成的节.这种定义方法是构造性的,而不是假定性的.这种构造是通过显定义产生一些具有实数通常的性质而完成的.当然这与直觉主义者那种通过"实数发生器"将实数一个个"创造出来"的构造方式是不同的.罗素还用类似的方法引进了其余的数学概念,如分析学中的收敛、极限、连续性、微分、微商和积分等概念,以及集合论中的超穷基数、序数等概念.这种逻辑构造方法是罗素遗留给后人的重要的思想方法.

(五)归约公理

如前所述罗素在用分支类型论来处理实数理论时遇到一些难以克服的困难.根据定义,一个"实数"是一个有理数的集合,因此一个"实数集合"就是一个有理数集合的集合.所以,根据分支类型论,在数学中就不能无限制地像以往那样使用"对于一切实数"的短语,因为它涉及"一切集合的集合"的提法,而这种提法是非直谓的.因此,根据分支类型论,人们不能无限制地论及所有实数,而只能论及具有确定阶的实数.如对属于一阶命题的那些实数,在论及它们时不能出现"对于所有实数"这种形式的短语;对于属于二阶命题函项的那些实数,在论及它们时仅能使用"一阶的所有实数"的短语,等等.如果遵循这种规定,则以往实数理论中的许多重要定义和定理都将失效.为了克服这种困难,罗素引进了"还原公理":有一个 a 函项的类型(譬如说 τ),使得给定任何 a 函项,有属于所说类型的某个函项与它形式等价.它断言,任何阶的每一个函项都对应一个在形式上等价于它的直谓函项.接受这个公理,上述困难便可克服,因为依据它,我们可以说,虽然我们论及实数的命题函项确实有不同的阶,但对每一个论及一个实数的高阶命题函项都有一个相应的论及同样实数的直谓函项,这一函项被同样的有理数所满足而不被其他有理数所满足,这样我们论及的仍都是直谓函项,从而使许多定义和定理仍然有效. 罗素认为,还原公理与无穷公理和选择公理一样,它对于推演某些数学结论来说是必需的,但我们无法假定它确实是真,可是我们又不知道有无方法完全废除这个公理. 我们不难看到,还原公理与无穷公理、选择公理的地位是不同的,显然后两个要重要得多,数学意义也十分明确. 罗素的学生拉姆塞于1926年沿着这个方向做了一些尝试.

这样,罗素实际上是在其逻辑系统的基础上添加了非逻辑公理(即无穷公理、选择公理和还原公理)后,将经典数学推演出来. 这项工作虽然不完全符合他原来所持的"将数学还原为逻辑"的宗旨,但是他具体地、系统地展开了从逻辑构造出数学的工作,这当然是数学基础研究中的一个重大成就.

(六) 关系逻辑

在数学方面,罗素在《数学原理》第二卷和《数理哲学导论》中花了大量的篇幅论述"关系算术理论". 他先定义了两个关系P,Q的"相似"的概念,即有P领域对Q领域的那么一个相互关系产生者,凡是两项有P关系,它们的相关者就有Q关系,反之亦然. 接着,他用相似关系定义了"关系数"的概念,即一个P关系的关系数就是那些在次序上和P相类似的关系的类. 他认为,关系数完全是一种新的数,普通数是它的一种极其特殊化的例子;一切能用于序数的那些形式定律都能用于这种一般得多的关系数;借助关系算术,还可以对"结构"的概念加以精确的定义. 关系算术理论并没有为世人所注意,罗素对此有些惋惜.

罗素进一步发展并建立了关系逻辑系统. 关系,无论是对逻辑还是对数学,都是一个重要而基本的概念. 关系逻辑的理论,在皮尔斯(C. S. Peirce)和施罗德的工作中就有了一些,但很不完全,而罗素在这方面的工作是显著的、系统的. 罗素论述了关系的许多重要概念,还论述了序关系,而定义序关系又需用到非对称性、传递性和连通性,从而他详细地研究了关系的这三个性质,以及与它们相关的对称性、非传递性等,他还着重讨论了前域(即定义域)、后域(即值域)、关系域等概念. 他认为这些概念都是摹状函项,因此他认为可以用摹状函项来定义每一种关系. 如 R 是任意一个一对多的关系,摹状函项即是"与 x 有 R 关系的项",或者简单地说,"x 的 R 关系者". 他还详细地讨论了"一对多""一对一""次序" 三种基本关系. 函数是特殊的关系,它是"多对一" 或"一对一" 的关系. 在关系逻辑中,他还对关系演算进行了研究,涉及关系、逆关系与关系之间的"包含""交""并""否定" 和"差" 的演算. 还要指出,关系逻辑在计算机科学特别是数据库、知识库技术中已发挥了它的作用,有广泛的应用.

(七) 摹状词理论

在前面我们已多次使用了摹状词的概念,这是处理问题与概念发展过程中的一个重要方法. 摹状词理论是罗素于1905 年在"论指称" 一文中提出的. 后来在他的研究中,特别是谓词演算、关系逻辑乃至如前所述由逻辑推导数学的整个过程中都是他的一个重要工具. 在这个理论中他认为应该把专有名词与确定摹状词分开. 一个专有名词如果是有意义的,就必须指称一个对象. 而确定摹状词(即形式为"如此这般的那个" 的表达式) 则可以完全没有任何指称,在这个意义上它们是一种"不完全的符号",它们没有独立的意义. 离开了在一个句子中的地位,它们就不代表某种对象,它们的意义只有在句子的前后关系中才能确定. 罗素详细地研究了"一个名字" 和"一个限定的摹状词" 之间的区别. 一个名字乃是一个简单的符号,直接指一个个体;一个摹状词由几个字组成,这些字的意义已经确定,摹状词所有的意义都是从这些意义而来. 他主张取消摹状词短语,把它们表达为不完全符号,即把摹状词短语扩展为存在陈述,并把这些存在陈述解释为断定某一事物具有包含于那个摹状词中的属性. 不难看出,摹状词来自语义理论,对当前计算机与人工智能的语义理论来说,它具有潜在的重要应用.

(八) 逻辑分析的方法

逻辑分析是罗素的一个极重要的方法,罗素的一个基本原则是:世界是由事实构成的,事实使一个命题为真或假. 这个原则的基础是:语言结构与世界结构一致;命题与事实相对应. 他在不同的事实中区分出原子事实,并相应地在不同的命题形式中区分出原子命题.他认为,一个原子命题表达一个原子事实,原子命题通过逻辑连接词连接成分子命题,原子命题的真假取决于它与原子事实的关系,分子命题则是原子命题的直值函项,一切知识都可以用原子命题和分子命题表达.如果认识了所有原子事实,并且知道除此之外没有其他原子事实的话,理论上就能推出一切真理.

在逻辑方面,罗素还强调应将命题与命题函项区别开来,将蕴涵与推理区别开来.以前人们认为逻辑是关于推理的理论,他则认为逻辑是关于推理合法性的理论,即关于蕴涵的理论.他说:"在我们从一个命题有效地推出另一个命题之外,无论我们察觉与否,都是根据两个命题间成立的一个关系推导的:事实上,理智在推理中是纯粹接受的,就像常识上认为理智对可感对象的知觉是纯粹接受的一样."①

逻辑的方向不同于通常数学的方向,"它是由分析我们所肯定的基本概念和命题,而进入愈来愈抽象和逻辑的单纯,取这种方向,我们不问从我们开始所肯定的东西能定义或推演出什么?却追问我们的出发点能从什么更普遍的概念与原理定义或推演出来.""从进一步的研究看,方法比结果更重要."

(九)对"理念世界"与"感性世界"的看法

罗素在他的第一本著作即关于几何基础的著作中,试图运用数学来建立运动概念和动力学定律的牢固基础,主张理论用于实际.在1900年至1914年这个时期,他偏重于数理逻辑和数学基础的理论研究,对数学应用的兴趣减弱了.认为数学基本上不是一个了解和操纵感觉世界的工具,而是一个抽象的体系,这个体系是存于柏拉图哲学意义的天上,只有它的一种不纯净和堕落的形式才来到感觉世界.他采取一种极深的避世思想.第一次世界大战中,他亲眼看见成千上万的年轻人搭上了运送军队的火车并在战争中惨遭屠杀,他感到自己与实际的世

① 《数学原理》,第33页.

界有了痛苦的结合. 这时他认识到以前他关于抽象的概念世界那些浮夸的思想是没有内容和无足轻重的了. 此后,罗素不再认为数学在题材上是和人事无关的学科,也不再觉得理性高于感觉,不再觉得只有柏拉图的理念世界才接近"真实"(real)的世界. 他在《物的分析》中,试图把数学运用到物理学中去,建立物理学的数学基础.

罗素曾谈到精确与模糊这一对概念,他说:"所有的传统逻辑都习惯地认为应该利用精确的符号. 因而这不适用于我们这个地球上的生活,而仅仅适用于我们所想象的天堂中的生活. 逻辑比起别的研究来讲使我们离天堂更近." 近20余年出现的模糊逻辑正是研究人们生活中的思维活动,并用于人工智能的结果.

在20世纪,罗素是数学基础研究中逻辑主义学派的杰出领导者,是著名的数理逻辑学家,逻辑类型论是他的独到的重大贡献之一,同时又是著名的哲学家和社会活动家,所有这些都是为世人所公认的.

第二个需要读者具备的背景知识就是那部著名的大书《数学原理》, 它是由罗素和其老师怀特海合著的一本于1910—1913年出版的关于哲学、数学和数理逻辑的三大卷皇皇巨著,该书对逻辑学、数学、集合论、语言学和分析哲学有着巨大影响. 正是这部巨著使罗素赢得了学术上的崇高地位和荣誉,1949年罗素获得了英国的荣誉勋章. 但是由于此书内容艰深,一般人,甚至专门从事数学原理探究的人,也难以通读,所以,目前国内还没有完整的权威的中文译本. 所以从这个意义上说中国还是个发展中国家,还远远不是一个富国和强国.

《数学原理》共分三卷,由剑桥大学出版社出版,第一卷于1910年、第二卷于1912年、第三卷于1913年先后出版. 1925年出版第一卷的第二版,增加了第二版导论和A,B,C三个附录,共66页. 同时在导论中指出,新版不拟改动第一版原文. 导论提出的重要改动是:取消可化归性公理后对数学归纳法所产生的影响. 1927年出版了第二卷和第三卷的第二版.《数学原理》是数理逻辑发展史上的一个重要里程碑,它全面地、系统地总结了自莱布尼兹以来在数理逻辑研究方面所取得的重大成果,奠定了20世纪数理逻辑发展的基础. 这部著作的主要目的是想要说明整个纯粹数学是从逻辑的前提推导出来的,并尝试只使用逻辑概念定义数学概念,同时尽量找出逻辑本身的所有原理.

《数学原理》第一卷除导论外,分为两个部分. 导论共有3章,主要阐明初始概念;分析了悖论,并提出了解决悖论的方法 —— 逻辑类型论;提出了摹状词理论等. 第一部分和第二部分着重论述了数理逻辑的基本理论和方法,建立了一个完全的命题演算和谓词演算,而且还提出了关于类和关系的形式理论,并在此基础上开始讨论基数和序数的算术理论. 第二卷详尽讨论基数和序数算术理论,此外还提出序列理论. 第三卷继续讨论序列,最后以度量理论结束.《数学原理》从逻辑演算出发,在逻辑公理之外增加了以后引起争论的三条公理,即无穷公理、乘法公理和可化归性公理,同时还推出了集合论和一部分数学.

《数学原理》的主要目的是说明所有纯数学都是从纯逻辑前提推导的,并且只使用可以用逻辑术语定义的概念. 这当然走到了康德学说的对立面,《数学原理》这本书可以顺便反驳康德,康托尔称康德是"那个诡辩的庸人",为了进一步强化对康德的定性,他还添了一句"他对数学所知无几". 但是随着时间的推移,这项工作开始向两个不同的方向发展.

在数学方面出现了全新的课题:以前用散漫粗疏的日常语言处理的事情可以用新的算法象征性处理了.

在哲学方面则向两种相反的方向发展,令人愉快的和令人不快的. 令人愉快的是,所需的逻辑装置比预想的小. 具体地说,类不是必要的. 在之前的另一部著作《数学的原理》(*The Principles of Mathematics*) 中有大量的讨论是关于"一"类和"多"类之间的区别. 在类上的全部讨论,以及书中的很多复杂论点,其实都是不必要的. 结果《数学的原理》的最终版本显得缺乏哲学深度,它最显著的缺点就是晦涩难懂.

谈到这部大书不能不引用卢昌海先生的文章《罗素的"大罪"——〈数学原理〉》,它是目前最好的介绍文章:

擅写短诗的古希腊诗人卡利马科斯(Callimachus) 曾经言

道:“一部大书便是一项大罪”①. 1959 年,英国哲学家罗素在《西方的智慧》(*Wisdom of the West*) 一书中引用了这句话,并“谦虚”地表示,“以罪而论,这是一部小书”(as evils go,this book is a minor one); 1982 年,印度裔美国科学史学家梅拉(Jagdish Mehra) 在《量子理论的历史发展》(*The Historical Development of Quantum Theory*) 一书中也引述了这句话,且跟罗素一样“谦虚”,表示以罪而论,他那部也是小书.

其实,梅拉那部书是很大的,6 卷,9 册,5 000 多页,恐怕是有史以来最大的科学史专著,照卡利马科斯的说法,罪是小不了的. 倒是罗素的“谦虚”还稍有些道理,因为《西方的智慧》并不是他最大的书,他有一部大得多的书叫作《数学原理》,3 卷近 2 000 页,那才是“大罪”. 不过那恐怕不是书之罪,而是书带给作者的罪 —— 那部大书着实让作为主要作者的罗素受了“大罪”.

那“大罪”从写作之初就开始了.

罗素年轻时雄心勃勃,二十出头就立下宏愿,要写两个系列的“大书”: 一个涵盖所有的科学领域; 另一个涵盖所有的社会学领域. 他并且畅想: 一个系列将从抽象出发,逐渐向应用靠拢,另一个系列则从应用出发,逐渐向抽象靠拢,最终交融成一个巨无霸系列. 罗素后来确实算得上著作等身,但年轻时的这个宏愿实在是远远超出了任何个人的能力,终其一生也未能实现,而只在某些局部领域中取得过局部成果. 如果要在其中找出一个努力得最系统的,那恐怕是数学.

1897 年,25 岁的罗素撰写了一本关于几何的书:《几何学的基础》(*An Essay on the Foundations of Geometry*). 随后又开始构思一本有关数学基础的书:《数学的原理》(*The Principles of Mathematics*), 这本与《数学原理》(*Principia Mathematica*) 中译名仅一字之差,英文名也有些相近的书是《数学原理》的前身,仿佛在预示《数学原理》将要让罗素受“罪”,《数学的原

① 这句名言的另一种译文是“大书, 大恶”, 希腊原文则为“μέγα βιβλίον μέγα κακόν”.

理》一开始就不顺利,几次努力都止于片断. 这一局面直到 1900 年 8 月罗素在巴黎国际哲学大会(International Congress of Philosophy) 上遇见意大利数学家皮亚诺才有了被他称为 "智力生活转折点"(a turning point in my intellectual life) 的改变①.

皮亚诺是研究数学基础的先驱人物之一,在思维方式乃至所采用的数学符号等方面都对罗素有着巨大影响. 在这种影响下,《数学的原理》的写作大为 "提速". 那年的最后三个月,罗素几乎以每天 10 页的速度推进着,年内就完成了数十万字的文稿②. 在那段被他称为 "智力蜜月"(intellectual honeymoon) 的时期里,他不仅写作神速,而且每天都感觉到比前一天多领悟了一些东西.

但好景不长,"智力蜜月" 随着新世纪的到来很快就终结了: 1901 年春天, 罗素发现了著名的罗素悖论 (Russell's paradox)③. 这个以他的名字命名的悖论如今已是罗素头上的一道光环,当时却着实让人消受不起,对撰写中的《数学的原理》,乃至对整个数学基础研究都造成了冲击. 罗素在剑桥大学三一学院时的老师、著名哲学家怀特海在得知这一悖论后,引用勃朗宁 (Robert Browning) 诗歌《迷途的领袖》(*The Lost Leader*) 中的一句 "愉快自信的清晨永不再来"(Never glad confident morning again) 作为 "赠言" 寄给了罗素.

罗素悖论使本已接近完成的《数学的原理》的出版推迟了两年左右,但即便如此也未能解决罗素悖论. 这一点让罗素深感沮丧,在给一位朋友的信中称《数学的原理》为 "一本愚蠢的书"(a foolish book),甚至表示一想到为这样一本书花费了那

---

① 罗素在自传中将国际哲学大会的时间记为了 1900 年 7 月.

② 这是粗略折合成了中文字数,罗素自己的估计是约 20 万个 "词"(word).

③ 罗素悖论是关于集合 $\{x \mid x \notin x\}$ 的悖论,由于这个集合是由所有不是自身元素(即 $x \notin x$) 的集合组成的集合,它本身是否是自身元素就成了悖论.

么多时间就感到羞愧. 不过那时候, 真正的"大书"《数学原理》的撰写早已展开(1900 年底左右就启动了), 彻底解决罗素悖论的任务被顺理成章地转移到了《数学原理》上.

《数学原理》的作者阵容比《数学的原理》扩大了一倍: 在罗素的动员下, 怀特海成为合作者. 怀特海对数学基础也有浓厚的兴趣, 曾于 1898 年撰写过一本标题为《泛代数》(*A Treatise on Universal Algebra*) 的著作, 且有续写的想法. 罗素自己的最初打算则是将《数学原理》写成《数学的原理》的第二卷. 不过, 这两位想写"续集"的作者"强强联合"的结果, 是各自抛弃了"前集", 写出了一套篇幅和深度都远超"前集"的独立著作.

合作之初, 罗素和怀特海对工作进展有一个很乐观的估计, 认为一年左右即可完成, 但罗素悖论的出现将这一估计扫进了垃圾箱,《数学原理》的实际耗时约为十年, 比当初的预计高了一个数量级. 而比耗时增加更受罪的, 则是罗素悖论似乎在嘲弄着罗素的直觉和智力. 在很长一段时间里, 罗素始终觉得罗素悖论是一个"平庸"(trivial) 的问题, 却偏偏绕不过, 也突破不了. 这种不得不把精力花在自己认为不值得的地方, 且还像掉进了无底洞一样看不到尽头, 无疑是很受罪的感觉.

除了遭遇像罗素悖论那样技术性的"拦路虎"外, 撰写《数学原理》的十年间罗素在生活上也颇受了几桩"罪".

第一桩跟个人兴趣有关, 起因于怀特海夫人伊夫林・怀特海(Evelyn Whitehead), 而且发生得很突然. 怀特海夫人年轻时经常被类似心绞痛的病痛所折磨, 1901 年上半年的某一天, 罗素亲眼看见了怀特海夫人遭受剧烈病痛折磨的情形. 那情形对罗素产生了极深的影响, 他从怀特海夫人孤立无助的痛苦中, 深切意识到了每个人的灵魂都处在难以忍受的孤独之中. 这一意识 —— 用他自己的话说 —— 让他感觉到"脚下的大地忽然抽走了", 使他在短短五分钟的时间里"变成了一个完全不同的人", 由撰写《数学原理》所需要的一味追求精确和分析"涣散”为了对人生和社会哲学也有了浓厚兴趣①.

第二桩跟家庭有关,且同样发生得很突然. 据罗素自己回忆,1902 年春天的一个下午,他在一条乡间小路上骑车,忽然“顿悟”到自己已不爱结婚八年的妻子了. 那是一个最符合字面意义的“顿悟”,因为在那之前他甚至没有觉察到对妻子的爱有任何减弱. 连减弱都没有,突然就消失了,天才人物的“顿悟”出现在不该出现的地方时,看来是很有些可怕的. 罗素的妻子爱丽丝·皮尔索尔·史密斯(Alys Pearsall Smith)比罗素大 5 岁,罗素 17 岁时结识了她,22 岁时将“姐弟恋”修成正果,“七年之痒”时因“顿悟”而陷入困境,但在爱丽丝一度以自杀为威胁的抗争下,拖了约 20 年才最终离婚.

第三桩则跟合作者怀特海有关. 据罗素在自传中披露(那时怀特海夫妇皆已去世,从而只能算一面之词了),外人眼里冷静明智的怀特海其实常常陷入非理性的冲动,比如一方面对缺钱深怀恐惧,一方面又花钱无度;有时候连续多日不吭一声,有时候又嘟嘟哝哝对自己横加贬低,使怀特海夫人饱受惊吓,甚至担心他会崩溃或发疯. 为了帮助怀特海一家及维持在《数学原理》上的合作,自己有时也还要借钱度日的罗素小心翼翼地补贴着怀特海的家用,且还必须瞒着怀特海,以免伤他自尊心.

个人、家庭、合作者,这几乎涵盖罗素整个世界的三大因素的共同煎熬,加上论题本身的艰巨,以及罗素悖论的“拦路”,使罗素撰写《数学原理》的过程由艰苦变为痛苦. 这种痛苦在 1903 和 1904 年的夏天达到了高峰. 那段日子被他称为“彻底的智力僵局”(complete intellectual deadlock). 在那段日子里,

---

① 有人——比如英国数学史学家格兰坦·吉尼斯(Ivor Grattan-Guinness)在《寻找数学的基础:1870—1940》(*The Search for Mathematical Roots*,1870—1940)一书中——猜测罗素可能暗恋怀特海夫人. 这一猜测若属实,则罗素因目睹怀特海夫人的痛苦而“变成了一个完全不同的人”,以及后文即将提到的他“顿悟”到自己已不爱结婚八年的妻子之事或许都会更容易理解些——但当然绝非必需.

他每天早晨拿出一张白纸,除午饭外,整天就对着白纸枯坐,却往往一个字也写不出,甚至焦虑地担心自己一辈子都要对着白纸一事无成了.

那些年,罗素常到牛津附近一座跨越铁路的桥上去看火车,在情绪悲观时,看着一列列火车驶过,他有时会生出可怕的念头:也许明天干脆卧轨了结此生.不过这时候,使他悲观厌世的《数学原理》却又变成了让他活下去的动力,因为每当黎明来临,他又会重新燃起希望:活下去,“也许某一天能完成《数学原理》”.

1906 年之后,《数学原理》所遇到的技术瓶颈开始被突破,写作得以加速.那时候,怀特海因教书工作的羁绊无法花足够的时间在《数学原理》上,罗素开始以每天 10 ~ 12 小时,每年 8 个月左右的时间投入写作.但烦恼并未就此远离,随着手稿数量的增多,他又陷入了近乎杞人忧天的担忧之中,害怕手稿会因房子失火而被毁.

整整十年,痛苦、焦虑、悲观、担忧终于都被熬过.1910 年,《数学原理》的初稿完成.在给朋友的信中,罗素很不吉利地把当时的心情形容为:一个因照顾重病患而筋疲力尽的人,看到可恶的病患终于死去时的那种如释重负的感觉.

由于篇幅浩繁,罗素将手稿装了两个箱子,雇了四轮马车运到剑桥大学出版社(Cambridge University Press).出版社对出版这部巨著的“利润”进行了评估,得出一个很不鼓舞人心的结果:负 600 英镑.当然,剑桥大学出版社并非唯利是图的地方,他们愿意为这样的巨著赔上一些钱,问题是 600 英镑在当时实在是一个不小的数目,他们只能承担一半左右 —— 即约 300 英镑.剩下的 300 英镑怎么办呢? 在罗素与怀特海的申请下,皇家学会慷慨解囊,赞助了 200 英镑.但最后的 100 英镑实在是没办法筹措了,只能摊派到罗素和怀特海这两位作者头上,每人 50 英镑(相当于 2006 年的 7 000 多美元).对于这一结果,罗素在自传中感慨地写道:我们用 10 年的工作每人赚了负 50 英镑.

大书出版了,大钱赔掉了①,但罗素把大书的完成比喻为重病患的死去并不恰当,书之于作者其实更像孩子之于父母,书的出版好比孩子的降生,未必是一个能让父母如释重负的时刻. 事实上,罗素因这部大书而受"大罪"的历史并未就此终结.

罗素和怀特海的这部大书顾名思义,是研究数学基础的. 这类研究有几个主要流派,比如以德国数学家希尔伯特为代表的形式主义(Formalism),以荷兰数学家布劳威尔(L. E. J. Brouwer)为代表的直觉主义(Intuitionism),等等. 罗素的这部《数学原理》也属于一个著名流派,叫作逻辑主义(Logicism),主张数学可以约化为逻辑.《数学原理》不是逻辑主义的奠基之作,却是它的高峰. 在《数学原理》中,数学大厦的一部分被从逻辑出发直接构筑了出来. 罗素和怀特海对此深感自豪,在向皇家学会申请赞助的信里,特别强调了这部书的精确性(exactness)、推理的缜密性(particularity of reasoning)以及内容的完备性(completeness).

但是,这一切并非没有代价,那代价就是推理的极度曲折和冗长. 比如说,"1"这个小学数学第一课的内容在《数学原理》中直到第 363 页才被定义;"1 + 1"这个最简单的小学算术题直到第 379 页才有答案. 比这种曲折和冗长更糟糕的,是《数学原理》虽然是逻辑主义的高峰,却在一定程度上背离了逻辑主义的初衷,即借助逻辑所具有的自明性(self-evidence)来构筑数学. 在《数学原理》中,罗素和怀特海引进了几条不仅不自明,甚至未必能算逻辑的公理,比如无穷公理、选择公理,以及可化归性公理. 这其中无穷公理和选择公理在集合论中也采用,倒还罢了,可化归性公理则完全是另类.《数学原理》的

---

① 《数学原理》共分三卷,初版时间分别为 1910 年、1912 年和 1913 年. 该书原本还计划包含一个有关几何的第四卷,由怀特海主笔,但未能完成. 据说怀特海曾积累过数量可观的草稿,但在去世之后被依照其遗愿销毁了——同时被销毁的还有《数学原理》写作期间罗素给他的绝大多数信件.

这一特点——尤其是可化归性公理——遭到了猛烈批评，批评者包括第一流的数学家、逻辑学家和哲学家，几乎是数学基础研究的一个明星阵容.

比如著名的德国数学家外尔(Hermann Weyl)就质疑道，有任何具备现实头脑的人敢说自己相信这样一个不自然的体系吗？罗素的学生，著名哲学家维特根斯坦也毫不客气地“叛变”了，表示数学的真正基础是像“1”那样来自算术实践的东西，而不是用几百页篇幅才能推出“1”来的《数学原理》，理由很简单：一旦《数学原理》与那些算术实践相矛盾，我们立刻就知道是《数学原理》而不是算术实践错了.确实，像“1”和“1 + 1 = 2”那样的“小学数学”果真需要像可化归性公理那样的公理及几百页的逻辑推理为“基础”吗？这对逻辑主义堪称是致命问题①.

在这一问题前首先倒下的当然就是已成众矢之的的可化归性公理.罗素自己后来也不得不承认，“没有任何理由相信可化归性公理是逻辑上必要的”“把这一公理引进体系是一个缺陷”.但另一方面，罗素也不无感慨地意识到，很多困难似乎只有用“并不漂亮的理论”才能解决，而可化归性公理就是这种“并不漂亮的理论”的一个例子，放弃它会使得《数学原理》的很多部分——比如有关实数的部分——失去依托.在1927年出版的《数学原理》第二版的序言里，罗素表示希望由一些自己迄今未能找到的别的公理来顶替可化归性公理.

常言道：曲高和寡.推理的极度曲折和冗长使《数学原理》

---

① 值得一提的是，这些反对意见罗素和怀特海自己也多少预见到了(毕竟，花几百页的篇幅才推出“1”来的人是很难不预见到这些反对意见的).在《数学原理》第一卷的序言里，他们写道：“在数学上，最大程度的自明性通常并不在开头，而是出现在后面某个地方；因此抵达那个地方之前的早期推理与其说是因结论可以从前提中推出而提供了相信结论的理由，不如说是因正确的结论能从中推出而提供了相信前提的理由.”对于公理的不够显而易见，这可以算是一种辩白，不过终究不是很有力，因为自明性如果出现在后面——比如出现“1”的地方，那么也许确如维特根斯坦所说的，应该那里才是数学的真正基础.

的读者群体小得可怜,这一点让罗素和怀特海深感失望. 距离《数学原理》的出版将近半个世纪的 1959 年,罗素在《我的哲学的发展》(*My Philosophical Development*) 一书中表示读过《数学原理》后面部分的据他所知只有六人. 这简直跟传说中的只有少数人懂得相对论有一拼了 —— 而且关于相对论的传说很可能是虚的,读过《数学原理》后半部分的人却恐怕真的很少. 事实上,罗素在《数学原理》发表多年之后,还不止一次遇到有人试图重复解决早已被《数学原理》解决掉的问题.

写了一部大书却读者寥寥无几,这是不幸. 比这更不幸的,是那寥寥无几的读者之中,却有一人捅出了娄子. 此人名叫哥德尔(Kurt Gödel),1931 年,他发表了一篇划时代的论文,题为《论〈数学原理〉及相关体系中的形式上不可判定命题》(*On Formally Undecidable Propositions of Principia Mathematica and Related Systems*)①. 那篇论文给出了著名的哥德尔不完全性定理(Gödel's incompleteness theorem),它表明像《数学原理》那样的体系假如是自洽的,就必然是不完备的 —— 即存在一些无法证明的真命题. 除此之外,那篇论文还表明像《数学原理》那样的体系的自洽性本身也是不能在体系之内被证明的. 如果说可化归性公理所面临的还只是自明不自明,漂亮不漂亮的问题,那么哥德尔不完全性定理对《数学原理》的冲击可就有点颠覆性的了. 因为在早年,几乎所有研究数学基础的人都默认数学体系应当是自洽和完备的,比如我们前面提到过的,罗素和怀特海在为出版《数学原理》而向皇家学会申请赞助的信

---

① 哥德尔去世后,他的遗物中有一套标有日期 1928 年 7 月 21 日的《数学原理》—— 那一年哥德尔 22 岁. 不过有趣的是,哥德尔并不在罗素所说的读过《数学原理》后面部分的六人之列(因罗素提到那六人中三人为波兰人,三人为得克萨斯人,而哥德尔是奥地利人,到美国后也不曾在得克萨斯定居过),不知是罗素的遗漏、有意忽略,还是确实认为哥德尔没读过《数学原理》的后面部分.

里,就强调了《数学原理》的完备性①.

罗素曾感慨很多困难似乎只有用“并不漂亮的理论”才能解决,现在哥德尔告诉他,甚至在那“并不漂亮的理论”里,困难依然存在.这对罗素和他所执着的逻辑主义都是一个沉重打击,用罗素自己的话说,“我一直希望在数学中找寻的壮丽的确定性失落在了令人困惑的迷宫里”.这也许是比 10 年的苦干和负 50 英镑的“赚头”更让罗素受罪的.

不知是否是受罪所致,罗素在厚厚的自传中只有两处提到哥德尔,且不无“差评”.其中一处认为哥德尔相信天堂里有一个永恒的“否”字,真正的逻辑学家在死后可以遇到(罗素自己似乎提前遇到了).罗素将之称为哲学上的“德国偏见”(Germany bias),并表示了失望②.另一处则是援引了自己给一位“女粉丝”的信③.那位“女粉丝”盛赞了《数学原理》,罗素在信中感谢道:“哥德尔的追随者几乎使我相信为《数学原理》所花的 20 人年(man-years)已成浪费,那书也最好被忘记,发现您并不这么看是一种安慰.”—— 说是安慰,也不无酸楚吧.

但更酸楚的是英国数学家哈代(Godfrey Harold Hardy)在名著《一个数学家的辩白》(*A Mathematician's Apology*)中转述的罗素的一个噩梦 —— 那是从罗素本人那里听来的:公元 2100 年,剑桥大学图书馆的管理员拿着一个桶巡视在书架间,

---

① 罗素和怀特海所强调的完备性从字面上讲,是涵盖范围很广阔这一意义上的完备性,但在涵盖范围之内,则如哥德尔之前几乎所有研究数学基础的其他人一样,默认了不存在无法证明的真命题这一意义上的完备性.这后一种完备性恰恰因为前一种完备性,即涵盖范围很广阔,而被哥德尔不完全性定理所颠覆.

② 在罗素对哥德尔的这一“差评”中,著名物理学家爱因斯坦(Albert Einstein)和泡利(Wolfgang Pauli)也“躺枪”了 —— 这两人在普林斯顿高等研究院(Institute for Advanced Study)时常与哥德尔一起讨论,罗素也“列席”过.罗素的“差评”是针对那些讨论的.

③ 那位“女粉丝”名叫希尔顿(Alice Mary Hilton),是一位女数学家,著有一本名为《逻辑、计算机及自动化》(*Logic, Computing Machines, and Automation*)的书.

他要把没用的书扔进桶里处理掉,管理员的脚步在三本大书前面停了下来,罗素认出了那正是自己的《数学原理》,而且是最后幸存的一套. 管理员把那三本书从书架上抽了出来,翻了翻,似乎被数学符号所困惑,然后他合上了书,思索着是否该扔进桶里 ……

哈代的转述没有结局,也许到这里罗素被惊醒了,未能“看到”结局. 不过我对结局倒是毫不悲观,科学史从来也不是如政治史那样“成王败寇”的历史,《数学原理》虽未能实现将数学约化为逻辑的梦想,作为一次可敬的尝试无疑是该被铭记的. 事实上,哪怕像哥德尔不完全性定理那样对《数学原理》造成沉重打击的研究,它以《数学原理》作为表述框架本身也是《数学原理》对数学发展的一笔该被铭记的贡献. 因此,若让我来为罗素的噩梦想象一个结局的话,我愿相信公元 2100 年的图书管理员的决定会是明智的,起码会不亚于罗素那位 20 世纪的“女粉丝”—— 那位“女粉丝”说过:“只要文明还存在,并且珍视伟大智者的工作,它(《数学原理》) 就不会被遗忘.”

一个地方小社出版这么一本高大上的书,难免有人会说一个字,装,关于装,王朔早年就说过:“社会就是一帮人在那儿装呢,不装,早打出脑浆子来了. 人类就是装着装着,才进步的.”

社会是需要装的,但人就别装了,所以,刘震云说:“鲁迅的小说,读来读去,说了两个字,吃人,后来王朔的小说,读来读去,也就说了两个字,别装.”

但笔者认为:为了平复广大中国中产阶级的焦虑,该装还得装,否则如何定位,如何区分呢?

刘培杰

2018 年 3 月 27 日

于哈工大

最　短　线

柳斯捷尔尼克　著
越民义　译

内容简介

一只苍蝇要想从一道墙壁上的点 A 爬到临近一道墙壁上的点 B,怎样爬路程最短? 用一定长短的一道篱笆,怎样围所包含的面积最大? 解决这一类问题,在数学上是属于变分学的范围的.

本书完全用初等数学作基础,来向中等程度的读者介绍变分学. 作者把一些数学问题联系到物理问题上去,证明虽然不是很严格,却很简单而直观,使读者很容易领会,而且对于读者发展这方面的数学才能也有帮助.

原　序

在本书里,我们从初等数学的观点来研究一系列的所谓变分问题. 这些问题研究一些和曲线有关的量,并且寻求那些使这种量达到它的极大值或极小值的曲线. 下列问题就是例子:在某个面上联结两定点的一切曲线当中求出最短的;在平面上有一定长度的闭曲线当中求出包围最大面积的曲线,等等.

本书的材料基本上曾经由作者在国立莫斯科大学中学数学小组上讲过. 第一讲(第 0—10 节) 的内容基本上和 1940 年出版的作者所著的小册子《短程线》的内容一致.

我只假定读者熟悉初等数学课程. 第一章完全是带初等数

学性质的,其余几章也不要求专门知识,不过要求对数学课程有较好的素养,并且善于思索.

本书的全部材料可以看成是变分学的初步介绍(所谓变分学就是数学当中系统地研究有关求泛函数的极大、极小问题的一个分支).变分学不属于比较精简的例如工科大学里所学的"高等数学"课程范围之内.然而对于开始学习"高等数学"课程的人来说,我们认为事先稍微多看一些书也不是毫无用处的.

对于熟悉初等数学分析的读者来说,要把书本里所叙述的一些不严格的定义和论证改得很严格,当不会有什么困难.例如,不应当说微小的量和它的近似等式(大致等于),而应当说无穷小量和它的等价.如果那些要求更高的读者终究对于这里的讨论里所容许的严格程度和逻辑上的完善程度感到不满足,那么可以对他说明,这需要有一些数学分析的基本概念的逻辑上的磨炼,就像他在大学分析课程里所遇到的.没有这样的磨炼,在分析里像变分学这样的部分就不可能作严格的和系统的叙述.

数学分析产生了有力的分析工具,它有时自动地解决了许多困难问题.但在掌握数学的所有阶段当中,特别重要的是看出所要解决的问题的简单几何意义和物理意义.要学会像数学家们所说的"在手上"解决问题,就是说,要学会去发现那些虽然并不严格、却很简单而直观的证明.

假若这本书对于读者发展这方面的数学才能多少有些帮助,著者就认为他编写本书没有白费气力.

柳斯捷尔尼克

解析几何习题集

楚倍尔毕雷尔　著
刘培杰数学工作室　译

内容简介

本书系根据苏联国营技术理论书籍出版社(Государственное издательство технико-теоретической литературы)出版的楚倍尔毕雷尔(О. Н. Цубербиллер)著的《解析几何习题集》(*Задачи и упражнения по аналитической геометрии*)1953年第十七版译出. 原书经苏联高等教育部审定为高等工业学校教学参考书.

本书共分四编:第一编为直线解析几何,第二编为平面解析几何,第三编为空间解析几何,第四编为向量代数.

本书适合高等工业学校,高等师范学校学生及数学爱好者参考阅读.

第十七版序言

本习题集是准备给高等工业学校和高等师范学校学生用的. 在其中尽可能地应用物理学、力学及别的应用科学范围内的问题. 注意图解,注意用机械做成曲线和曲面的问题,介绍最简单的机械的概念,使之与轨迹问题联系起来.

在编写本习题集时也考虑了函授学校的学生及自修数学

者,所以在每章开始除了公式,还作了必要的理论说明,以便读者正确而有意识地应用这些公式.典型的问题在文内有解答,大多数问题的答案附有提示,有时有详细的解答.每一章以较容易的例题开始,选择问题的原则是:所有的问题都是由浅入深的.

我们经常应用个别的提示、附注和问题来提醒学生们:在应用解析方法时都是要与几何打交道的,每一步解析计算有相当的几何内容,且所得的每个结果,有简单的解释.

书中的材料是这样安排的:它使学生们在研究二次曲线(或曲面)的一般理论前就已得到它们的几何性质的牢固知识.在一般理论中,主要注意力放在研究曲线(或曲面),即研究两个问题:如何由曲线(曲面)的方程判断它所具有的性质及如何判断它在所选坐标系中的位置.

自第二版开始,在那些对于高等工业学校来说,材料稍显贫乏的几章中补充了新的习题,而后由于对年青学者的要求提高了,所以又在习题集补充了较难的习题.

自第十一版及以后各版中,加入了关于向量代数及它在几何中的应用的第四编.向量的引入并没有改动前三编的材料,这符合那些不研究或在学习解析几何后单独研究向量代数的高等工业学校学生的需求.对于在解析几何教程中研究向量代数的学生,自然要使研究空间几何的时机与熟习向量的时机相适合,但第十五章所给的材料并不要求什么预备知识,因此为了邻近课题的要求,可提前学习.

第十六章的第一节是以第七章为基础的,因此应直接跟在它后面.只有第八章的材料,只能做足够数量的练习被学生牢固掌握以后才能着手研究第十六章第二节.第十六章的第三节可与第九章同时研究,而第四节和第五节可与第十章同时研究.

第十六章的习题不包含新的几何材料,但它提供了对同样内容的习题应用不同方法的可能性.

学生们最好比较一下用坐标和向量表示的公式和方程,比较求解的过程及所得的结果,并从向量表示式变换成坐标表示式或从坐标表示式变换成向量表示式,以便在解某一问题时,估计各个方法的优点.

在第十五版出版前,笔者曾经小心检查过是否包含可使低年级学生产生错误观念的概念,例如与具体观念联系不够的科学原理.

当时,习题集的编者是以 Б. К. Млзеевский 教授的古典教本,А. К. Власов 教授和其他莫斯科大学几何学派代表的教本为依据的,他们都是以投影几何原理为依据来编写解析几何教程的. 因此很早就引入了非固有元素的概念并且仔细地解释这些概念的意义和作用.

随着时间变化,学生们所读教程的性质也已改变了. 一方面对于学数学的学生,解析几何教程是以仿射度量几何为基础的,而只在教程最后才给出投影几何基础;另一方面在高等工业学校的已经非常饱和的数学教程中,已不可能再包含投影几何原理. 因此在专门为高等工业学校编写的教程中已把非固有元素完全删掉.

在编写本习题集的第十五版时,改变了理论的解释和上面提到的那些包含非固有(太遥远的)元素的所有习题.

经过改编后,二次曲线和曲面按它们与直线相交的特点来分类的方法,如再予保留就不合理了. 因此在第十六版中又改写和重新安排了关于二次曲线一般理论(第六章)和二次曲面一般理论(第十四章)的材料. 在研究二次曲线时首先提出的问题是曲线中心的存在问题,直接与它相关的是有关分解为一对直线的曲线的考查和研究. 无法分解的曲线的分类法是把它化为最简单形式的方程.

在二次曲面的一般理论中也用类似的分类. 这样布置材料就与现代高等工业学校的教学计划很符合了.

第十七版中只改正了编者和编辑所看到的排印的个别错误,并没有什么改变.

编辑手记

据专家考证,在 17 世纪末,你不懂中国,你就不时髦,就落伍,什么人都要知道一点中国的东西.

到了 20 世纪 50 年代的中国，什么人都要读一点苏联的数学书，如果你不懂俄文，你就不时髦，你就落伍. 因为中国的数学教育体系是全盘照搬苏联的，从数学教科书到习题集，全都是苏制的. 本书就是当时以 Б. К. Млзеевский 教授的古典教本，А. К. Власов 教授和其他莫斯科大学几何学派代表的教本为依据，由楚倍尔毕雷尔所编著的 1953 年出版的第十七版译出的.

55 年前，英国牛津大学毕业生理查德・布斯回到家乡小镇黑昂威，花 700 英镑买下镇上的老消防局，开了一家旧书店. 经过几十年的苦心经营，理查德・布斯将因采矿业的衰落而颓败的小镇黑昂威打造成世界知名的旧书集散地. 两位美国前总统（卡特和克林顿）都曾来过这个不通火车的书镇. 克林顿将黑昂威文学艺术节称为"思想的伍德斯托克"（伍德斯托克是世界知名的音乐节）.

旧书的魅力何在？布斯认为："人们爱它的材质，爱它的美观，爱它的内在价值，旧书为每个淘书人都提供了无穷的可能性."

本书的原版在国内已经很难寻见了，所依蓝本也是笔者在旧书市场淘得的. 由于其内容对今天的数学教育尚有帮助，所以将其再版.

下面举书中的几个题目介绍一下其历史意义之外的现实意义.

第一个例子是书中 22 页的第 80 题：

题 1　试证明如果重力系统由 n 个点 $A_1(x_1,y_1)$，$A_2(x_2,y_2)$，$\cdots$，$A_n(x_n,y_n)$ 组成，在其上各聚集质量为 $m_1,m_2,m_3,\cdots,m_n$ 的重物，则这个系统的重心由下列公式决定

$$x=\frac{x_1m_1+x_2m_2+\cdots+x_nm_n}{m_1+m_2+\cdots+m_n}$$

$$y=\frac{y_1m_1+y_2m_2+\cdots+y_nm_n}{m_1+m_2+\cdots+m_n}$$

上式为重心坐标公式，它的用途很广.

2017 年高考上海数学卷第 12 题是一道能力型试题，题目背景深厚，设问精巧，重点考查考生对数学语言的阅读理解能力、化归转化能力以及分析问题和解决问题的能力. 湖北省阳

新县高级中学的邹生书老师在《中学数学杂志》2017 年第 11 期中对这道试题的解法、背景和问题拓展进行了探究.

题 2 如图 1 所示,用 35 个单位正方形拼成一个矩形,点 P_1,P_2,P_3,P_4 以及四个标记为"Δ"的点在正方形顶点处,设集合 $\Omega=\{P_1,P_2,P_3,P_4\}$,点 $P\in\Omega$,过 P 作直线 l_P,使得不在 l_P 上的点"Δ"分布在 l_P 的两侧. 用 $D_1(l_P),D_2(l_P)$ 分别表示 l_P 一侧和另一侧的点"Δ"到 l_P 的距离之和. 若过 P 的直线 l_P 中有且只有一条满足 $D_1(l_P)=D_2(l_P)$,则 Ω 中所有满足这样条件的点 P 为________.

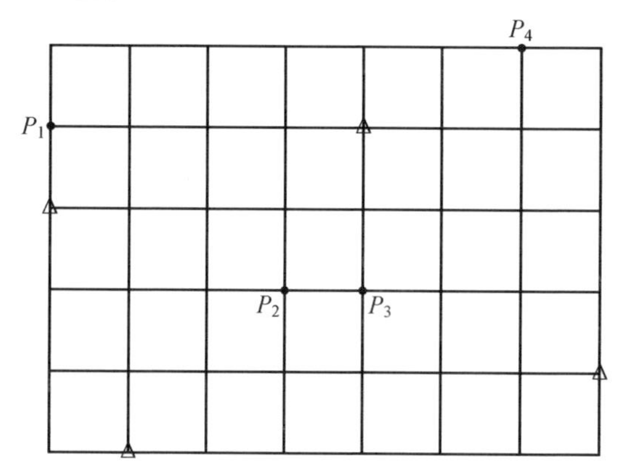

图 1

解决问题的突破口在哪里? 由点到直线的距离之和及正方形网格等信息,容易想到用坐标法求解. 坐标法关键是建立合适的坐标系,由题设网格知关键是选择坐标原点的位置. 本题宜用一般化思想处理,以四点中某个点 P 为坐标原点建立直角坐标系,解法如下.

解法 1 以点 P 为坐标原点,以经过点 P 的单位正方形的边所在直线分别为坐标轴建立平面直角坐标系.

当直线 l_P 垂直于 x 轴时,经检验知当且仅当点 P 与 P_2 重合时满足 $D_1(l_P)=D_2(l_P)$.

当直线 l_P 不垂直于 x 轴时斜率存在,设其方程为 $y=kx$,设直线 l_P 两侧分别有 m 个点((x_i,y_i), $i=1,2,\cdots,m$) 和 n 个点

$((a_j,b_j),j=1,2,\cdots,n)$,且 $m+n=4$. 依题意得

$$\frac{|kx_1-y_1|}{\sqrt{1+k^2}}+\cdots+\frac{|kx_m-y_m|}{\sqrt{1+k^2}}$$
$$=\frac{|ka_1-b_1|}{\sqrt{1+k^2}}+\cdots+\frac{|ka_n-b_n|}{1+k^2}$$

至此,通过坐标法由点到直线距离公式将抽象的距离等式 $D_1(l_P)=D_2(l_P)$ 变成了代数等式,去分母得

$$|kx_1-y_1|+\cdots+|kx_m-y_m|=|ka_1-b_1|+\cdots+|ka_n-b_n|$$

接下来的问题就是怎样去掉绝对值符号. 因为点 (x_i,y_i) 和点 (a_j,b_j) 在直线 $y=kx$ 两侧,由线性规划的知识我们知道 kx_i-y_i 与 ka_j-b_j 异号,于是有

$$(kx_1-y_1)+\cdots+(kx_m-y_m)+$$
$$(ka_1-b_1)+\cdots+(ka_n-b_n)=0$$

整理得

$$k(x_1+\cdots+x_m+a_1+\cdots+a_n)=y_1+\cdots+y_m+b_1+\cdots+b_n \quad ①$$

这个等式如何使用? 能给我们带来什么? 似乎山重水复疑无路. 这个等式是关于 k 的方程,因为过点 P 的直线 l_P 中有且只有一条满足 $D_1(l_P)=D_2(l_P)$,所以这个关于 k 的方程有唯一解,当且仅当 $x_1+\cdots+x_m+a_1+\cdots+a_n\neq 0$, 即四个标记为“Δ”的点的横坐标之和不为零. 至此,云散雾尽,柳暗花明. 经检验知当且仅当点 P 与点 P_2 重合时横坐标之和为零,不合题意.

综上可知,Ω 中所有满足这样的点 P 有三个,它们是 P_1, P_3,P_4.

从上述解析法所得到的结论入手探索几何背景. 由解法 1 知,当点 P 与点 P_2 重合时,$x_1+\cdots+x_m+a_1+\cdots+a_n=0$,即横坐标之和为零. 由式①得 $y_1+\cdots+y_m+b_1+\cdots+b_n=0$,即纵坐标之和也为零,故点 P_2 是这四个标记为“Δ”的点的几何重心. 从这道高考题的结果可知,经过重心 P_2 的任意一条直线 l_P 均满足 $D_1(l_P)=D_2(l_P)$,于是有如下几何解法.

解法 2 (几何法) 如图 2 所示,记四个标记为“Δ”的点构

成四边形$ABCD$,设边AB,BC,CD,DA的中点分别为E,F,G,H.易证四边形$EFGH$为平行四边形,设其对角线交点为O.设l是经过点O的任意一条直线,则分布在l两侧且不在l上的点A,B,C,D与l的位置关系有如下两种情形:两侧各两点,一侧一个点,另一侧三个点.

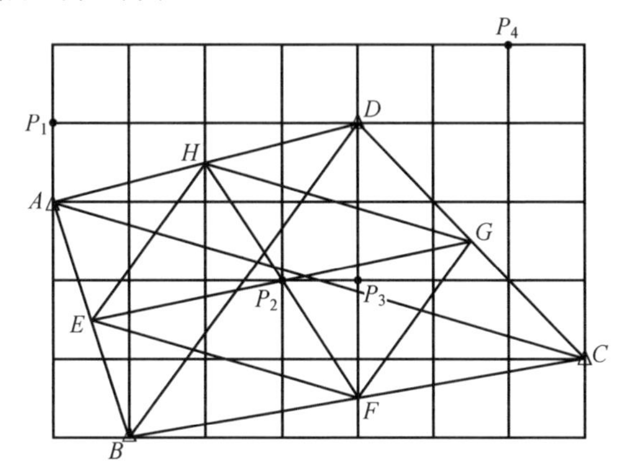

图2

(1) 当A,B,C,D在直线l两侧各有两点时,不妨设两侧的两个点分别为A,B和C,D.如图3所示,由梯形中位线定理易证同侧A,B两点到直线l的距离之和等于AB的中点E到直线l的距离的两倍,记为$h_A + h_B = 2h_E$,同理$h_C + h_D = 2h_G$,又O为EG中点,则$h_E = h_G$,所以$h_A + h_B = h_C + h_D$.

(2) 当A,B,C,D在直线l一侧一个点,另一侧三个点时,不妨设一侧的三个点分别为A,B,D.如图4的所示,不妨设CD的中点G与点C在直线l同侧,过点D作$l' \parallel l$,由三角形中位线定理得点C到直线l'的距离等于CD的中点G到直线l'的距离的两倍,即$h'_C = 2h'_G$,又由图知$h'_C = h_C + h_D$,$h'_G = h_G + h_D$,于是有$h_C + h_D = 2(h_G + h_D)$,即$h_C - h_D = 2h_G$.又O为EG的中点,所以$h_E = h_G$,则$h_A + h_B = h_C - h_D$,即$h_A + h_B + h_D = h_C$.

综上可知,A,B,C,D分布在l两侧的点到l的距离之和相等.

由图2易证点P_2就是点O,故过点P_2满足$D_1(l_P) =$

$D_2(l_P)$ 的直线有无数条，而经过点 O 和 P_1,P_3,P_4 中任意一点的直线满足 $D_1(l_P)=D_2(l_P)$ 且唯一，故 Ω 中所有满足这样的点 P 为 P_1,P_3,P_4.

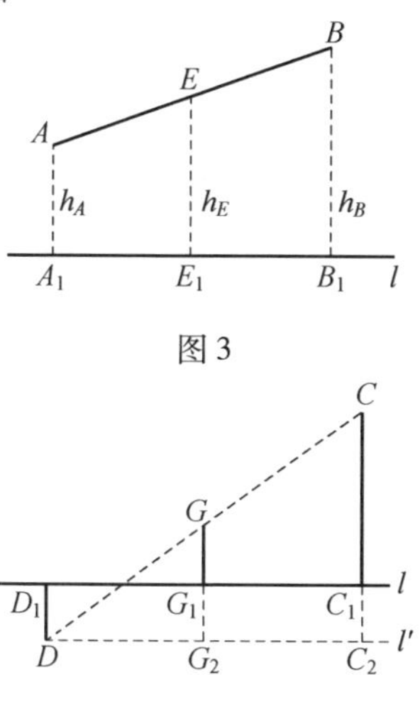

图 3

图 4

将上海这道高考题进行拓展可得平面内有限点集的重心有如下性质：

若 $P_i(x_i,y_i)(i=1,2,\cdots,n)$ 是坐标平面内的 n 个点，则点 $G(\frac{1}{n}\sum\limits_{i=1}^{n}x_i,\frac{1}{n}\sum\limits_{i=1}^{n}y_i)$ 叫作这 n 个点的几何重心，简称重心. 若点 G 是点集 $\{P_1,P_2,\cdots,P_n\}$ 的重心，则：

(1) $\overrightarrow{GP_1}+\overrightarrow{GP_2}+\cdots+\overrightarrow{GP_n}=0$；

(2) 设 l 是经过点 G 的任意一条直线，则在直线 l 两侧的点到 l 的距离之和相等.

证明 (1) $\overrightarrow{GP_1}+\overrightarrow{GP_2}+\cdots+\overrightarrow{GP_n}=(\overrightarrow{OP_1}-\overrightarrow{OG})+(\overrightarrow{OP_2}-\overrightarrow{OG})+\cdots+(\overrightarrow{OP_n}-\overrightarrow{OG})=(\overrightarrow{OP_1}+\overrightarrow{OP_2}+\cdots+\overrightarrow{OP_n})-n\overrightarrow{OG}=(x_1,y_1)+(x_2,y_2)+\cdots+(x_n,y_n)-n(\frac{1}{n}\sum\limits_{i=1}^{n}x_i,\frac{1}{n}\sum\limits_{i=1}^{n}y_i)=(x_1+x_2+\cdots+x_n,y_1+y_2+\cdots+y_n)-(\sum\limits_{i=1}^{n}x_i,$

$\sum\limits_{i=1}^{n} y_i) = (0,0) = 0.$

(2) 以重心 G 为坐标原点建立平面直角坐标系 $G-xy$，设过点 G 的直线 l 的一般式方程为 $ax+by=0$，其中 a,b 为常数且不同时为零. 显然，若点 (x,y) 在直线 l 上，则 $ax+by=0$. 由线性规划的知识知，若点 (x_1,y_1) 与点 (x_2,y_2) 分别在直线 l 两侧，则 ax_1+by_1 与 ax_2+by_2 异号. 设在这 n 个点中使得 $ax+by\geqslant 0$ 的点有 m 个 $((x_i,y_i),i=1,2,\cdots,m)$，那么这 m 个点在直线 l 的同一侧或在这条直线上；使得 $ax+by<0$ 的点有 p 个 $((a_j,b_j),j=1,2,\cdots,p)$，那么这 p 个点在直线 l 的另一侧，且满足 $m+p=n$.

依题意只要证 $\frac{|ax_1+by_1|}{\sqrt{a^2+b^2}}+\cdots+\frac{|ax_m+by_m|}{\sqrt{a^2+b^2}}=\frac{|aa_1+bb_1|}{\sqrt{a^2+b^2}}+\cdots+\frac{|aa_p+bb_p|}{\sqrt{a^2+b^2}}$，即只要证 $|ax_1+by_1|+\cdots+|ax_m+by_m|=|aa_1+bb_1|+\cdots+|aa_p+bb_p|$，又 $ax_i+by_i\geqslant 0$，$aa_j-bb_j<0$.

所以只要证 $(ax_1+by_1)+\cdots+(ax_m+by_m)+(aa_1+bb_1)+\cdots+(aa_p+bb_p)=0$，即只要证 $a(x_1+\cdots+x_m+a_1+\cdots+a_p)+b(y_1+\cdots+y_m+b_1+\cdots+b_p)=0$. 因为原点 G 是这 $m+p=n$ 个点的重心，所以

$$\frac{1}{n}(x_1+\cdots+x_m+a_1+\cdots+a_p)=0$$

$$\frac{1}{n}(y_1+\cdots+y_m+b_1+\cdots+b_p)=0$$

于是

$$a(x_1+\cdots+x_m+a_1+\cdots+a_p)+$$
$$b(y_1+\cdots+y_m+b_1+\cdots+b_p)=0$$

成立，从而原命题正确.

再举个重心坐标公式在代数上的应用：求 $\sum\limits_{k=1}^{n} k\mathrm{C}_n^k$ 的值.

利用重心坐标公式可以给出如下解法：

若在 $A_0,A_1,A_2,\cdots,A_n$ 处分别放置质量为 $\mathrm{C}_n^0,\mathrm{C}_n^1,\mathrm{C}_n^2,\cdots,$

C_n^n(这里 C_m^n 表示组合数)的质点,且 $A_0,A_1,A_2,\cdots,A_n$ 的坐标分别为$0,1,2,\cdots,n$. 由于 $C_n^k=C_n^{n-k}$,知其系统重心在坐标为$\frac{n}{2}$的点处. 又 $C_n^0+C_n^1+\cdots+C_n^n=2^n$,由重心坐标公式得

$$\sum_{k=1}^{n}kC_n^k=\frac{n}{2}\sum_{k=0}^{n}C_n^k=\frac{n}{2}\times 2^n=n\times 2^{n-1}$$

下面再举一个 IMO 的例子:

IMO 是中学数学的顶级赛事,中国选手的表现近三年来有所下滑,这也许是好事,算是对全民奥数的一个反思吧.

早年的赛题,现在经常被拿过来重新列解和讨论,一方面说明 IMO 试题的经典性和前瞻性,另一方面也说明这些试题入口较宽,对目前中国的竞赛方向有指引作用.

比如,近日王扬老师在“林根数学教研汇”微信群中就用多种方法讨论了第 29 届 IMO 的第 5 题:

在数学中,重心坐标是由单形(如三角形或四面体等)顶点定义的坐标. 重心坐标是齐次坐标的一种.

设 $\boldsymbol{v}_1,\cdots,\boldsymbol{v}_n$ 是向量空间 V 中的一个单形的顶点,如果 V 中某点 $\boldsymbol{p}$ 满足

$$(\lambda_1+\cdots+\lambda_n)\boldsymbol{p}=\lambda_1\boldsymbol{v}_1+\cdots+\lambda_n\boldsymbol{v}_n$$

那么我们称系数$(\lambda_1,\cdots,\lambda_n)$是$\boldsymbol{p}$关于$\boldsymbol{v}_1,\cdots,\boldsymbol{v}_n$的重心坐标. 这些顶点的坐标分别是$(1,0,0,\cdots,0),(0,1,0,\cdots,0),\cdots,(0,0,0,\cdots,1)$. 重心坐标不是唯一的,对任何不等于零的常数 k,$(k\lambda_1,\cdots,k\lambda_n)$ 也是 $\boldsymbol{p}$ 的重心坐标. 但总可以取满足条件 $\lambda_1+\cdots+\lambda_n=1$ 的坐标,称为正规化坐标. 注意到定义式在仿射变换下不变,故重心坐标具有仿射不变性.

如果坐标分量都非负,则 $\boldsymbol{p}$ 在 $\boldsymbol{v}_1,\cdots,\boldsymbol{v}_n$ 的凸包内部,即由这些顶点组成的单形包含$\boldsymbol{p}$. 我们设想如果有质量 $\lambda_1,\cdots,\lambda_n$ 分别位于单形的顶点,那么质量中心就是 $\boldsymbol{p}$. 这是术语“重心”的起源,1827 年由奥古斯特·费迪南德·莫比乌斯最初引入.

三角形的重心坐标:在三角形情形(图 5),重心坐标也叫面积坐标,因为点 P 关于三角形 ABC 的重心坐标和三角形 PBC,PCA 及 PAB 的(有向)面积成比例.

我们用黑体小写字母表示对应点的向量,比如三角形 ABC

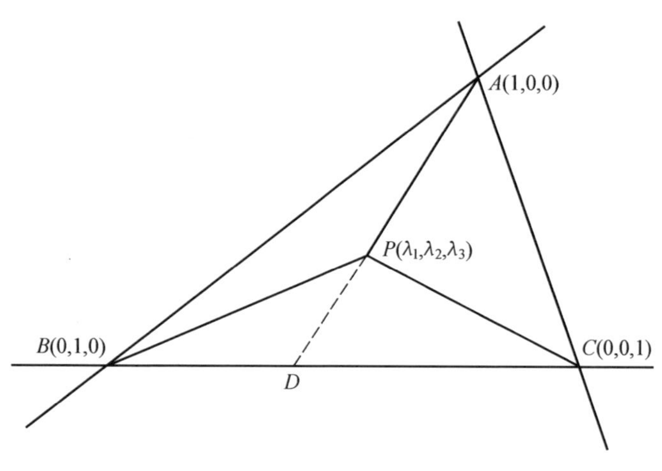

图5

的顶点所对应的向量为 $\boldsymbol{a},\boldsymbol{b},\boldsymbol{c}$;点 P 所对应的向量为 $\boldsymbol{p}$,等等.

设三角形 PBC,PCA 及 PAB 的面积之比为 $\lambda_1:\lambda_2:\lambda_3$ 且 $\lambda_1+\lambda_2+\lambda_3=1$,设 AP 与 BC 交于 D,则

$$BD:DC=\lambda_2:\lambda_3$$

从而

$$\boldsymbol{d}=\frac{\lambda_2\boldsymbol{b}+\lambda_3\boldsymbol{c}}{\lambda_2+\lambda_3}$$

$$AP:PD=(\lambda_2+\lambda_3):\lambda_1$$

故

$$\boldsymbol{p}=\frac{(\lambda_2+\lambda_3)\boldsymbol{d}+\lambda_1\boldsymbol{a}}{\lambda_1+\lambda_2+\lambda_3}$$

$$\boldsymbol{p}=\lambda_1\boldsymbol{a}+\lambda_2\boldsymbol{b}+\lambda_3\boldsymbol{c}$$

所以$(\lambda_1,\lambda_2,\lambda_3)$就是点 P 的重心坐标.

说重心坐标显得高大上了一点,实际上,上面的证明过程就是定比分点公式的应用.赛事中只要记住和知道应用这个结论就好.

引理　平面上的点 P 关于此平面上的三角形 ABC 的重心坐标为$(\lambda_1,\lambda_2,\lambda_3)$,设 $P(x,y)$,有

$$x=\frac{\sum_{i=1}^{3}\lambda_i x_i}{\sum_{i=1}^{3}\lambda_i},y=\frac{\sum_{i=1}^{3}\lambda_i y_i}{\sum_{i=1}^{3}\lambda_i}$$

下面来看第 29 届 IMO 第 5 题：

题 3 三角形 ABC 中角 A 是直角，D 是 BC 边上的高的垂足. 三角形 ABD，ACD 的内心的连线分别交边 AB，AC 于 K，L. 求证：三角形 ABC 的面积至少是三角形 AKL 的面积的两倍.

证明 建立如图 6 所示的直角坐标系，设 $B(\cos\theta,0)$，则 $C(0,\sin\theta)$，$D(\sin^2\theta\cos\theta,\cos^2\theta\sin\theta)$.

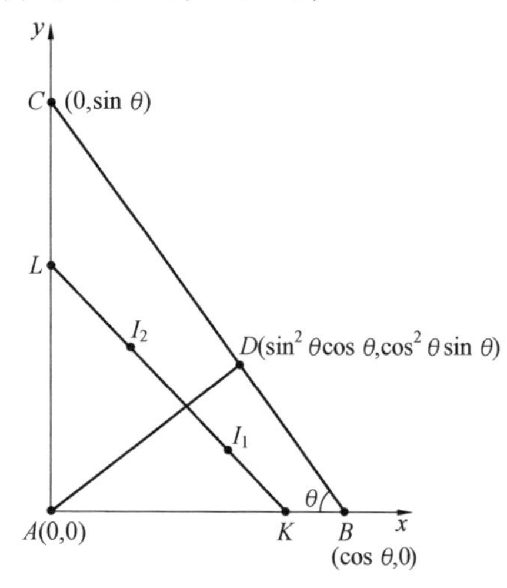

图 6

在三角形 DAB 中，易见点 I_1 关于三角形 DAB 的重心坐标为 (AB,BD,DA)，结合正弦定理即见点 I_1 关于三角形 DAB 的重心坐标为 $(1,\cos\theta,\sin\theta)$，则根据重心坐标与直角坐标的关系，在三角形 DAB 中应用这个关系可得

$$I_1\left(\frac{\sin\theta\cos\theta(1+\sin\theta)}{1+\sin\theta+\cos\theta},\frac{\sin\theta\cos^2\theta}{1+\sin\theta+\cos\theta}\right)$$

同理可得

$$I_2\left(\frac{\cos\theta\sin^2\theta}{1+\sin\theta+\cos\theta},\frac{\sin\theta\cos\theta(1+\cos\theta)}{1+\sin\theta+\cos\theta}\right)$$

可列出直线 I_1I_2 的方程为

$$\begin{vmatrix} x & y & 1 \\ \dfrac{\sin\theta\cos\theta(1+\sin\theta)}{1+\sin\theta+\cos\theta} & \dfrac{\sin\theta\cos^2\theta}{1+\sin\theta+\cos\theta} & 1 \\ \dfrac{\cos\theta\sin^2\theta}{1+\sin\theta+\cos\theta} & \dfrac{\sin\theta\cos\theta(1+\cos\theta)}{1+\sin\theta+\cos\theta} & 1 \end{vmatrix}=0$$

在此直线方程中分别令 $x=0$ 及 $y=0$,可得

$$AK=\sin\theta\cos\theta,AL=\cos\theta\sin\theta$$

往下一步请读者自己完成.

一点启示:对于高等级的数学竞赛,从高观点下看数学,你会得到意想不到的便利,IMO 如此,CMO 如此,清华、北大自主招生试题更是如此. 顺便说一下,重心坐标也曾经出现在高考试卷中:

题4　如设 P 是 $\triangle ABC$ 内任意一点,$S_{三角形ABC}$ 表示三角形 ABC 的面积,$\lambda_1=\dfrac{S_{三角形PBC}}{S_{三角形ABC}},\lambda_2=\dfrac{S_{三角形PCA}}{S_{三角形ABC}},\lambda_3=\dfrac{S_{三角形PAB}}{S_{三角形ABC}}$,定义 $f(P)=(\lambda_1,\lambda,\lambda_3)$,若 G 是三角形 ABC 的重心,$f(Q)=(\dfrac{1}{2},\dfrac{1}{3},\dfrac{1}{6})$,则(　　).

A. 点 Q 在三角形 GAB 内　　　　B. 点 Q 在三角形 GBC 内

C. 点 Q 在三角形 GCA 内　　　　D. 点 Q 与点 G 重合

第三个例子是选自本书 36 页的所谓卡希尼卵形(Cassini Oval)线.

要列出给定两点 P 和 Q 的距离的乘积为常数 a^2 的点的轨迹(卡希尼卵形线)方程,所给的点 P 和 Q 的距离用 2^b 表示. 在求曲线的方程之前必需选定坐标系. 所求方程的复杂性与所选坐标系有关. 在这里选取联结点 P 和 Q 的直线为直角坐标系的横坐标轴(以便所给点的坐标较为简单),原点位置在两点之间(由于点的平等性、预期曲线的对称性,所以我们选取点 P 和 Q 关于 y 轴对称). 在直角坐标系中(图7),取点 P 和 Q 的坐标为 $(-b,0)$ 和 $(+b,0)$. 设 $M(x,y)$ 是描绘曲线的动点,这时 x 和 y

为变量,即所谓流动坐标,它可等于曲线上的任何点的坐标的值. 我们用表示点 M 与点 P 和 Q 的距离的乘积等于 a^2 的公式,得曲线方程,即

$$MP \cdot MQ = a^2$$

或用线段 MP 和 MQ 的端点的坐标表示,得

$$\sqrt{(x+b)^2+y^2} \cdot \sqrt{(x-b)^2+y^2} = a^2$$

这就是卡希尼卵形线方程(图 8). 剩下的只要作必要的化简

$$(x^2+y^2+b^2+2bx)(x^2+y^2+b^2-2bx) = a^4$$

$$(x^2+y^2+b^2)^2 - 4b^2x^2 = a^4$$

$$(x^2+y^2)^2 + 2b^2(x^2+y^2) - 4b^2x^2 = a^4 - b^4$$

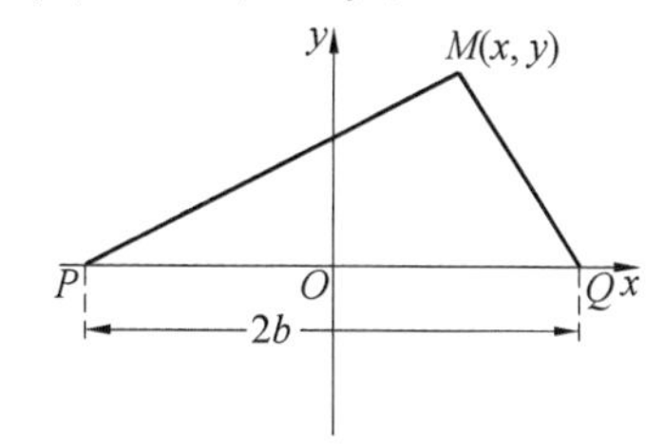

图 7

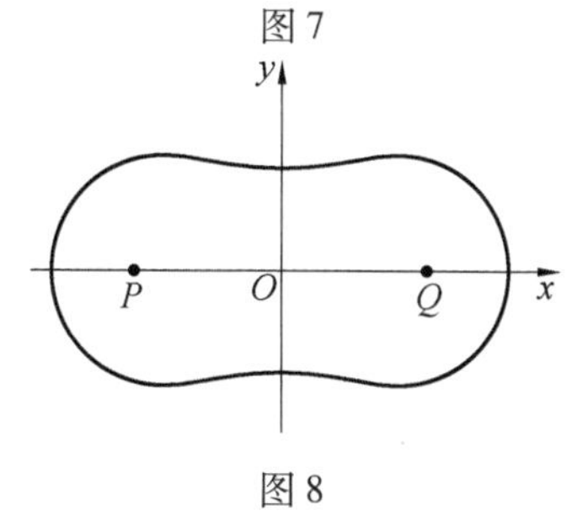

图 8

最后

$$(x^2+y^2)^2 - 2b^2(x^2-y^2) = a^4 - b^4$$

在数学史上,到两个定点(叫作焦点)的距离之积为常数的点的轨迹称为卡希尼卵形线. 乔凡尼 · 多美尼科 · 卡希尼(Cassini Giovanni Domenico,1626—1712)是一位在意大利出生的法国籍天文学家和水利工程师,曾任巴黎天文台台长、法国科学院院士. 卡希尼卵形线是1675年他在研究土星及其卫星

的运行规律时发现的.

以下是两道卡希尼卵形线在高考题中的应用.

题 5 (2011 年北京高考题) 曲线 C 是平面内与两个定点 $F_1(-1,0)$ 和 $F_2(1,0)$ 的距离的乘积等于常数 $a^2(a>1)$ 的点的轨迹. 给出下列三个结论:

(1) 曲线 C 过坐标原点;

(2) 曲线 C 关于坐标原点对称;

(3) 若点 P 在曲线 C 上,则 $\triangle F_1PF_2$ 的面积不大于$\frac{1}{2}a^2$.

其中正确命题的序号为________.

设两个定点为 F_1,F_2,且 $|F_1F_2|=2$,动点 P 满足 $|PF_1|\cdot|PF_2|=a^2$($a\geqslant 0$ 且为定值),取直线 F_1F_2 作为 x 轴,F_1F_2 的垂直平分线为 y 轴建立平面直角坐标系,设 $P(x,y)$,则

$$\sqrt{(x+1)^2+y^2}\cdot\sqrt{(x-1)^2+y^2}=a^2$$

整理得

$$(x^2+y^2)^2-2(x^2-y^2)=a^2-1$$

解得

$$y^2=(-x^2-1)+\sqrt{4x^2+a^2}\quad(1-a\leqslant x^2\leqslant 1+a)$$

于是曲线 C 的方程可化为

$$y^2=(-x^2-1)+\sqrt{4x^2+a^2}\quad(1-a\leqslant x^2\leqslant 1+a)$$

对于常数 $a\geqslant 0$,可讨论如下六种情况:

(1) 当 $a=0$ 时,图像(图 9) 变为两个点 $F_1(-1,0)$,$F_2(1,0)$;

(2) 当$0<a<1$时,图像(图9) 分为两支封闭曲线,随着 a 的减小而分别向点 F_1,F_2 收缩;

(3) 当 $a=1$ 时,图像(图 9) 成 8 字形自相交叉,称为双纽线;

(4) 当$1<a<\sqrt{2}$ 时,图像(图9) 是一条没有自交点的光滑曲线,曲线中部有凹进的细腰;

(5) 当 $a=\sqrt{2}$ 时,图像(图 9) 与前种情况一样,但曲线中部变平;

(6) 当 $a>\sqrt{2}$ 时,图像(图 9) 中部凸起.

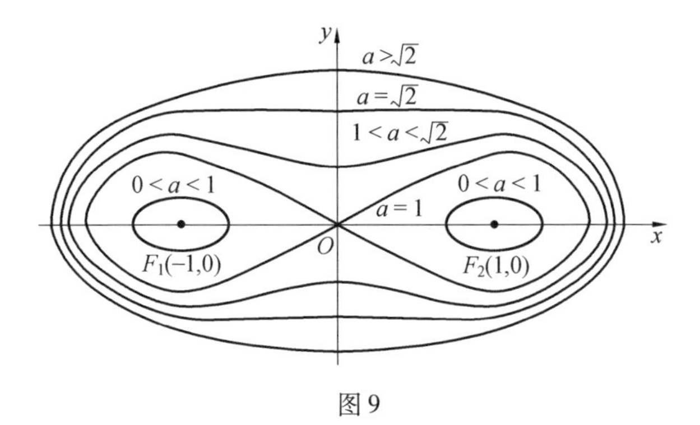

图 9

北京高考题的背景即为(4) ~ (6) 里研究的结论.

题 6 (2009 年湖南高考题) 在平面直角坐标系 xOy 中,点 P 到点 $F(3,0)$ 的距离的4倍与它到直线 $x=2$ 的距离的3倍之和记为 d,当点 P 运动时,d 恒等于点 P 的横坐标与 18 之和.

(Ⅰ) 求点 P 的轨迹 C;

(Ⅱ) 设过点 F 的直线 l 与轨迹 C 相交于 M,N 两点,求线段 MN 长度的最大值.

解 (Ⅰ) 设点 P 的坐标为(x,y),则

$$d=4\sqrt{(x-3)^2+y^2}+3|x-2|$$

由题设

$$4\sqrt{(x-3)^2+y^2}+3|x-2|=x+18 \qquad ①$$

当 $x>2$ 时,由式①得 $\sqrt{(x-3)^2+y^2}=6-\frac{1}{2}x$,化简得 $\frac{x^2}{36}+\frac{y^2}{27}=1$.

当 $x\leqslant 2$ 时,由式①得 $\sqrt{(x-3)^2+y^2}=3+x$,化简得 $y^2=12x$.

故点 P 的轨迹 C 是椭圆 $C_1:\frac{x^2}{36}+\frac{y^2}{27}=1$ 在直线 $x=2$ 的右侧部分与抛物线 $C_2:y^2=12x$ 在直线 $x=2$ 的左侧部分(包括它与直线 $x=2$ 的交点)所组成的曲线,参见图 10.

(Ⅱ) 如图 11 所示,易知直线 $x=2$ 与 C_1,C_2 的交点都是

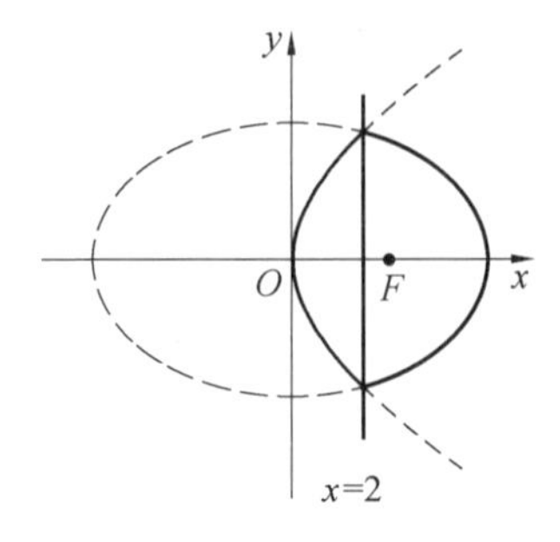

图 10

$A(2,2\sqrt{6}),B(2,-2\sqrt{6})$，直线 AF,BF 的斜率分别为 $k_{AF}=-2\sqrt{6},k_{BF}=2\sqrt{6}$.

当点 $P(x,y)$ 在 C_1 上时,可知

$$|PF|=6-\frac{1}{2}x \quad ②$$

当点 $P(x,y)$ 在 C_2 上时,可知

$$|PF|=3+x \quad ③$$

若直线 l 的斜率 k 存在,则直线 l 的方程为 $y=k(x-3)$.

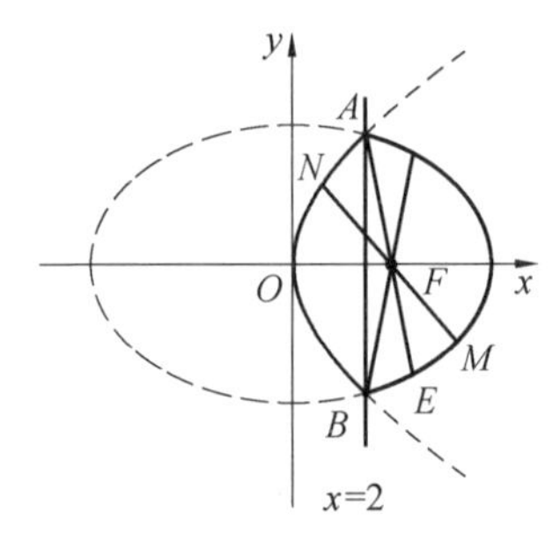

图 11

(1) 当 $k\leqslant k_{AF}$ 或 $k\geqslant k_{BF}$,即 $|k|\geqslant 2\sqrt{6}$ 时,直线 l 与轨迹 C 的两个交点 $M(x_1,y_1),N(x_2,y_2)$ 都在 C_1 上,此时由式 ② 知

$$|MF|=6-\frac{1}{2}x_1,\ |NF|=6-\frac{1}{2}x_2$$

从而

$$|MN|=|MF|+|NF|$$
$$=(6-\frac{1}{2}x_1)+(6-\frac{1}{2}x_2)$$
$$=12-\frac{1}{2}(x_1+x_2)$$

由$\begin{cases}y=k(x-3)\\ \frac{x^2}{36}+\frac{y^2}{27}=1\end{cases}$,得

$$(3+4k^2)x^2-24k^2x+36k^2-108=0$$

x_1,x_2 是方程的两根,所以 $x_1+x_2=\frac{24k^2}{3+4k^2}$,所以

$$|MN|=12-\frac{1}{2}(x_1+x_2)$$
$$=12-\frac{12k^2}{3+4k^2}$$
$$=12-\frac{12}{\frac{3}{k^2}+4}$$

又因为 $|k|\geqslant 2\sqrt{6}$,所以 $k^2\geqslant 24$,从而可得 $|MN|\leqslant 12-\frac{12}{\frac{3}{24}+4}=\frac{100}{11}$,当且仅当 $k=\pm 2\sqrt{6}$ 时等号成立.

(2)当 $k_{AF}<k<k_{BF}$,即 $-2\sqrt{6}<k<2\sqrt{6}$ 时,直线 l 与轨迹 C 的两个交点 $M(x_1,y_1)$,$N(x_2,y_2)$ 分别在 C_1,C_2 上,不妨设点 M 在 C_1 上,点 N 在 C_2 上,由式②③知

$$|MF|=6-\frac{1}{2}x_1$$
$$|NF|=3+x_2$$

设直线 AF 与椭圆 C_1 的另一个交点为 $E(x_0,y_0)$,则 $x_0<x_1$,$x_2<2$,所以

$$|MF|=6-\frac{1}{2}x_1<6-\frac{1}{2}x_0=|EF|$$
$$|NF|=3+x_2<3+2=|AF|$$

所以

$$|MN|=|MF|+|NF|<|EF|+|AF|=|AE|$$

而点A,E都在C_1上,且$k_{AE}=-2\sqrt{6}$,由(1)知$|AE|=\frac{100}{11}$,所以$|MN|<\frac{100}{11}$.

若直线l的斜率不存在,则$x_1=x_2=3$,此时

$$|MN|=12-\frac{1}{2}(x_1+x_2)=9<\frac{100}{11}$$

综上所述,线段MN长度的最大值为$\frac{100}{11}$.

利用本书中的某些结论,如本书第867题(要使平面$Ax+By+Cz+D=0$与球面$x^2+y^2+x^2=R^2$相切,则平面方程的系数应满足什么关系?)还可以对一些数学竞赛试题给出具有解析几何特征的解答.例如下面的美国数学奥林匹克试题.

题7 试求代数方程组

$$\begin{cases}x+y+z=3 & ①\\ x^2+y^2+z^2=3 & ②\\ x^3+y^3+z^3=3 & ③\end{cases}$$

的所有实数解.

解 方程①可以写成

$$x+y+z-3=0$$

$$\frac{x}{3}+\frac{y}{3}+\frac{z}{3}=1$$

它表示在三维坐标系x,y,z三轴上的截距都是3个单位长度的平面.而坐标原点O到平面①的距离为

$$\begin{aligned}d&=\frac{|Ax_0+By_0+Cz_0+D|}{\sqrt{A^2+B^2+C^2}}\\&=\frac{|-3|}{\sqrt{1+1+1}}\\&=\frac{|-3|}{\sqrt{3}}\\&=\sqrt{3}\end{aligned}$$

方程组中的②表示以$\sqrt{3}$为半径的球面.

很明显平面①与球面②只有一个交点(即平面①与球面②相切),交点坐标为(1,1,1).

所以方程组①②的实数解只有$x=y=z=1$,将其代入方程③中,适合.

所以曲面$x^3+y^3+z^3=3$经过平面与球面的交点(1,1,1).

原方程的实数解为

$$x=y=z=1$$

本题原来的初等解法为

$$x^2+y^2+z^2=(x+y+z)^2-2(xy+yz+zx)$$

所以
$$xy+yz+zx=3$$

又因为

$$x^3+y^3+z^3-3xyz$$
$$=(x+y+z)(x^2+y^2+z^2-xy-yz-zx)$$

即
$$3-3xyz=3(3-3)$$

所以
$$xyz=1$$

所以x,y,z是方程$r^3-3r^2+3r-1=0$的根,即

$$x=y=z=1$$

当然我们也更希望用初等数学的方法解决高等数学的问题.近日笔者从杂志中发现江苏省扬州市翠岗中学的秦泽立老师举了两个很恰当的例子:

题8 在空间直角坐标系$O-xyz$中作一个经过点$D(1,1,1)$的平面π,且分别与x轴,y轴,z轴的正半轴交于A,B,C三点,求三棱锥$O-ABC$体积的最小值.

分析 这个例题可以转化为求条件极值的问题,可以用拉格朗日乘数法求解.但在具体描述问题时,我们会发现所求问题对应的函数具有比较好的对称性,可以考虑用不等式的办法来解,其中,最小值对应不等式等号成立的条件.

解 设$A(a,0,0)$,$B(0,b,0)$,$C(0,0,c)$,其中$b,c>0$,则三棱锥$O-ABC$的体积为$V=\frac{1}{6}abc$.又设$P(x,y,z)$为平面π

上的任意一点,则向量$\overrightarrow{DP}$,$\overrightarrow{AB}$,$\overrightarrow{AC}$共面,所以存在参数t,s使得$\overrightarrow{DP}=t\overrightarrow{AB}+s\overrightarrow{AC}$,这等价于

$$\begin{cases}x=1-at-as\\y=1+bt\\z=1+cs\end{cases}$$

即

$$\begin{cases}\dfrac{x}{a}=\dfrac{1}{a}-t-s\\\dfrac{y}{b}=\dfrac{1}{b}+t\\\dfrac{z}{c}=\dfrac{1}{c}+s\end{cases}$$

三式相加,得$\frac{x}{a}+\frac{y}{b}+\frac{z}{c}=\frac{1}{a}+\frac{1}{b}+\frac{1}{c}$,由平面$\pi$过点$A(a,0,0)$,得$\frac{1}{a}+\frac{1}{b}+\frac{1}{c}=1$,故我们的问题就是求函数$V=\frac{1}{6}abc$在条件$\frac{1}{a}+\frac{1}{b}+\frac{1}{c}=1$下的最小值.

由几何-算术平均不等式,有

$$\begin{aligned}V&=\frac{1}{6}abc=\frac{1}{6}\cdot\frac{1}{\frac{1}{abc}}\\&\geqslant\frac{1}{6}\cdot\frac{1}{\left(\frac{\frac{1}{a}+\frac{1}{b}+\frac{1}{c}}{3}\right)^3}\\&=\frac{3^3}{6}=\frac{9}{2}\end{aligned}$$

即$V\geqslant\frac{9}{2}$,当且仅当$\frac{1}{a}=\frac{1}{b}=\frac{1}{c}=\frac{1}{3}$,即$a=b=c=3$时等号成立. 所以当平面为$x+y+z=3$时,三棱锥$O-ABC$的体积取最小值$V=\frac{9}{2}$.

题9 已知空间曲线C

$$\begin{cases} x^2 + y^2 - 2z^2 = 0 \\ x + y + 3z = 5 \end{cases}$$

求曲线 C 上距离 Oxy 面最远的点和最近的点.

分析 本题实际上就是求曲线 C 上所有点中 z 坐标绝对值的最大值和最小值,问题就转化为求解关于变量 x,y 的函数 z 的绝对值的最大值和最小值. 当然可以用拉格朗日乘数法来解,但是,考查曲线的方程形式,第一式可以看作是 x,y 的平方和等于 $2z^2$,很容易联想到三角函数,利用换元法,可得初等解法.

解 令 $\begin{cases} x = \sqrt{2}z\cos\theta \\ y = \sqrt{2}z\sin\theta \end{cases}$,$\theta \in [-\pi, \pi]$,代入 $x + y + 3z = 5$ 中,得

$$\sqrt{2}z(\cos\theta + \sin\theta) + 3z = 5$$

则

$$z = \frac{5}{3 + 2\sin\left(\theta + \frac{\pi}{4}\right)}$$

当 $\theta = \frac{\pi}{4}$ 时,$z_{\min} = 1$,此时 $\begin{cases} x = 1 \\ y = 1 \end{cases}$;

当 $\theta = -\frac{3\pi}{4}$ 时,$z_{\max} = 5$,此时 $\begin{cases} x = -5 \\ y = -5 \end{cases}$.

由此,曲线 C 上距离 Oxy 面最远和最近的点分别为 $(-5, -5, 5)$ 和 $(1,1,1)$.

本书是从俄文翻译而来,错误在所难免. 翻译是件难事,知识储备不够,多大的专家都会出错,举一个诗歌翻译的例子:比如美国著名诗人庞德(Ezra Pound)翻译李白的《长干行》,第一句就错了,“妾发初覆额”,他译为“When my hair was still cut straight across my forehead”. 为什么错了呢? 普林斯顿大学东亚研究系中国文学教授柯马丁说:“也就是在美国人的眼中,这个小女孩的发型,前面的刘海部分从这边一直剪到那边,平平的.”这种解读当然不对,因为庞德没有读过我们的《孝经》,

《孝经》中开宗明义地指出:“身体发肤,受之父母,不敢毁伤,孝之始也.”中国古人以为身体的任何部分包括头发,是父母遗传给你的,你要敬爱孝顺父母,就不能伤害它们,毁伤了头发就表示对父母不敬重,不重视父母留给你的生命的本体.住在长干街上的这个唐代女孩怎么能剪头发?《孝经》可是唐代人的必读书啊!所以庞德第一句就译错了.

文学如此,数学亦然!

刘培杰

2017 年 12 月 16 日

于哈工大

函　数　论

竹内端三　著
胡浚济　译

内容简介

本书以实数和复数的理论知识为基础,系统地介绍了初等函数、微分法、积分法、幂级数,以及奇点等重要理论,包括函数的连续性、可微性、可积性及其定理性质,突出了函数论在数学中的重要地位. 内容丰富,叙述详尽.

本书适合高等院校师生及数学爱好者研读.

原　序

本书与著者往日所刊行之高等微分学及高等积分学之程度相衔接,述关于复数函数之普遍理论并述椭圆函数之理论作为其应用.

时至今日,函数之概念于数学中占重要之地位,已不待论. 而于数学中所常用,所谓解析函数者,其深远之本性,经视为复变数之函数而研究之,方得阐明,此亦近代学者所不容疑之点也. 所以不但专习纯粹数学之士,即有志于理化学工程学之学者,苟欲用微积分学以上之数理,不得不借复数函数论为阶梯. 一旦领悟复数活用之妙味,不但因此得明了初等函数之真相,更进而欲自由使用椭圆函数,盖亦非难事矣. 本书之目的,实欲使读者得达此境地也.

本书著者,以大正十一年以来,于东京帝国大学所讲之函数论稿为底稿,经几次增删,以明斯学发达之大势,又将数百例题及习题,分载于各节各章之末,以资读者之练习.书中插入之图皆系著者自绘,而例题和习题之中,属于著者所创造者,亦不少.

最后,书坊裳华房,为斯学计,以始终一贯之热诚,赞助本书之刊行,著者对之,深表谢意.裳华房虽对于本书之印刷体裁,盖最善之努力,而本书之内容不能相伴,实著者学力浅陋所致,不胜遗憾.尚望诸大家不吝指正.

竹内端三

1926年3月

编辑手记

本书是一本名著,作者是日本著名数学家竹内端三(Takenouchi Tanzo,1887—1945).

竹内端三,日本人.1910年毕业于东京大学,后留该校任教.主要研究整数论、特殊函数论、积分方程等.竹内端三著有《积分方程论》(1934)、《椭圆函数论》(1936)、《函数论》(Ⅰ,Ⅱ)等.

译者是我国老一辈的数学家胡浚济,据胡氏后人讲:胡氏族人多在各地城市经商,文化教育方面的视野比较开阔,十七岁的观海卫三官殿街胡氏和房(六房)胡浚济,就在观海卫安定学堂读书并留教.

受西学救国思想的影响,胡浚济父亲想办法让儿子到日本留学.清末第一批出国自费留学日本的浙江人员有13人,宁波府只有2人,胡浚济便是其中一个.

清光绪三十一年(1905年),浙江巡抚张曾敭奏请创建全浙师范学堂,1906年获准,后改名为浙江第一师范.一批现代教育学者志士,如钱家治(钱学森之父)、夏丏尊、鲁迅等先后在此执教,胡浚济则负责教授数学和物理.优秀的教师群体,使得学校成为浙江新文化运动的中心.

"辛亥革命"后,北京京师大学堂改名为北京大学,胡浚济受北大聘请，与从日本留学归国的冯祖荀一起创办北京大学数学门(系).

20 世纪初，德国是世界数学中心之一，日本的数学界也主要向德国学习. 胡浚济与冯祖荀在数学教材选择、课程设置方面依据德国大学的模式，引进现代科学的数学教材.

由两名老师和两名学生起步的北大数学门(系)，开创了中国现代高等数学教育先河.

更详细的资料可参见一份由胡浚济之长孙亲自参与，一起提供原始资料，由飞雁无影执笔，经共同讨论审定而成.

胡氏后人的回忆录：我的祖父叫胡浚恒，出生于1884 年；叔祖父是胡浚济，出生于 1886 年. 他们俩是亲兄弟.

1903 年兄弟俩一起到日本自费留学. 据先辈认定，两人是一起去的. 他们先到东京高等学堂理科学习. 至今我们不敢断定这究竟是什么性质的学校，有可能是设有大学预科的高中性质的学校，也有可能是成立于1883 年现称之为东京理科大学的前身 —— 东京理科学院. 总之，浚恒公与浚济公在那里学习两年，完成了大学预科以及日语，打好了语言基础和课程基础. 然后到东京帝国大学学习本科. 可以肯定的是，胡浚济在东京帝国大学采矿冶金系学习，在当时这是个时髦专业，并具有很好的数学基础.

在日本东京他们兄弟住在一起. 那时胡浚济年纪小，只有十七岁，哥哥胡浚恒自己做饭，饮食起居方面给弟弟无微不至的关怀. 胡浚济在读完本科两年之后，患了腿疾. 一条小腿突发红肿灼痛，并伴有高烧、寒战等全身症状，立即到帝国大学医务所就医. 我们知道，这就是现在称之为丹毒的病症. 丹毒是皮肤及其网状淋巴管的急性炎症，主要由 A 族 B 型溶血性链球菌引起的急性细菌感染，并有脓性白细胞浸润，起病急，下肢是好发部位. 现在用青霉素等抗生素静脉注射，疗效很好，可以医治痊愈. 但是在 110 年前，由于医疗药物等水平的局限，病情控制不住，越来越严重. 情急之下，东京帝国大学医务所的医生诊断为需要截肢，否则危及生命. 不得已只能遵医嘱截去了这条腿. 现实是多么的残酷！在此艰难困苦时期，哥哥胡浚恒不顾一切亲自护理照顾，挺过这个难关. 当然他的学业也因此有所耽误. 在弟弟肢体伤口长好稍能行走之后,胡浚恒亲自送胡浚济回到观海卫三官殿胡氏宗居,在家中疗养.痊愈后,胡浚济开始在浙江省工作,主要在全浙师范学堂(后改名为浙江第一师范)执教,有数年.

1912 年夏,胡浚济由钱玄同(钱三强之父)推荐进入北京大学教书.北京大学原名京师大学堂,1912 年 5 月 4 日刚改名.冯祖荀是 1904 年京师大学堂选派官费留学的 47 人之一,被送往日本京都大学学习数学,后在东京帝国大学数学系毕业,就在那时归国,受命筹建数学系(当时称门).胡浚济有幸和冯祖荀协同工作,一起创建数学系.几年后胡浚济遇到机会,也得到冯祖荀的支持,再次赴日本进修学习,更高层次完成了东京帝国大学的数学教程,毕业归国.此后任北大数学系教授,且教学水准相当高.我亲自听玉芬姑说过:19 世纪 30 年代浚济公的月薪确实为400 大洋.不少数学界的名人都受过他的教益.

据我父亲回忆,爷爷胡浚恒曾在日本留学四年,学的是理科.现在看来,由于其弟突发的伤病截肢,以致他在日本也没有完成学士学位.不过,有一点可以肯定,浚恒公在日本至少学了两年大学预科,两年以上大学本科,打下了很好的数理基础.

在"辛亥革命"之前,欧洲的工业已经非常发达,尤其是德国,发电已普及全国.而日本的工业化是向欧洲借鉴学习的,当时远远不如德国.我的祖父怀着工业救国的梦想,希望改变中国的落后面貌,立志让中国实现电气化,于是决心到德国学习电机电气.于 1909 至 1910 年间赴德国留学,进入柏林理工大学电气工程系,主要攻读电机专业.

柏林理工大学(Technical University of Berlin)创建于 1879 年.这是一所研究性大学,是德国最负盛名的研究和教育机构之一.也是具有外国留学生比例最高的大学.至今其下有七所学院,据 2009 年 1 月统计,共计在校本科生28 200 人;2010 年 3 月统计,教授各类研究人员和研究生共计8 455 人.百年来培养了许多优秀人才,其中诺贝尔奖获得者 10 名.

一百余年前,爷爷曾自豪地告诉家人,他们在柏林"西门子"公司实习.如今西门子公司已经枝繁叶茂,在不少城市设立了分公司,但是其总部仍在柏林.当年胡浚济已经工作,为报答哥哥的恩情,尽力资助胡浚恒在德国攻读电机工程专业.经过四年,浚恒公也完成了专业课程毕业,于1914年第一次世界大战刚发生之时,学成归国.当年轻的电机学者踏上国土时,连北京还都点着煤油灯呢!

胡浚恒和胡浚济的求学之路并不平坦,并不一帆风顺,但是他们无私无畏共同走向成功.

我们遵循先祖的科学理想,都学业有成.我有两个儿子,他们都在北京大学本科毕业,直接到美国攻读博士学位.大儿子27岁获得"生物化学"博士学位,如今已是生物医学专家.小儿子18岁在瑞典获得国际数学奥林匹克竞赛金牌,早已是信息技术专家.我教导他们:要向胡浚恒和胡浚济两位曾祖学习,两兄弟相互爱护,相互帮助,无私无畏,一生无比亲密.也要学习先祖们的报国精神.

胡浚恒和胡浚济的兄弟情谊,当为后人楷模.

附录:

关于胡浚济1902年独自赴日本留学之事,存疑.

根据先辈肯定,当年情况是:我们曾祖父胡承镛有六子,按他原定规划,一三五子求学,二四六子经商.据说他此前打算让胡浚济到上海南洋公学中学部学习.南洋公学当时隶属于招商局,是一所高等实业学堂.应选时,人家认为这孩子不适宜经商搞实业,没有被选上.于是承镛太公决定,让胡浚济随同其五哥胡浚恒一起到日本留学.

由于译者所处年代中国正处于文言文和白话文交替时期,所以本书中许多地方留有浓重的文言文痕迹,为了尊重历史,我们没做过多修改,保留了原貌.

至于为什么要引介这样一本日本数学名著,理由是即便是在今天这样一个我们自认为十分强大的时代,在许多方面还是要向西方学习,特别是日本,特别是在数学方面,因为日本已经有了好几位菲尔兹奖得主:高木贞治、小平邦彦、广中平祐、森重文,而我们至今还是零.

笔者自知人微言轻,所以特引用同样是菲尔茨奖的得主丘成桐先生2009年12月17日下午在清华大学的讲演来加以说明,题目就是:从明治维新到二战前后中日数学人才培养之比较.

在牛顿(1642—1727)和莱布尼兹(1646—1716)发明微积分以后,数学产生了根本的变化.在17到19世纪200年间,欧洲人才辈出,在这期间诞生的大数学家不可胜数,重要的有:欧拉(Euler,1707—1783),高斯(Gauss,1777—1855),阿贝尔(Abel,1802—1829),黎曼(Riemann,1826—1866),庞加莱(Poincare,1854—1912),希尔伯特(Hilbert,1862—1943),格拉斯曼(Grassmann,1809—1877),傅里叶(Fourier,1768—1830),伽罗瓦(Galois,1811—1832),嘉当(E. Cartan,1869—1951),伯努利(D. Bernoulli,1700—1782),克莱姆(G. Cramer,1704—1752),克莱罗(A. Clairaut,1713—1765),达朗贝尔(d' Alembert,1717—1783),兰伯特(J,Lambert,1728—1777),华林(E. Waring,1736—1798),范德蒙德(Vandermonde,1735—1796),蒙日(Monge,1746—1818),拉格朗日(Lagrange,1736—1813),拉普拉斯(Laplace,1749—1827),勒让德(Legendre,1752—1833),阿尔冈(R. Argand,1768—1822),柯西(Cauchy,1789—1857),默比乌斯(Möbius,1790—1868),罗巴切夫斯基(Lobachevsky,1792—1856),格林(Green,1793—1841),波尔约(J. Bolyai,1802—1860),雅可比(Jacobi,1804—1851),狄利克雷(Dirichlet,1805—1859),哈密尔顿(W. Hamilton,1805—1865),刘维尔(Liouville,1809—1882),库默尔(Kummer,1810—1893),维尔斯特拉斯(Weierstrass,1815—1897),布尔(G. Boole,1815—1864),斯托克斯(G. Stokes,1819—1903),凯莱(Cayley,1821—1895),切比雪夫(Chebyshev,1821—1894),埃尔米特(Hermite,1822—1901),爱森斯坦(Eisenstein,1823—1852),克罗内克(Kronecker,1823—1891),开尔文(Kelvin,1824—1907),麦克斯韦(J. Maxwell,1831—1879),富克斯(L. Fuchs,1833—1902),贝尔特拉米(E. Beltrami,1835—1900)等.

他们将数学和自然科学融合在一起,引进了新的观念,创造了新的学科.他们引进的工具深奥而有力,开创了近300年来数学的主流.数学的发展更推进了科学的前沿,使之成为现代文化的支柱.

在这期间,东方的数学却反常地沉寂. 无论中国、印度或者日本,在17到19世纪这200年间,更无一个数学家的成就可望上述诸大师之项背. 其间道理,值得深思. 数学乃是科学的基础,东方国家的数学不如西方,导致科学的成就不如西方,究竟是什么原因呢? 这是一个大问题.

这里我想讨论一个现象:在明治维新以前,除了江户时代关孝和(Takakazu SekiKowa,1642—1708)创立行列式外,日本数学成就远远不如中国,但到了19世纪末,中国数学反不如日本,这是什么原因呢? 在这里,我们试图用历史来解释这个现象.

19世纪中日接受西方数学的过程

1859年,中国数学家李善兰(1811—1882)和苏格兰传教士伟烈亚力(Alexander Wyle,1815—1889)翻译了由英国人德摩根(De Morgan,1806—1871)所著13卷的《代数学》和美国人卢米斯(Elias Loomis)所著18卷的《代微积拾级》. 他们将欧几里得的《几何原本》全部翻译出来,完成了明末徐光启(1562—1633)与利玛窦未竟之愿,在1857年出版.

就东方近代数学发展史来说,前两本书(《代数学》《代微积拾级》)有比较重要的意义,《代数学》引进了近代代数,《几何原本》《代微积拾级》则引进了解析几何和微积分.

李善兰本人对三角函数、反三角函数和对数函数的幂级数表示有所认识,亦发现所谓尖锥体积术和费马小定理,可以说是清末最杰出的数学家,但与欧陆大师的成就不能相比拟,没有能力在微积分基础上发展新的数学.

此后英国人傅兰雅(John Fryee,1839—1928)与中国人华蘅芳(1833—1902)也在1874年翻译了英国人华里司(William Wallis,1768—1843)所著的《代数术》25卷和《微积溯源》8卷,他翻译的书有《三角数理》12卷和《决疑数学》10卷,后者由英国人盖洛韦(Galloway)和安德森(Anderson)著作,是介绍古典概率论的重要著作,在1896年出版.

这段时期的学者创造了中国以后通用的数学名词,也创建了一套符号系统(如积分的符号用禾字代替). 他们又用干支和天地人物对应英文的26个字母,用二十八宿对应希腊字母.

这些符号的引进主要是为了适合中国国情,却也成为中国学者吸收西方数学的一个严重障碍.事实上,在元朝时,中国已接触到阿拉伯国家的数学,但没有吸收它们保存的希腊数学数据和它们的符号,这是一个憾事.

当时翻译的书籍使中国人接触到比较近代的基本数学,尤其是微积分的引进,更有其重要性.遗憾的是在中国洋务运动中占重要地位的京师同文馆(1861)未将学习微积分作为重要项目.

而福州船政学堂(1866)则聘请了法国人 L. Medord 授课,有比较先进的课程.1875 年,福州船政学堂派学生到英法留学,如严复在1877 年到英国学习数学和自然科学,郑守箴和林振峰到法国得到巴黎高等师范的学士学位,但对数学研究缺乏热情,未窥近代数学堂奥.

日本数学在明治维新(1868 年)以前虽有自身之创作,大致上深受中国和荷兰的影响.1862 年日本学者来华访问,带回李善兰等翻译的《代数学》和《代微积拾级》,并且广泛传播.他们迅即开始自己的翻译,除用中译本的公式和符号外,也利用西方的公式和符号.

明治天皇要求国民向全世界学习科学,他命令"和算废止,洋算专用",全盘学习西方数学.除了派留学生到欧美留学外,甚至有一段时间聘请了 3 000 个外国人到日本帮忙.日本和算学家如高久守静等虽然极力抵制西学,但政府坚持开放,西学还是迅速普及,实力迅速超过中国.

日本人冢本明毅在 1872 年完成《代数学》的日文译本,福田半则完成《代微积拾级》的日文译本,此外还有大村一秀和神田孝平.神田孝平在 1865 年已经完成《代微积拾级》的译本,还修改了中译本的错误,并加上荷兰文的公式和计算.日本人治学用心,由此可见一斑.

此后日本人不但直接翻译英文和荷兰文的数学书,Fukuda Jikin 还有自己的著作,例如 Fukuda Jikin 在 1880 年完成《笔算微积入门》的著作.

日本早期数学受荷兰和中国影响,明治维新期间则受到英国影响,其间有两个启蒙的数学家,第一个是菊池大麓

(Dairoku Kikuchi,1855—1917), 第二个是藤泽利喜太郎(Rikitaro Fujisawa,1861—1933), 他们都在日本帝国大学(Imperial University) 的科学学院(The Science College) 做教授,这所大学以后改名为东京大学(日本京都帝国大学到1897年才成立).

菊池大麓在英国剑桥大学读几何学,他的父亲是Edo时代的兰学家(DutchScholar),当时英国刚引进射影几何,他就学习几何学,并在班上一直保持第一名,他和同班同学虽然竞争激烈,却彼此尊重.

根据菊池大麓的传记,说他一生不能忘怀这种英国绅士的作风,以后他位尊权重,影响了日本学者治学的风骨.

他在剑桥得到学士和硕士学位,在1877年回到日本,成为日本第一个数学教授,日本的射影几何传统应该是由他而起,以后中国数学家苏步青留日学习射影、微分几何,就是继承这个传统.

菊池大麓家学渊源,亲戚、儿子都成为日本重要的学者,他在东京帝国大学做过理学院长、校长,也做过教育部长、京都帝大校长、帝国学院(Academy) 的院长. 他对明治维新学术发展有极重要的贡献,他思想开放,甚至有一阵子用英文授课.

藤泽利喜太郎在1877年进入日本帝国大学学习数学和天文,正好也是菊池大麓在帝大开始做教授那一年. 他父亲也是兰学家,在菊池大麓的指导下,他在东京大学学习了五年,然后到伦敦大学念书,数个月后再到德国柏林和法国的Strasbourg. 在柏林时,他师从库默尔、克罗内克和维尔斯特拉斯,这些人都是一代大师.

藤泽利喜太郎1887年回到日本,开始将德国大学做研究的风气带回日本. 他精通椭圆函数论,写了14篇文章,并于1925年成为日本参议员,于1932年当选为日本的院士.

菊池大麓和藤泽利喜太郎除了对日本高等教育有重要贡献外,也对中学和女子教育有很大贡献,编写了多本教科书.

20世纪初叶的日本和中国数学

1. 日本数学.

20世纪初叶最重要的日本数学家有林鹤一(Tsuruichi

Hayashi,1873—1935)和高木贞治(Teiji Takagi,1875—1960).林鹤一创办了东北帝国大学的数学系,并用自己的收入创办了Tohoku 数学杂志.

但日本近代数学的奠基人应该是高木贞治.他在农村长大,父亲为会计师.他在1886年进入中学,用的教科书有由托德亨特(Todhunter)写的 *Algebrafor Beginners* 和由威尔逊(Wilson)写的 *Geometry*.到了1891年,他进入京都的第三高中,三年后他到东京帝大读数学.

根据高木贞治的自述,他在大学的书本为 Durègi 写的《椭圆函数》和萨蒙(Salmon)写的《代数曲线》,他不知道这些书籍与射影几何息息相关.当时菊池大麓当教育部长,每周只能花几个小时授课,因此由藤泽利喜太郎主管,用德国式的方法来教育学生.他给学生传授克罗内克以代数学为中心的思想.高木贞治从塞雷(Serret)写的 *Algebra Supérieure*(法语)书中学习阿贝尔方程,并且学习韦伯(H. Weber)刚完成的两本关于代数学的名著.

1898年,高木贞治离开日本到德国柏林师从弗罗贝尼乌斯(Frobenius),当时富克斯和施瓦茨(Schwarz)还健在,学习的内容虽然和日本相差不大,但与名师相处,气氛确实不同.

1900年,高木贞治访问哥廷根,见到了数学大师克莱因(Klein)和希尔伯特.欧洲年轻的数学家大多聚集在此,讨论自己的创作.高木贞治自叹日本数学不如此地远甚,相距有半个世纪之多.然而一年半以后,他大有进步,能感觉自如矣.可见学术气氛对培养学者的重要性.

高木贞治师从希尔伯特,学习代数数论,印象深刻.他研究Lemniscate 函数的 Complexmultiplication.他在1903年完成博士论文,由东京大学授予博士学位(1900年时东京大学聘请他为副教授).

1901年,高木贞治回到东京,将希尔伯特在哥廷根领导研究的方法带回东京大学,他认为研讨会(Colloquia)这种观念对于科研至为重要,坚持数学系必须有自己的图书馆和喝茶讨论学问的地方.1904年他被升等为教授,教学和研究并重.他的著作亦包括不少教科书,对日本数学发展有很深入的影响.

1914年第一次世界大战爆发,日本科学界与西方隔绝,他不以为苦,认为短期的学术封闭对他反而有很大的帮助,可以静下心来深入考虑classfield理论.在这期间,他发现希尔伯特理论有不足之处,在1920年Strasbourg世界数学大会中,他发现了新的理论.两年后他的论文得到西格尔(Siegel)的赏识,建议阿廷(Emil Artin)去研读,阿廷因此推导了最一般的互反律,完成了近代classfield理论的伟大杰作.

高木贞治的学生弥永昌吉(Shokichi Iyanaga)于1931年在东京帝国大学毕业,到过法德两国,跟随过阿廷,在1942年成为东京大学教授.他的学生众多,影响至巨.

日本在20世纪30年代以后60年代以前著名的学者有如下几位:

东京大学毕业的有:吉田耕作(Kosaku Yoshida,1931),中山传司(Tadashi Nakayama,1935),伊藤清(Kiyoshi Ito,1938),岩堀永吉(Nagayoshi Iwahori,1948),小平邦彦(Kunihiko Kodaira,1949),加藤敏夫(Tosio Kato,1951),佐藤干夫(Mikio Sato,1952),志村五郎(Goro Shimura,1952),铃木道雄(Michio Suzuki,1952),谷山丰(Yutaka Taniyama,1953),玉河恒夫(Tsuneo Tamagawa,1954),佐竹一郎(Ichiro Satake,1950),伊原康隆(Yasutaka Ihara);京都大学毕业的有:冈洁(Kiyoshi Oka,1924),秋月康夫(Yasuo Akizuki,1926),中野重雄(Shigeo Nakano),户田芦原(Hiroshi Toda),山口直哉(Naoya Yamaguchi),沟畑茂(Sigeru Mizohata),荒木不二洋(Fujihiroraki),广中平佑(Heisuke Hironaka,1953),永田雅宜(Masayoshi Nagata,1950);名古屋大学毕业的有:角谷静夫(Shizuo Kakutani,1941),仓西正武(Masatake Kuranishi,1948),东谷五郎(Goro Azumaya,1949),森田纪一(Kiiti Morita,1950);东北大学毕业的有:洼田忠彦(Tadahiko Kubota,1915),茂雄佐佐木(Shigeo Sasaki,1935);大阪大学毕业的有:村上真悟(Shingo Murakami),横田洋松(Yozo Matsushima,1942).

东京大学和京都大学的学者继承了高木贞治开始的传统,与西方学者一同创造了20世纪中叶数学宏大的基础,这些学者大都可以说是数学史上的巨人.

其中小平邦彦和广中平佑都是菲尔兹奖的获得者,他们都在美国有相当长的一段时间,广中平佑在哈佛大学得到博士学位,20 世纪 90 年代后回日本. 小平邦彦则在 1967 年回国,他在美国有 4 位博士生,而在日本则有 13 位之多,著名的有 K. Ueno,E. Horikawa,I. Nakamura,F. Sakai,Y. Miyaoka,T. Fujita,T. Katsura 等,奠定了日本代数几何的发展. 佐藤干夫的学生有 T. Kawai,T. Miwa,M. Jimbo 和 M. Kashiwara,都是代数分析和可积系统的大师. 永田雅宜的学生有 S. Mori,S. Mukai,M. Maruyama,其中 Mori 更得到菲尔兹奖.

2. 中国数学.

李善兰和伟烈亚力翻译卢米斯的《微积分》以后,数学发展不如日本,京师同文馆(1861 年创办) 和福州船政学堂(1866 年创办) 课程表都有微积分,但影响不大.

严复(1854—1921) 毕业于福州船政学堂后到朴次茅斯和格林尼治海军专门学校读数学和工程,却未遇数学名家. 容闳(1828—1912) 在 1871 年带领幼童赴美留学,以工程为主,回国后亦未能在数学和科技上发展所长.

甲午战争后,中国派遣大量留学生到日本留学,在 1901 年张之洞和刘坤一上书光绪皇帝:"…… 切托日本文部参谋部陆军省代我筹计,酌批大中小学各种速成教法,以应急需."

1906 年,留日学生已达到 8 000 人,同时又聘请大量日本教师到中国教学. 冯祖荀大概是最早到日本读数学的留学生,他在 1904 年就读于京都帝国大学,回国后,在 1913 年创办北京大学数学系.

1902 年,周达到日本考查其数学,访问日本数学家上野清和长泽龟之助,发表了《调查日本算学记》,记录了日本官校三年制理科大学的数学课程.

第一年:微分、积分、立体及平面解析几何、初筹算学、星学、最小二乘法、理论物理学初步、理论学演习、算学演习.

第二年:一般函数论及代数学、力学、算学演习、物理学实验.

第三年:一般函数论及椭圆函数论、高等几何学、代数学、高等微分方程论、高等解析杂论、力学、变分法、算学研究.

这些课程,除了没有包括20世纪才出现的拓扑学外,其内容与当今名校的课程不遑多让. 中国当时大学还在萌芽阶段,更谈不上这样有深度的内容.

周达又从与上野清交流中得知华蘅芳翻译《代数术》时不应删除习题. 周达的三子周炜良以后成为中国20世纪最伟大的代数几何学家.

现在看来,全面学习日本不见得是当年洋务运动的一个明智选择,日本在19世纪末、20世纪之交期间的科学虽然大有进步,但与欧洲还有一大段距离. 中国为了节省用费,舍远求近,固可理解,然而取法乎其中,鲜有得乎其上者.

紧接着中国开始派学生到美国, 其中有胡敦复(1886—1978) 和郑之蕃(1887—1963),前者在哈佛读书,后者在康奈尔大学再到哈佛访问一年,他们两人先后(1911 和 1920年) 在清华大学任教,1927 年清华大学成立数学系时,郑之蕃任系主任. 在哈佛大学读书的学生亦有秦汾,曾任北京大学教授,1935 年中国数学会之发起人中有他们三人,胡敦复曾主持派送三批留美学生,共 180 人.

1909 年美国退回庚子赔款,成立中国教育文化基金,列强跟进后,中国留学欧美才开始有严谨的计划. 严格的选拔使得留学生质素提高. 哈佛大学仍然是当时中国留学生的主要留学对象,胡明复(1891—1927) 是中国第一个数学博士,从事积分方程研究,跟随奥斯古德(Osgood). 第二位在哈佛读书的中国数学博士是姜立夫(1890—1978),他跟随库利奇(Coolidge),读的是几何学.

俞大维(1897—1993) 也在哈佛哲学系跟随谢弗尔(Sheffer) 和刘易斯(Lewis) 读数理逻辑,在1922年得到哲学系的博士学位. 刘晋年(1904—1968) 跟随伯克霍夫(Birkhoff) 在1929 年得到博士学位. 江泽涵(1902—1994) 跟随莫尔斯(Morse) 学习拓扑学,1930 年得到博士学位. 申又枨(1901—1978) 跟随沃尔什(Walsh) 学习分析,1934 年得到博士学位.

芝加哥大学亦是中国留美学生的一个重要地点,其中杨武之(1896—1973)师从迪克森(Dickson)读数论,1926年得到博士学位.孙光远跟随莱恩(Ernest Lane)读射影微分几何,1928年获得博士学位.胡坤升跟随布利斯(Bliss)学分析,1932年获得博士学位.此外在芝加哥获得博士学位的还有曾远荣和黄汝琪,先后在1933和1937年得到博士学位.

除了哈佛和芝加哥两所大学外,中国留学生在美国获得数学博士学位的还有:20世纪20年代,孙荣(1921,Syracuse)、曾昭安(1925,Columbia);30年代,胡金昌(1932,加州大学)、刘叔廷(1930,密歇根)、张鸿基(1933,密歇根)、袁丕济(1933,密歇根)、周西屏(1933,密歇根)、沈青来(1935,密歇根).

留法的博士有:刘俊贤(1930)在里昂大学研究复函数;范会国(1930)在巴黎大学研究函数论;赵进义(1927)在里昂大学研究函数论.

留法诸人中最具影响力的是熊庆来,他1926年到清华任教,1928年做系主任,1932年到法国留学,1933年获得法国国家理科博士学位后,在1934年回国继续任清华大学数学系主任.他的著名的学生有杨乐和张广厚,奠定了中国复变函数的基础.

德法两国当时的数学领导全世界,柯朗(Courant)在哥廷根大学带领了不少中国数学家,例如魏时珍(1925)、朱公谨(1927)、蒋硕民(1934),论文都在微分方程这个领域.

曾炯之(1898—1940)在哥廷根大学师从诺特(Noether),1934年得到博士学位,他的论文在数学上有重要贡献.程毓淮(1910—1995)亦在哥廷根得到博士学位,研究分析学.1935年夏,吴大任到德国汉堡,与陈省身第三次同学,在布拉施克教授指导下做研究,1937年回国.

留学日本的有陈建功(1882—1971),在东北大学师从藤原松三郎,研究三角级数,1929年获得博士学位;苏步青(1902—2003)在东北大学师从洼田忠彦,学习射影微分几何,1931年获得博士学位,回国后陈建功和苏步青先后任浙江大学数学系主任.苏步青的著名学生有熊全治、谷超豪、胡和生.留日的还有李国平、杨永芳、余潜修、李文清等人.

总的来说,中国第一批得到博士学位的留学生大部分都回国服务,对中国数学起到了奠基性的作用. 在代数方面有曾炯之,在数论方向有杨武之,在分析方面有熊庆来、陈建功、胡明复、朱公谨,在几何方面有姜立夫、孙光远、苏步青,在拓扑学方面有江泽涵.

江泽涵成为北京大学系主任,姜立夫在1920年创办南开大学数学系,孙光远成为中央大学系主任,陈建功成为浙江大学系主任,曾昭安成为武汉大学系主任.

通过他们的关系,中国还邀请到 Hadamard, Weiner, Blaschke, Sperner, G. D. Birkhoff, Osgood 等大数学家访华,对中国数学发展有极大影响力. 在此以前,法国数学家潘勒韦(Painlevé) 和英国数学家罗素(Russell) 在1920年和1921年间访问中国,但影响不如以上诸人.

紧跟着下一代的数学家就有陈省身、华罗庚、周炜良等一代大师,他们的兴趣意味着中国数学开始进入世界数学的舞台. 许宝騄在1935年毕业于清华大学,成为中国统计学的创始人,他的工作在世界统计学界占有一席地位. 在西南联大时,他们也培养了一批优秀的数学家,其中包括王宪忠、万哲先、严志达、钟开莱等人. 冯康则在中央大学毕业,成为有限元计算法的创始人之一.

稍后浙江大学则有谷超豪、杨忠道、夏道行、胡和生、王元、石钟慈等. 在"中央研究院" 时,培养的杰出学生还有吴文俊等人. 其中陈省身、华罗庚、许宝騄等都是清华的学生,也是我尊重的中国学者. 陈省身在海外的学生有廖山涛、郑绍远等. 华罗庚则在新中国成立初年回国后,带领陆启铿、陈景润等诸多杰出学者,成为新中国数学的奠基者.

与日本比较,中国近代数学的奠基可以说是缓慢而迟滞的,微积分的引进早于日本,却被日本反超. 这与日本政府在1868年明治维新公开要求百姓全面向西方学习有一定的关系. 中国人直到现在还不能忘怀"中学为体,西学为用" 的信念,因此在追求真理的态度上始终不能全力以赴.

菊池大麓等在英国除了学习几何和分析外,也将英国的绅士精神带回本国学术界,高木贞治师从德国大师,成功地将哥廷根的数学研究和研究方法传到东京大学,回国15年后,他本人的研究亦臻世界一流,他对数学的热情非当时中国诸公可以比拟.事实上,中国留学生在1935年以前的论文能够传世的,大概只有曾炯之的曾氏定理.不幸的是,曾炯之回国后未受到重视,很早就去世了.

从菊池大麓开始,留学生回日本国后得到政府重用,从基础数学做起,无论对中学还是对大学的教育都极为尽力(高木贞治以一代大师之尊,竟然著作中学教科书14本之多).到20世纪40年代已经有多样开创性工作,与欧美诸国不遑多让了.有一点值得中国注意的是,基本上所有日本的名学者在做副教授以前都到欧美访问一段时间,直接接触学问的最前沿.

日本的数学大师伊藤清、岩泽健吉、小平邦彦、加藤敏夫、志村五郎、佐竹一郎、广中平佑等,都是谦谦君子,谈吐言行都以学问为主题,弥足敬佩.

反观中国,早期学习西方,以应用科技为主,缺乏对数学的热情,一直到20世纪20年代,中国留学生还没有认识到当代最先进的数学,而在19世纪来华的传教士,对数学认识不深,中国学者没有寻根究底,始终未接触到学问的前沿.在教育年轻学者方面也不如日本学者.中国留学生在甲午战争后以留日为主,在庚子赔款早期则以美国为主,亦有到德法的留学生.

在20世纪早期日美数学远不如德法,而中国留学生却以日美为主,可见当时留学政策未有把握到求学的最佳方向.幸而这些早期留学生学成后都回国服务,到40年代中国数学已经奠基成功.

值得注意的是,日本和美国数学的迅速兴起和他们的学习方法有密切的关系.一方面接受英国式的绅士教育,一方面又接受德国式研究型大学的精神,在以研究为高尚目标的环境下,学者对学问投入浓厚的兴趣.

举例来说,中国留学生在哈佛留学的同时,哈佛的学生有惠特尼(Whitney)和莫尔斯(Morse)研习拓扑,莫利(Morley)和杜布(Doob)研究方程学和概率论,他们都成为一代大师,但他们的中国同学回国后在数学上的造诣不逮他们远甚.

新中国成立后在华罗庚教授带领下,中国数学在某些方向已经进入国际水平,“文化大革命”后则元气大伤,近30年来在本国产生的数学研究难与西方相比,而留学生中杰出者远不如陈省身、华罗庚、周炜良诸大师,又不愿全面回国. 本国培养的博士生,质素好的有相当大部分放洋去国,造成今日数学界的困境.

人才的引进需要与本国的精英教育挂钩. 美国大学成功的重要因素在于本科生和研究生的培养,也就是孔子说的教学相长,有大师而无杰出的年轻学生,研究是无法深入的. 没有做学问的热情,没有崇高的志愿,也不可能产生杰出的研究,这些热情不是金钱可以购买的.

这一段历史给我们看到很多重要的事情,求学必须到精英荟萃之处认真学习、不慕名利、教学相长、庶几近之.

近年来,中国高校学术抄袭、作假之事不断,这种学风不改,中国数学要赶上世界水平,恐怕还有相当长的时间.

然而政府已经决定对培养人才投入更多的经费,希望在公元2020年前成为人才大国,在经费充裕和年轻一代得到重用的背景下,我深信中国学术环境会有大改变,很快就会迎头赶上最先进的国家. 但是百年树人,一方面要大力投入,一方面也要有耐心,学问才能做好.

近年来韩国和越南政府开始大量投入基础科学的研究,据估计,明年世界数学家大会将会有从这些国家出身的年轻数学家得到菲尔兹奖. 他们的文化与中国息息相关,中国何时才能够在本土培养出这种水平的数学家,固然是政府和我们老百姓所关心的事情.

反过来说,得到国际大奖固然是一个重要指标,但在基础学问或研究上,我们要看得更远更崇高,才能成就大事业,儒家说“天人之际”,中国学者能够达到这个境界,始无负于古圣先贤的教诲!

作为一个中国数学家,看着我们有些有能力有才华的学者为了蝇头小利,竟争得头破血流,不求上进,使人感伤. 很多有权位的学者,更以为自己代表泱泱大国,可以傲视一切,看不起第三世界的学者. 然而“学如逆水行舟,不进则退”,学问的评判自有其客观性,我们面对有学问的专家时,自然知道自己的长处和缺点.

汉唐时代,中国不单是经济军事大国,也是文化大国,亚洲国家称中国为父母之国.经过60年的建设,中国终于成为经济大国,在世界强国环伺下,举足轻重.然而在数学研究上,我们远远比不上20世纪40年代和60年代陈省身、华罗庚领导的光景.

今日中国数学的前途,端赖于年轻一代数学家的培养,研究生的培养则溯源于中学生的教育.历史上数学名家都在30岁前发表过重要工作,望政府留意焉.

50年前我读《红楼梦》,虽然"不解其中意",但是贾宝玉说"何我堂堂须眉,诚不若彼裙钗哉?"使我感慨良深.

我们数学工作室长期致力于世界数学名著的引介工作,因为我们觉得这是一件有意义的事.一项研究人类长寿问题的结果表明:如果大脑无法永生的话,身体的长寿是没有意义的,所以真正的永生应该是多做有益的事情,让世界记住你的贡献.就像热门电影《寻梦环游记》里所说的那样:真正的死亡是世界上再也没有一个人记得你了.

刘培杰
2018.2.1
于哈工大

劳埃德数学趣题大全——题目卷1

劳埃德　编著

内容简介

本书是一本数学趣题经典,是由 Sam Loyd 精心编撰. 每道趣题都需要数学来解答谜题,有简单也有复杂. 有些谜题是经过长时间古老漫长的时间形成的,具有浪漫色彩和神秘色彩. 本书不仅具有趣味性还有很高的教学意义,通过学习找到乐趣,并通过乐趣加深学习.

序　言

萨姆·劳埃德(Sam Loyd),实名塞缪尔·劳埃德(Samuel Loyd),1841 年出生于美国费城的一户富裕人家,后在纽约长大. 曾向往做一名土木工程师,却又迷上了象棋(当然是国际象棋),于是这世界上就少了一名可能杰出的土木工程师,而多了一名不那么杰出的象棋选手.

这里说萨姆作为棋手"不那么杰出",是有根据的. 按马丁·加德纳的说法,萨姆"不擅长在正式比赛中下象棋"① 在

① 本文中所引马丁·加德纳的说法,均译自 *Mathematical Puzzles of Sam Loyd* 和 *More Mathematical Puzzles of Sam Loyd*(美国 Dover 出版公司,分别为 1959 年版和 1960 年版)的序言.

1867 年的巴黎锦标赛上,他不但成绩几乎垫底,而且还闹了个笑话:在一局棋走到第 8 步时,他宣称已形成杀局,对手也居然认输;但后来发现,对手不仅有解杀招数,而且赢面还很大. 棋风不够缜密,是因为他下棋时热衷于创造一种梦幻式的连环巧招,而不是直截了当地力图取胜. 如此看来,萨姆倒是一位“为技巧而技巧”的“象棋唯美主义者”.

另一方面,据一家名叫 Chessmetrics 的网站调查统计,在 1868 年 10 月到 1869 年 7 月之间,有 8 个月萨姆的月度世界排名是第 15 位;在 1868 年,他的年度世界排名达第 20 位. 这么说来,萨姆的象棋水平还是可以的,虽然没达到世界一流.

不管怎么说,萨姆·劳埃德的大名于 1987 年被请进了美国象棋名人堂. 有关的介绍说道:“他是一位杰出而多产的棋题作家和趣题作家,而且作为一名棋手,他获得了相当程度的成功.”① 原来,这世界并没有吃亏,因为多了一位杰出而多产的棋题作家和趣题作家.

棋题,英文为 chess problem 或 chess composition,大约相当于中国象棋中的“排局”(即在棋盘上摆出一个局面要求为某一方寻找必胜策略),但涵盖更广,它包括一切以棋盘为运作空间的题目. 趣题,英文为 puzzle,据《英汉大词典》,指测验智力等能力的题目(或游戏). 其实,凡题目,多少总有点测验某种能力的功能,而 puzzle 必须兼具挑战性和趣味性,激起或引起人们去解决它的欲望.

作为棋题作家,萨姆·劳埃德早在 1857 年就闻名遐迩,那时他才 16 岁,刚开始为《象棋月刊》(*Chess Monthly*) 主持一个棋题专栏. 请注意这本杂志的两位主编之一②菲斯克(Daniel Willard Fiske,1831—1904),是一位热心于象棋事业的学者,后来的康奈尔大学图书馆馆长. 他在萨姆成长为著名棋题和趣题作家的过程中起了十分关键的作用. 加德纳如此讲述道:“菲斯克常用一些不寻常的故事和轶闻把劳埃德的题目打扮起来,这种技巧,劳埃德后来在表述他的数学趣题时运用得极其有效.”

---

① 见 http://www.worldchessshof.org/hall-of-fame/us-chess/sam-loyd/.

② 另一位是莫尔菲(Paul Charles Morphy,1837—1884),当时的顶级棋手,公认的无冕世界冠军.

你看,本来就很唯美的萨姆,自然会让他的题目体现出逻辑思维方面的理性之美,而他又学会了用人文之美来装饰它们,那么他的题目只能用"美轮美奂"来形容了.

于是,作为趣题作家,萨姆·劳埃德得到了人们极高的评价——加德纳称他为"美国最伟大的趣题作家",首先发表福尔摩斯侦探小说的英国著名杂志《河岸》(*The Strand*)于1898年封他为"趣题家之王子"(the prince of puzzlers)①.(看来这世界不但没吃亏,而且还合算了.)大约从1870年开始,直到他1911年逝世,在这40多年的时间内,萨姆倾心于趣题(包括智力玩具)的收集、加工和创作,为人类智慧宝库留下了一批无价的瑰宝.1914年,他的儿子小萨姆·劳埃德整理出版了*Cyclopedia of* 5,000 *Puzzles*,*Tricks*,*and Conundrums*(以下简称Cyclopedia)一书——萨姆生前这40多年愉快工作的结晶.

1959年,加德纳从*Cyclopedia*中挑选了数学趣题117道,在文字上做了些修饰删改,又做了一些补充,加了一些评注,编成*Mathematical Puzzles of Sam Loyd*出版.1960年,他又从中挑选了166道数学趣题,经同样处理,编成*More Mathematical Puzzles of Sam Loyd*.它们的中译本,分别作为《萨姆·劳埃德的数学趣题》和《萨姆·劳埃德的数学趣题续编》,于1999年由上海科技教育出版社出版,让我国广大数学爱好者领略到了Cyclopedia的部分风采.

加德纳在肯定*Cyclopedia*是非凡作品的前提下,对这部巨著的编辑印刷质量有所贬责,而且宣称在选编了他的那两册书之后,"无论如何也编不出第三册了."加德纳所说的情况是否属实?*Cyclopedia*有几千道题目,除了那两册中一共连300道都不到的数学趣题外,难道其他的题目都不值得欣赏吗?

这次哈尔滨工业大学出版社刘培杰数学工作室将*Cyclopedia*一书以原貌出版,让我们得窥其全貌,读者自可做出自己的判断.但更重要的是,这一举措,让*Cyclopedia*这份西方益智文化中的珍贵历史文献,得以在我们东方的土地上流传,实乃一件功德无量的大好事!

---

① 见 http://en.wikipedia.org/wiki/Sam_Loyd.

初观 *Cyclopedia*,发觉除了我们说的趣题外,还有各种各样的字谜和画谜,甚至还有脑筋急转弯,真是琳琅满目,美不胜收. 当然,要真正赏读到它的妙处,还得花时间花工夫才行. 例如,随兴翻到了一道小题,译出来是:请用四个字母,表示出一个由四个词组成的句子,这四个词一共包含十四个字母. 答案就写在题目下面,不想看也看到了:IOUO. 乍看之下,一头雾水. 凝神一想,不禁拍案叫绝:原来是 I owe you nothing!

或许有人说,应该把 *Cyclopedia* 译成中文出版,以让更多的人阅读. 但是这件事有三个无法解开的结. 一是从总体上说没有能力:当今中国,这种普及性作品的英译中水平,坦率地说,大多数实在不敢恭维. 像把 Chiang Kai-shek(蒋介石)译成"常凯申"这样令人喷饭的事例,屡见不鲜. 二是有些地方没有可能:有些文字趣题和字谜,涉及英语单词本身的歧义、双关、谐音等特点. 例如,When can a moth grind corn? When he is a miller. 难道 moth(飞蛾)会是 miller(磨坊主)吗? 殊不知 miller 还有一个意思:蛾. 这里用到了 miller 的歧义. 易见这对问答只能在英语中用英语理解,硬要译成中文,就不知所云了. 三是有的时候没有作用:有些内容,译了也白译. 比方说上面那道小趣题,已经译成了中文,但要理解它,还是需要懂英语.

其实,中国现在学过英语的人很多,但是英语阅读能力怎样呢? 是不是需要经常地锤炼锤炼呢? 梁启趣在他的《东籍月旦·叙论》中说:"新习得一外国语言文字,如新寻得一殖民地. 虽然,得新地而不移民以垦辟之,则犹石田耳. 通语言文字而不读其书,则不过一鹦鹉耳."① 这一说法,不知读者诸君,特别是已通过所谓四级或六级考试的莘莘学子,以为然否?

朱惠霖

2015 年 7 月

于沪西半半斋

---

① 见《饮冰室合集》第一册,文集之四,82 页,中华书局,1989 年版.

PREFACE

The Cyclopedia of Puzzles presents to that legion(很多)of people,young and old,who delight in puzzle-solving,a comprehensive collection of puzzles garnered(积累)during many years of pleasant labor in the fields of Puzzledom. All the best of modern puzzle creations,as well as those of ancient origin, together with their solutions,are gathered in the Cyclopedia.

Almost every page may be regarded as a little family puzzle department in itself,containing as it does a variety of puzzles, simple and difficult,mathematical and otherwise. A lover of puzzles browsing through the pages,whether he be the veteran(老练的)solver or the youngster who is just beginning to agitate(鼓动)his grey matter with riddles and word puzzles,will find abundance to feed upon.

Puzzling is a pastime of very ancient growth,rich in historical associations,and embracing much that is romantic,as well as scientific. The Cyclopedia abounds in those classical tidbits(趣闻)which,collectively,give us as true a history of the art and literature of puzzledom as may be written.

I have always treated and considered puzzles from an educational standpoint(立场),for the reason that they constitute a species of mental gymnastics(思想训练)which sharpen the wits and train the mind to reason along straight lines. As a school for cleverness and ingenuity designed to make of study a recreation,and as an aid to both scholar and teacher,I dedicate this work to the school children of America.

SAM LOYD

代数数论

诺伊基希　著
陶利群　译

内容简介

本书是德国数学家 Jürgen Neukirch 的名著,包含了他早前的著作《类域论》(*Class Field Theory*)中的内容.本书从 Arakelov 理论的观点出发介绍代数数论的经典内容,如代数整数,赋值论,类域论,ξ - 函数与 L - 级数等.书中提供了许多具体的例子帮助读者理解抽象的概念,许多地方的评述极富启发性,对许多结果的处理简洁优美,总之这是一本系统、全面的现代代数数论著作,是一本适合代数数论入门和进一步深入研究的参考书.

编辑手记

这是一本德国人的作品.

德国波恩大学汉学系主任顾彬教授说:中国学者老是找借口,不想学,可是我们应该不停地学习,中国学者太舒服了.

这话虽然是讲给搞文学的人听的,但对搞数学的人也是有警示作用的.笔者对德国人的系统认识是始于一本叫《德国人》的书.

《德国人》是德国著名作家艾米尔・路德维希创作的一部

震撼人心的史诗,它刻画了德国从800年到20世纪40年代的盛衰史.这不是一部通常的编年史,而是通过对德国历史风云人物有血有肉的描绘,使读者似乎身历其境,重温千百年来的德国人历史.

作者怀着爱恨交织的心情,回顾德国人非同寻常的历史.他以挚爱的笔触探讨德国人为人类文明做出巨大贡献的奥秘.在他看来,浮士德身上永无休止的渴求精神,是德国人最大的动力.德国人正是以这种严肃认真、孜孜以求、永不满足的精神,攀登人类文化的高峰.

曾工作于德国西门子公司的高级工程师邓健在一篇名为《我相信德国制造》的文章中谈到中国与德国的差距:

> "我在某Top50德国制造业公司总部工作,与德国人一起,设计"制造业王冠"的复杂设备,我谈谈我的看法.
>
> "首先,工程制造是科学范畴,科学的核心应该是科学方法,而不是科学本身.
>
> "中国人一直以来犯的错误就是,觉得制造业好像就跟武侠剧里面的武功一样,找到一本秘籍,或者诀窍,就可以成为顶尖高手,如果没有,那肯定哪里不对,还有秘籍或者诀窍没找到.
>
> "我倒是感觉,科学方法比科学结果本身更重要,方法对了,是自然而然的好结果.当然,也需要积累.
>
> "制造业里面的科学方法,不管是多复杂的装备、设备,具体到任何设计的细节,其实那些知识、最低层的公式,大部分都是放之四海而皆准,机密的不多.那么为什么同样的理论基础,会设计出不同的东西呢?这里面就是方法论外加积累了,最开始的设计肯定都是粗糙的,然后呢,通过检验验证,知道如何改进,建立新的补充文档,设计规范,升版设计.如此积累上百年,升了无数的版本,建立了无数的补充设计、指导规范、设计文档,逐渐设计变得复杂,就开发了便于设计的软件,积累了无数公式、经验参数,这就是当前在产

品，以及中国人觉得很神秘的'研发能力'.

"中国人为什么没有深入的研发能力？因为我们很多产品的资料，都是近几十年通过市场换图纸得到的，没有过去的数据，不知道这当前的产品资料如何演变而来，而且，没有这种建立开发文档、逻辑化知识和累积知识的制度，所以大部分中国的研发沦为做PPT骗钱的.

"中国的制造业，尤其是顶级装备制造业底子太差，即使是大部分普通高校的老师，坦白讲也不懂什么，大家把各个高校顶级装备相关的教科书买回来对比下，就可以知道多么浅显，还有纰漏. 当然，顶级高校的除外."

由于语言的限制以及国内宣传的片面性，使得我们对德国的教育及学术有许多误解，以至于一直有一个流传很广的故事，说爱因斯坦小时候成绩不好，总得1分. 实际上，德国考试成绩评分为6分制——1分：sehr gut（优秀）；2分：gut（良好）；3分：befriedigend（中等）；4分：ausreichend（及格）；5分：mangelhaft（不及格）；6分：ungenuegend（差）. 爱因斯坦人家从小就很聪明.

德国的数论是有传统的. 从高斯、黎曼、狄利克雷到希尔伯特、诺特、库默尔. 近年来代数数论的大家也不断涌现，如阿廷、伐尔廷斯等人. 清华大学的冯克勤教授在一篇纪念陈省身先生的文章中提到：1985年6月在天津去合肥的火车上，陈先生一路上反复地说数论很"要紧"，并且说他20世纪30年代在汉堡大学听过赫克和阿廷的数论课，差一点就跟阿廷学习代数数论.

中国的代数数论与解析数论相比一直是一个短板，据冯克勤教授讲，1990年是南开数学所的代数几何学术年，当时国内研究代数几何与代数数论的不足二十人，尽管距以前已有非常大的进步.

在1995年香山会议上，时任中国数学会理事长的张恭庆院士列举了一组数据来说明中国数学的成就.

(1) 发表论文数:1949 年以前总共只有 342 篇,1949—1966 年间共约 1 800 篇,而今年光统计在国外较著名刊物上发表的论文每年就有 350 多篇,而国内出版的发表学术论文的刊物已逾 50 种,以每种平均每年 30 篇计算就有 1 500 篇.

(2) 在国外出版的专著:1980 年以前仅有 6 本,而 1980 年以后已有 100 多本.

本工作室一直致力于优秀数论著作的出版,在我国数论学家中除华罗庚先生的著作权已被某大社垄断外,其余著名数论学家的著作我们几乎都出版过,代数数论的也出过好几本,如冯克勤、潘承彪、陆洪文等大家的著作,本次出版是前面工程的继续.

中国目前是一个外国名词满天飞的国度,在朱岳的小说《万能溶剂》中有一段形象地描述了这一点:早晨醒来,我会吃一些朴素唯物主义,喝一点海德格尔主义. 打开窗,在悲观主义上跑一跑,然后坐上我的机械唯物主义加佛教赶到实验室钻研维特根斯坦,卖掉维特根斯坦,我就又有了符号学. 事实上,我还投资相对主义,储备实在论,引进理念论,私藏存在主义.

自然科学更是如此,而尤以数学为甚. 理应大量译介国外名著,但苦于译者的稀缺.

翻译之苦是众所周知的,由此就更需要理解外部世界的热情,而对于这种可以追溯到古代道场中的热情,清华大学国学院副院长刘东在一套丛书的总序里曾经这么说:

> "晨钟暮鼓黄卷青灯中,毕竟尚有历代的高僧暗中相伴,他们和我声应气求,不甘心被宿命贬低为人类的亚种,遂把翻译工作当成了日常功课,要以艰难的咀嚼咬穿文化的篱笆."

本书译者陶利群先生是一位真正对数论有兴趣的学者,他不仅热心向我们工作室推荐本书,还自告奋勇担当了本书的译者,这使得人们在对中国学界的一片不学无术指责声中看到了一丝真诚的希望.

美国塔夫茨大学营养学院院长在毕业典礼上讲:

“科研生涯需要焚膏油而继晷，却往往兀兀以穷年. 如果要在这条艰难的路上坚持下去，你必须热爱这个行业，只有这样，你才能在一次一次挫折后，热情(passion)依旧.”

刘培杰
2015年6月1日
于哈工大

解析几何学教程(上)

穆斯赫利什维利　著

《解析几何学教程》编译组　译

内容简介

本书系根据苏联国立技术理论书籍出版社(Государственное издательство технико-теоретической литературы)出版的,穆斯赫利什维利(Н. И. Мусхелишвили)著《解析几何学教程》(*Курсаналитической геометрии*)1947年第三版增订本译出. 原书经苏联高等教育部审定为综合大学数理系教科书.

本书的内容和性质是为使初学者明了将分析应用于几何学是有明确的普遍方法,并发展学生在这一领域内的技能,同时使学生习惯于矢量运算及行列式论和一次、二次方式论的实际应用.

本书适合于大学师生及数学爱好者参考阅读.

第三版序

本版在内容上和以前各版有很少的差别:只有第六章大部分是重新写的.

但叙述的次序,此次略有变更. 除了对这个教程的讲授顺序附加了一系列的补充说明外,并把那些对于初级学生不必要的材料作了更明显的划分. 我希望这样可以大大地减轻初学者学习这一科目的负担.

H. 穆斯赫利什维利
1945 年冬季
第比里斯

几点说明

写给大学生和教师们

1° 关于叙述的性质和内容的选择,我认为有加以说明的必要. 依我的意见,在数学、物理系等讲授解析几何的基本目的:是使初学者认识到将分析应用于几何,有明确的普遍方法,并发展学生在这领域内所必须巩固的技能. 如果不是为了这个主要目的,那么,叙述本教程中较小范围的几何事实便要比现在所占篇幅少得多.

此外,解析几何一课更应服务于两个附带的但十分重要的目的:使学生尽可能早些习惯于矢量运算,以及行列式论和一次、二次方式论的实际应用. 教学计划中的任何其他科目未必能够更好地达到这些目的.

我已慎重地考虑到所有这些要求,并设法不使教程负担过重.

2° 在写作供初级学生使用的任何数学教本时,必须对于逻辑的次序和实际教学上所要求的次序加以选择;更恰当地说,要在二者之间作适当的折中. 我不愿牺牲一些逻辑上的次序. 因此,教材是依照学生在第二次阅读或进一步复习时所应采用的顺序而编排的. 在初次阅读和讲授时,我建议作一些重新布置.

3° 在初次阅读本书时,有些节可以(而且最好) 暂时省略,留待以后初读,这将分别在各处注脚里声明. 其中较主要的如下：

本教程结构的基础在于根据著名的分类观念，把几何性质分为度量性质、仿射性质和投影性质. 但只有当初学者认识了一定的具体材料和获得某些必需的技能之后，他们才容易掌握这一观念. 因此，在本书开端，分类的观念只以模糊的形式出现，直到第三章的后部（§78）才把它交代清楚. 我以为分类观念的认识似乎应当推到更后一些. 为了照顾到这一点，我建议采取下面的次序来学习这个教程.

开头顺着第一章到第五章进行，删去第三章一大部分（即只保留这章 §64 至 §66），并删去第六章全章，直接进到第七章，在那里讲授圆锥截线的基本性质.

以后便要初读第三章所删去的部分，再进到第六章. 以后各章（由第八章开始）可按原编排的顺序进行讲授①.

4° 我这样编排教材，为的是使读者只须一旦掌握了关于投影坐标和投影变换的最普通的概念，便可理解文意. 而要掌握这些概念，又只须浏览第六章第三段 §176 至 §179 便够用了.

5° 至于书中所举的“习题”，要知道它们决不能用来代替专门的习题汇编的，这些习题仅是为了解释一些当时遇到的或有时随后跟着的个别命题和公式. 大部分习题非常简单，并未要求读者用任何创造性的才能去演算.

6° 书尾“附录”是关于一次和二次方式理论的初步知识，这对于明了书中的基本内容是必须的. 初学者可在个别地方碰到引证参考时去逐渐理解附录中的资料.

引言

解析几何本身的目的，就是利用计算或数学分析来做几何图形性质的研究.

正如我们下面所见到的，问题在于可以用各种方法，把一方面的几何图形和另一方面的数建立密切的联系，使得每个几

---

① 跟着在第七章学完二次曲线的基本性质之后，我们也可以马上进到第十二章的第一段，去讨论个别二次曲面的形状.

何图形或它的任何性质对应于确定的一组数字或数字间若干确定的关系.

人们可以创造很多方法去实现所述的联系,但从数学以及将数学应用到自然科学这一观点来看,其中只有少数几种值得注意.这些少数方法中最重要的是笛卡儿首先有系统地所应用的方法,故可说笛氏就是解析几何的创始人.

目前我们只要知道几何的形式和数的形式之间所存在的联系,能够用某种方法实现出来,也只要知道每一几何问题如此便可化为分析问题,这样便已足够了.

由这一点,已可想到解析几何应该起多么重要的作用:有了它才有可能使几何学利用大部分集中于数学分析上,特别是代数上的丰富的成果.不但如此,有些分析上的问题,一经化为几何图形的讨论,解答起来往往更加方便.这样一来,几何便成为分析的重要助手.例如许多代数问题都因有了几何的讨论才获得非常明确的解答.

习惯上"解析几何"这个名词所指的只是这科目中用到初等代数①的那部分.本书的标题也是依照这个意义命名的.

矢量的概念,在解析几何里是最有效的辅助工具(正如它在许多其他数学分支中一样).因此,本教程一开始便要叙述关于矢量的那些最必要的概念和命题.

① 这科目其他部分的名称为:微分几何,曲面论,等等.

数学解析教程(上卷)2

别尔曼特　著
张理京　译

内容简介

本书主要介绍了定积分,不定积分,积分法,旁义积分,积分的应用,级数,书中配有相关例题以供读者学习理解.本书语言简洁,内容丰富,讲解详细,题型多样.

本书适合大学师生及数学爱好者参考使用.

原　序

在这第六版中,本书经过相当多的修订,其首要目的是使本书能完全适合苏联高等教育部所颁布的高等工业学校新教学大纲(1950 年).

修订时著者面前摆着下列三项总的任务:

(1) 把属于哲学方法论上的以及属于历史性的知识放到教程里面去;

(2) 讲解一些为每个工程师所必需的知识,即关于近似计算法及实际计算以及关于帮助作那些计算所用的计算机;

(3) 从教学法方面来改进教本,并参照几年来的教学经验,克服教本上所发现的缺点.

著者在引论里面要简略讲到数学的起源问题,讲到数学的重要任务,讲到理论与实践间的相互关系,讲到俄罗斯伟大数学家(罗巴契夫斯基,切比雪夫) 以及其他杰出学者与大工程教学家(如茹科夫斯基,恰普雷金,克雷洛夫)在科学与工程发展史上的地位.

在预篇里,特别有一节讲近似计算法中的初等问题.本书后面处处尽可能讲到如何把理论应用到数值计算问题上.因此关于微分概念、有限增量公式、泰勒公式与级数等,对于各种近似值计算法的应用就讲得相当多一些.书中加了几小节关于普通方程的近似解法,函数的图解微分与积分法以及微分方程的近似积分法等.此外,著者还设法让读者认识一些重要的自动计算机及计算仪器(迄今所知,这在教科书性质的文献上还是个创举),在预篇的 §3 中要叙述那些处理各个数据的计算机,并且在本书后面适当的地方还要讲那些处理连续数据的仪器(积分制图器,测面器,积分计,测长计,微分及谐量分析器).

但在添加这些材料时,著者会避免把技术上的细节讲得太多,只能让读者去参考关于这方面的现有专门书籍以及每件仪器上通常都附有的说明书.著者只打算使读者对那些帮助作繁复运算的机械工具,了解一些大概.

现代科学与工程实践上的创造性工作都需要具有极高的数学知识,并且这不仅是指能够搬运公式,而主要的乃是需了解数学解析中各种概念与运算的本质.因此如何克服那个在数学中易陷入的以及在实际教学工作中易犯的"公式主义",如何克服那随之而来的对数学解析的肤浅学习,乃是我们最重大与主要的问题.著者认为如果按下列程序来拟教材结构的话,就可能正确地解决这个问题,这个程序是:实践 — 解析的基本概念 — 这些概念的性质(理论)— 计算方法 — 用法 — 实践.著者在这全部教程内一贯按这种程序来讲解,那样才可能指出数学与实践的联系.揭露其中一些基本概念的物质根源,并说明在解决具体的物理与技术问题时如何应用数学理论的明显原则.在所有这些要求下,著者当然有责任把本书中的每一部分弄得尽可能易于了解.

从讲解方面来改进本书的路线,是根据著者自身的经验以及用过本书的教授和教师们的许多意见得来的.首先,著者设法把长的以及繁复的一些讨论分成几段.其次,著者在内容方面重新做了各种穿插与编排,使教本的结构更有层次并且更加简单.

莫斯科航空学院高等数学教研组在总结对于本书初稿的讨论中,表明他们的希望,认为可以将有关定积分与不定积分的材料予以改编,以便毫无困难地按照任意次序进行这部分材料的讲授,先讲定积分后讲不定积分,或者颠倒来讲都行. 有些工学院里讲这几章时宁愿先讲不定积分,著者考虑到他们的愿望,因此也就做了这种改编. 最后,本书的全部材料都经重新仔细校阅过并且重写过.

除了上面所讲的以外,本书在各章节上还有如下的一些最重要的改动:

第 2 章中,加上均匀连续性概念,并证明了基本初等函数的连续性. 第 3 章中,把微分概念放在全部微分法之后再讲,并加上莱布尼兹公式. 第 4 章几乎所有各部分都重编过,里面提出了近似多项式问题,讨论了切比雪夫线性近似式(以及与零相差最小的切比雪夫多项式),讲解了曲线的接触度问题,然后引出曲率概念. 在第 6 章中,叙述了奥氏(奥斯特罗格拉特斯基,M. B. Остроградский) 的有理分式积分法. 第 7 章是新添的,讲直接应用于计算定积分的积分方法,讲(数值计算的及图解的) 近似积分法及旁义积分,并且关于后者的理论大为增加,这一章可以在依照第 5 章、第 6 章的次序讲完后再讲,也可以在依照第 6 章、第 5 章的次序讲完后再讲. 我们又把级数论(三角级数除外) 作为第 9 章,其中添入级数的运算法则,扩充了关于幂级数应用问题的材料,补充了一些复数的四则运算法及复平面上的幂级数. 第 10 章中搜集了多变量函数的导数及微分概念以及偏微分法的材料. 第 11 章讲微分学的下列应用:在对于所有关于函数的研究,在矢量解析及几何上的应用,其中最后几小节的材料增加得相当多. 第 13 章中把关于场论(势,流及环流) 的问题合并成一大节,这可以算是矢量解析的积分部分. 而第 11 章 §2 中的材料则可作为矢量解析的微分部分(梯度,散度及旋度). 在第 15 章中,我们导出了逐段光滑函数展开为傅里叶级数的充分条件,并叙述了具有有限个间断点及极值点的函数展开为这种级数的类似条件,此外又讲了克雷洛夫使级数收敛性加快的方法.

所有说明性质的例子及超出教学大纲中所规定的那些材料是用小字排印的.如果略去那些材料,后面用大字排出的各部分仍然可以了解,并无影响.

适用于这新订本的别尔曼特(А. Ф. Бермант)习题汇集也已修订(下略).

无穷小量的求和

纳汤松　著
越民义　译

内容简介

本书介绍了无穷小量的求和的基本内容以及该内容在各门数学中的应用,书中每一节都配有相应的例题与解答,以供读者更好地掌握相关知识.

本书适合于中学生、中学教师以及数学爱好者阅读参考.

序

积分学的确是难学的.因为照它现时的面貌,这门学问是许许多多非常复杂的观念互相交错的结果.

然而,积分学的基本观念本身(实际上,还是来自古代)——无限增加多个无限减小的项之和的极限——是非常简单而自然的.

要掌握这些观念并不要求过多的修养,同时这些观念的掌握,也是非常有益的,因为使得有可能去解决一系列重要的几何问题和物理问题,使得可以更深地去领会极限的观念并用作系统学习高等数学的绝好引导.

这本小书讲述了所说的观念以及如何把它运用来解决各种各样的具体问题.这里所包含的材料,是我不久以前对列宁格勒九年级和十年级学生所讲授的讲义的增订. 这材料在中学数学小组的活动中也可能有用.

И. П. 纳汤松
1953 年 4 月 13 日
列宁格勒

编辑手记

俗话道:雁过留声,人过留名.

本杰明·富兰克林说:"若要在死后尸骨腐烂时不被人忘记,要么写出值得人读的东西,要么做些值得人写的事."

本书作者纳汤松先生早已作古,连译者越民义先生都已 95 岁了,纳汤松在中国广为人知是得益于他的那本《实变函数论》.

回顾勒贝格创立积分论时,在西欧诸国引起关于病态函数的争论,一般人裹足不前,但叶果洛夫和鲁金却看准了这一生长点,抓住不放,捷足先登,做出了一批成绩. 然后在实变函数论研究上形成集体,构成学派,迅速跃入世界前列. 同时莫斯科学派并未停止在函数论领域内,而是扩大战果,四面出击. 在拓扑学、微分方程、概率论方面充分运用实变函数论的工具加以发挥,终于形成了新的高峰. 莫斯科学派的发展壮大,也是和十月革命以后社会主义制度的优越性分不开的,但是科学方法正确,路子对头,确实收到了事半功倍之效.

本来工作室是打算出版纳汤松先生的那本名著,但下手稍晚,高等教育出版社捷足先登,所以只好退而求其次,好在我们有适合的读者群. 据考证俄式的教学体系在中国的普及,文科是经由中国人民大学而传入,理工科则是由我们哈尔滨工业大学引进的.

杨乐院士在回忆北大求学经历时曾说:庄圻泰教实变函数论,用的是纳汤松(И. П. Натансон) 的书,这当然是本很不错的实变函数论的书,那时时间比较充裕,好像也没有什么政治上的干扰和限制. 我可以从图书馆里找到若干本比较好的实变函数论的参考书,比如蒂奇马什(E. C. Titchmarsh)和卡拉切奥多利(C. Carathéodory)的书,找到六七本实变函数的优秀教本,互相参照,认真学习,钻研与思考.例如对可测集这样的概念,是比较新颖的.在过去数学分析或者别的课程中间,很难想象得到,怎么要引入可测集和测度这样的概念.所以当时就对这些下功夫,对照若干本书来读,学习比较深入,归纳出可测集实际上关键是对零测度集的定义.对零测度集的定义,又归纳出六七种,甚至更多的等价性的条件.这样,对这些内容的理解和掌握就比较深入.

本书虽是一本老书但今天读之仍有价值.

2013年7月13日在台湾大学天文数学大楼张益唐接受季理真、翁秉仁的专访时,曾回忆说:

> "1971年,我16岁,回了趟上海看我外婆,那时是'文化大革命'后期,最疯狂的时间已经过去,稍微有点恢复,有些'文化大革命'前的书也重出了,'文化大革命'前中国的中学教育算是正规的.当时上海复旦大学夏道行写了一本书叫《π和e》,介绍这两个数,很薄的一本书,也许现在家里还留着.书中讲到π和e是无理数,我就想弄清楚为什么π和e是无理数.那时我已经会证e是无理数,但π是无理数不好证.至于为什么它们是超越数,就更想弄清楚."

数学书不过时,就看什么人以什么方式和什么心态来读,张益唐就是个好榜样.

刘培杰
2015年6月20日
于哈工大

量子力学原理(上)

布洛欣采夫　著
叶蕴理　金星南　译

内容简介

本书主要介绍了量子力学原理,共为10章.第1章量子理论的基础;第2章量子力学的基础;第3章力学量用算符的表示;第4章态在时间上的改变;第5章力学量在时间上的改变;第6章量子力学对古典力学和光学的关系;第7章表象的基本理论;第8章在势能场中微观粒子的运动理论;第9章带电微观粒子在电磁场中的运动;第10章电子的本征力矩和磁矩(自旋).

本书适合大学物理专业的学生和研究生、物理爱好者阅读和收藏.

第二版导言

这本《量子力学原理》的第二版,正如第一版(在1944年出版的《量子力学导论》),基本上是根据著者在以罗蒙诺索夫命名的国立莫斯科大学物理系多年授课的讲义而编成的.

这讲义的自然发展促使我在这第二版中做了许多修改和补充.

关于在量子力学中的态的概念以及关于测不准关系的讨

论的那一章曾经做了主要的修改,在这一版里说得更加清楚了. 在这新版中也讨论了量子力学的方法论的问题,并批判了现在国外流行着的量子理论的唯心观念. 此外,还增加了一些关于近年来量子力学应用的进一步发展的内容.

有如在第一版中一样,在本书中我试图使初学量子力学者对于这门科学的物理基础和数学工具有正确的了解,并且从这门科学的主要应用方面来说明它的成就.

和我在一起工作的同志们所提出的许多宝贵意见,使本书有很多改进,我向他们致十二分的谢意. 我特别要向德拉平娜(С. И. Драбина)、马尔科夫(М. А. Марков)、苏科洛夫(А. А. Соклов)、苏伏洛夫(С. Г. Суворов)、费恩贝格(Е. А. Фейнберг)致谢. 莫斯科大学哲学讨论会上的讨论和苏联科学院理论物理研究所内的讨论,为本书最后一章的完成提供了很大的帮助.

我还要向莫斯科大学物理系的学生们致谢,他们曾协助修正第一版的误刊和其他错误的地方.

绪 论

近数十年来,原子现象的科学不但在近代物理学中成为重要的一章,并且在近代技术中也获得广大的应用.

就最表面来看这特别的原子现象领域,已经可以发现新的特点,这种特点和在宏观世界领域内所看到的特点有本质上的区别.

我们首先在微观世界中所碰到的是原子性. 简单的基本粒子完全由一定的特征(如电荷、质量等)标记着,凡是同样的粒子所有的这些特征都是相同的.

像这样的原子性在宏观世界中是不存在的. 宏观物体是许许多多基本粒子的集合,宏观现象的规律也就是许许多多粒子的集合所特有的规律.

这些都指明假使用研究宏观物体的类似方式来研究微观粒子,那就要犯方法论的错误. 在古典力学中的物质点是具有抽象的、理想的形态,这完全不是微观粒子,而是宏观物体,它的大小与在问题中所涉及的距离来比要小得多.

微观世界的原子性不仅在于微观粒子有一定的特征,它同时也由力学运动的某种绝对度量的存在所表现出来.这种度量就是普朗克(Plank)常数$h = 1.05 \times 10^{-27}$ erg·s.这常数在微观粒子的力学中具有头等重要的意义.物理学家久已疏忽了由量变到质变的规律,并且试图把原子现象的观察保留在古典宏观理论的范畴中.普朗克常数的发现是第一次严重地警告:把宏观领域中的定律机械地搬到微观领域中去是没有根据的.

在20世纪的20年代发现了许多新奇的实验事实,这些事实迫使人们彻底放弃了这条路径.曾经指明的是电子表现着波动特性:如果电子束通过晶体,那么这些粒子在屏上面的分布就好像是具有适当波长的波的强度的分布.我们得到在古典力学中所没有的微观粒子的绕射①现象.后来又证明了这种现象不但为电子所具有,而普遍地为其他一切粒子所具有.这样,就发现了一种原则上新颖的并十分普遍的规律.

微观粒子的运动在很多方面看起来与波的运动较近,而与质点沿轨道的运动较远.绕射现象和粒子沿轨道运动的假定是根本不相容的.在古典力学中轨道概念是基本观念之一,所以用古典力学的原理来分析微观粒子的运动是不适当的.

对于微观世界的个体应用"粒子"这个名词时,使我们要联想到这种粒子与古典力学的物质之间的相似性,但要知道实际上它们之间是差得很远的.

在本书中的许多地方,我们为简单起见用"粒子"来代替"微观粒子",那时必须注意上面的说明.

古典力学只是某种近似,它适于研究质量大的物体在变化很小的场(宏观场)中的运动.在这些条件下,普朗克常数没有重要性,可以认为它是小得可以忽去.绕射现象也变成不主要.在尺度小的领域内(在微观世界的领域内),量子力学代替古典力学.这样,微观粒子的运动是量子力学所研究的对象.

量子力学是统计的理论.例如,利用量子力学可以预言从晶体反射到照相板上的电子是怎样平均地分布的,但是对于每

---

① 我国现有人把"绕射"改称"衍射".

一个个别电子所射到的位置,则只能给出几率性的判断:“某处发现这电子的几率若干.”

这和我们在统计力学中所碰到的情况相似.但是量子力学和古典统计力学之间还有深刻的差别.

古典统计力学是建立在牛顿力学的基础上的.牛顿力学可以描述每一颗粒子的历史,以致原则上可以给出每一个个别样品的历程.

和统计力学相反,近代量子力学不是建立在任何个体的微观过程的理论上的.它一开始就和统计集合 —— 系综 —— 打交道.这些统计系综是用宏观的古典物理学的特征(如冲量、能量、坐标等)来确定的.所以在量子力学中说到微观现象再发生,例如同一实验的重复,那就是指微观物理现象的宏观条件的再产生,即指同样的统计系综的实现.

因此量子力学是在微观粒子对于宏观测量仪器的关系上来研究微观粒子的统计系综.用这些宏观测量仪器可以确定所谓“粒子的态”,即固定统计系综.

在上述所提问题的范围内,量子力学是在 20 世纪原子物理学发展中的巨大成就,现在原子物理学已经超出物理学的界限而蹈进新的工程技术的领域内了.

编辑手记

本书是笔者先在旧书店发现的德文版.

藏书家瓦尔特・本雅明在“打开我的藏书:谈谈我的收藏”一文中写道:“一本书最重要的命运就是与收藏家遭遇,与他的藏书会际.对于一个真正的收藏家,获取一本旧书之时乃是此书的再生之日.”

笔者由于经常到天津组稿,加之对老版书感兴趣,所以经常流连于天津古文化街的旧书市,在这众多的旧书店中以一家名为“阿秘书店”的小店最为专业,但正因其专业所以定价奇高(或可以说是精准).几年前就发现有一本德文版的书很吸引人,其浅蓝色的布面精装,优雅的版式,精良的纸张令人向往,遂生占有之意.内容早知是量子力学,但不知是哪本名著,后做足了功课后方知是布洛欣采夫的《量子力学原理》(原版书的部分扫描图如图1 ~ 7所示).

HOCHSCHULBÜCHER FÜR PHYSIK

HERAUSGEGEBEN VON FRANZ X. EDER UND ROBERT ROMPE

BAND 4

GRUNDLAGEN DER QUANTENMECHANIK

VON D. I. BLOCHINZEW

Professor an der Staatlichen Lomonossow-Universität, Moskau

1953

DEUTSCHER VERLAG DER WISSENSCHAFTEN

BERLIN

图1　封面

Vorwort zur zweiten Auflage

Die zweite Auflage des Buches „Grundlagen der Quantenmechanik" stellt ebenso wie die erste (1944 unter dem Titel „Grundlagen der Quantenmechanik" erschienen) im wesentlichen einen Zyklus von Vorlesungen dar, die der Verfasser während einer Reihe von Jahren an der physikalischen Fakultät der Moskauer Staatlichen Lomonossow-Universität gehalten hat.
Die weitere Entwicklung dieses Lehrgangs bewog mich, in die zweite Auflage eine Reihe von Änderungen und Ergänzungen aufzunehmen.
Wesentlich geändert wurde das Kapitel, das den Begriff eines quantenmechanischen Zustands und die Diskussion über die Unbestimmtheitsrelationen behandelt; es hat eine klarere Fassung erhalten. In der neuen Auflage werden auch methodische Fragen berücksichtigt und die idealistischen Konzeptionen der Quantentheorie, die zur Zeit im Ausland verbreitet sind, kritisiert. Außerdem sind noch Nachträge aufgenommen, die dadurch erforderlich wurden, daß sich die Anwendungen der Quantenmechanik im Laufe der letzten Jahre weiterentwickelt haben.
Wie schon in der ersten Auflage, war ich in diesem Buch bemüht, dem Anfänger beim Studium der Quantenmechanik die richtige Auffassung ihrer physikalischen Grundlagen und ihres mathematischen Rüstzeugs zu vermitteln und auf die Fruchtbarkeit dieser Wissenschaft in ihren wichtigsten Anwendungen hinzuweisen.
Die Vervollkommnung dieses Buches wurde weitgehend durch zahlreiche Diskussionen von seiten meiner Kollegen, insbesondere S. I. Drabkina, M. A. Markow, A. A. Sokolow, S. G. Suworow und J. A. Feinberg gefördert, wofür ich ihnen besonders dankbar bin. An der Ausarbeitung des letzten Kapitels hatten die Besprechungen im philosophischen Seminar der Moskauer Staatlichen Universität und mit den Theoretikern des Physikalischen Instituts der Akademie der Wissenschaften der UdSSR erheblichen Anteil.
Auch den Physikstudenten der Moskauer Staatlichen Universität, die behilflich waren, Druckfehler und andere Mängel der ersten Auflage zu beseitigen, spreche ich meinen Dank aus.

图 2　第二版前言

Inhaltsverzeichnis

VI

图3　目录1

图4 目录2

图5 目录3

IX

图6 目录4

图7　目录5

在购买到了原书之后开始寻找翻译版,因为本书曾经是由以罗蒙诺索夫命名的国立莫斯科大学物理系多年授课的讲义而编成的,所以经多方搜寻又寻到了此中文版,自然又是花费不菲,但为了使其重见天日,那又算得了什么呢.

范用的《存牍编览》(北京三联,2015),收集了 103 位文化人写给他的 375 封信,内中颇多文坛掌故. 如黄裳说巴金:"对世界文学的修养与泛览,…… 是巴金的极重要特点. 他看得极多,非常用功,记忆力强,学过许多种文字. 他的藏书是非常多的(百分之七十是外文书). 他收藏的法国大革命的史料文献据说在远东是第一或第二位(或仅次于日本)." 又如叶圣陶委托范用给他从香港买书:"沈从文先生的《中国古代服饰研究》为具有独创精神之著作,我久欲买一部而未知其何处出版,近得黄裳同志告知,系香港商务出版,其价合人民币 120 元. 因此欲奉托您请香港三联代购一部……" 这是 1982 年写的信,当时的 120 元,估计得相当于今天的万把块钱吧?

量子力学是人类精神领域的一个瑰宝,但它极难被理解与接受,就连爱因斯坦这样的天才人物都终生拒绝接受. 刚刚读完西北农林科技大学理学院林开亮在《数学文化》(2015 年第 6 卷第 3 期) 所写的"戴森传奇". 其中说到戴森在剑桥大学接受狄拉克教诲的逸事. 作为量子力学奠基人之一,狄拉克在 1931 年出版了《量子力学原理》,这本书后来成为物理学的圣经之一,戴森总是在课堂上提问,狄拉克往往需要停顿很久才能答复他. 有一次狄拉克不得不提前下课,以便准备正确的答复.

目前在中国最火的科普书莫过于刘慈欣的《三体》,而量子力学正是刘慈欣需要恶补的基础. 1985 年对刘慈欣而言有几场重要的阅读. 首先是他看了他能找到且可以读下来的关于量子力学的全部著作,包括朗道、狄拉克、薛定谔、海森堡等人的理论. 他把它们与他大学时曾花长时间钻研的狭义相对论并列,视之为确立自己价值观的两大基石. 在此之前,他也曾试图在哲学中寻找世界的依据,"读过康德的第一批判",对他而言几无收获. 而狭义相对论和量子力学提供的两套本身冲突的价值观 —— 在他这里却毫不犹豫地被接受下来,"这是一个矛盾,确实." 刘慈欣说. 但他必须承认,他同时成了因果链和打破因果链、确定性与不确定性的信徒.

本书作为一部严谨的名著,它有许多特点,当然评价一本科学著作时有许多重要的指标,有些指标是非本学科专家所不能置喙的. 而有一些则是通用的标准. 比如一本严谨的科学著作一定会有许多脚注,脚注不是批注. 不是许多政要附庸风雅读的所谓毛泽东批注的二十四史,脚注是作者所为而非读者所为,正如格拉夫敦说,脚注是科学和学术实践中一个常见的组成部分,"在经年累月的博士论文撰写过程中,学生们从制造脚注的手工作坊提高到了工业生产阶段,在每个篇章中都点缀了上百条甚至更多的参考文献". 很多人看书时根本不会仔细看那些密密麻麻的脚注,那脚注为何还会存在呢? 格拉夫敦说,脚注有两种功能. 首先,能证明论著的作者挖掘出了该书的根基,在正确的地方发现了其中的组成要素,并用正确的技巧将它们穿插到了一起."脚注确认了该篇著作是出自一位专业人士之手. 就像牙科医生的钻头产生的高倍嗡鸣一样,历史学家笔下的脚注所发出的低吟使读者放心,脚注所带来的沉闷如同钻头下的疼痛,是为了享受现代科学和技术所带来的好处而必须付出的一部分代价." 脚注就像牙科医生挂在墙上的文凭一样,它证明历史学家是足够优秀的行业人士,值得请教和推荐.

再一个是它是否经受过历史的洗礼和众多专业读者的审视. 本书曾在莫斯科大学长时间的当作教材被使用,莫斯科大学的数理水平之高历来被世界所瞩目. 在 20 世纪 50 年代被引入我国(在去年中国那场令人瞠目的股灾中就有莫斯科大学数理专业高才生的身影),各大名校当作教材或教学参考书,但那是 20 世纪 50、60 年代的事了,后来有了很大的变化. 在一次会议上国家教委高教一司夏司长直截了当地指出了高校教学方面的弊端,风趣地把当时的教学弊端主要表现概括为"蒋宋孔陈"四大家族:"蒋"(僵)—— 教学思想僵化,"宋"(松)—— 教学体系松散,"孔"(空)—— 教学内容空泛,陈 —— 教学课本陈旧. 与会者发出了会心的笑声.

如果说大学是一个工厂,学生是它的产品,那么教材应该是它的模具,以粗劣低级的模具是万万做不出好产品的. 我们的问题是许多教师在职称评定的压力之下弃公认的国际优质模具不用而代之以自己粗制滥造的山寨版的模具,差一点的学校由于其原料(刚入学的学生)不精所以不易被发现,但那几所自称要创世界一流的自我感觉良好的大学就不同了,以至于全社会都出离愤怒,甚至有老学者发出了:"聚天下英才而毁之"的吼声.本书是苏联的优质教材.苏联的人才培养一直是世界的楷模.由于苏联体制的失败及经济的崩溃,使国人产生的误判,以为人家真不如咱们了,殊不知这是一种穷人乍富式的短视,正如学者刘孝廷在一次研究会上的发言所说:苏联解体后,在俄罗斯曾一度出现对苏联的整个理论遗产包括科技哲学全盘否定的思潮.1998年,《哲学问题》杂志主编列克托尔斯基(B. A. Лекторский)院士在《哲学并未终结》一书中指出,在一些人看来,"往好了说,苏联哲学家是一帮蠢人;往坏了说,它们就是一群帮凶",所以在俄罗斯要研究哲学就得"从零开始,另起炉灶".改革开放以来,由于我国思想界和学术界主要关注苏联模式的弊端,也由于这一领域研究的空白,国内学术界流行的观点同样是把苏联时期的哲学和官方的"教科书马克思主义"完全画等号,认为其中没有任何亮点.有某个以研究俄罗斯闻名的大学,竟有学者公然宣称:"研究苏联哲学就是在旧棉花套子上再戳几个窟窿."孙慕天教授曾说过,这种观点就像当年莱辛对那些无知妄人的批判,"对待斯宾诺莎好像对待一条死狗一样."而据我所知,即使在那时,就有一些俄罗斯学者对这种倾向提出匡正,列克托尔斯基指出:"我国哲学生活的图景是非常有意义的和十分复杂的."事实上,从20世纪60年代苏联科学哲学中崛起的一批持"异端"见解的少壮派学者,正是从哲学上挑战正统的教条主义,是改革的哲学先驱,被列克托尔斯基称作"六十年代人",他们代表的哲学思想运动具有举足轻重的历史地位.

出版本书的目的是为了使苏联的学术精品在中国广为流传,为中国大学的物理教学增添一点经典的元素,使之不全是职业培训基地,不全是实用技术研发中心,不全是留学预科,不全是延迟就业的缓冲平台,不全是政商精英镀金的场所.在最后笔者最想引用柏林大学的创办者,也是德国近代高等教育的改革者威廉·冯·洪堡曾经说过的一段话,作为本文的结尾:

“国家绝不应指望大学同政府的眼前利益直接联系起来,却应相信大学若能完成他们的真正使命,则不仅能为政府眼前的任务服务而已,还会使大学在学术上不断地提高,从而不断地开创更广阔的事业基地,并且使人力物力得以发挥更大的功用,其成效是远非政府近期布置所能意料的.”

刘培杰
2016年1月1日
于哈工大

重刚体绕不动点运动方程的积分法

戈卢别夫　著

何衍璇　张　燮　译

内容简介

本书的内容为叙述近代复变函数论的方法对于力学的一个特殊问题(重刚体绕不动点运动的问题)的应用,也就是微分方程的解析理论的方法对于动力学方程的积分法的应用.

本书大体分为:第一部分,讲理论力学的基本知识;第二部分,讲重刚体绕不动点运动的各种情形以及在这些情形之下的积分法;第三部分,讲的是复变函数的基本知识;最后一部分提到运动方程积分法的某些补充.

本书可供数学、力学、物理各专业的一般参考之用.

序　言

多年以来,作者在莫斯科国立罗蒙诺索夫大学对本科生与研究生作过多次演讲,本书即根据这些演讲而写成,也是《微分方程的解析理论讲义》的续篇. 本教程的内容,是将解析函数论的方法与微分方程的解析理论的方法应用于古典的力学问题 —— 重刚体绕不动点的运动问题.

在编写本教程时,作者抱着这样的目的. 在数学的发展中,有一种问题占着主导的地位,此种问题在使数学的内容近代化,特别,在将最普遍的问题与结论添到数学里去. 在近代教育学中,也有同样的趋势. 按照克莱因的天才的说法,数学的许多部门,颇为类似于制造大炮与其他武器的兵工厂的武器模型的陈列窗;尽管发明家们发挥了极大的智慧,但是一旦发生了真的战争,这些新奇的武器往往会由于各种原因而不适用,因此一切都要重新做过,并且要考查到实际情形的各种特点.在数学的近代教学法中,也有很相似的情形;学者们亲手做出了非常完备而有力的数学研究工具,在他们的毕业论文与博士论文中,学者们往往参与了发展与改进数学的工作,但他们以后却一点也不知道,在什么地方与如何用这些有力而聪敏的方法来解决整个科学的基本问题——认识环绕我们的宇宙以及人类的创造力对于它的影响的问题.柴霍甫(А.П.Чехов)当年曾经说过,如果在剧本的第一幕里面出现了一支枪,那么至少在第三幕里面它是要发射的.这种说法对于数学的教学法也完全适用:如果教了学生某种理论,那么迟早总要指出来,这种理论在力学、物理、工程以及其他部门中究竟有什么用.

从这种观点来看,重刚体的运动问题在由著名的柯瓦列夫斯卡雅的研究所得到的那个方向,是具有独到的丰富材料的.学者由这里非常容易指出,古典力学的问题乍一看来与纯粹数学的问题相距虽然很远,但它们之间却有极其密切的关系;但后者的问题是:黎曼曲面的理论,泽塔函数,超椭圆积分的反转法问题,微分方程论中的微小参数法,等等.

在本书内,作者推演了解决力学问题所必需的纯粹解析理论,并指出它们是用来解决力学问题而获得成功的工具,这是本书的特点之一.我们知道,在重刚体绕不动点运动的理论中,虚拟运动的任何研讨是占着本质的地位的.这种研究开始于卜安索(Poinsot)的古典著作,其后19世纪有许多学者继续研究而做了许多工作,特别是茹可夫斯基(Н.Е.Жуковский),阿别里罗特(Г.Г.Аппельрот),贾普利金(С.А.Чаплыгин)的美妙的结果;这些结果是讨论阿别里罗特-赫斯(W.Hess)情形、С.В.柯瓦列夫斯卡雅情形以及歌里雅切夫(Д.Н.Горячев)-贾普利金情形中的运动的几何解释的,它们都不在本书的范围以内,因为本书专讲问题的解析方面.读者如果打算由几何的观点来补充这种问题的研究,可以参看苏斯洛夫(Г.К.Суслов)的专著《理论力学》以及Н.Е.茹可夫斯基、Г.Г.阿别里罗特与 C. A. 贾普利金的专门研究,其中有详细的叙述.

在编辑本书与准备付印时, 吉西涅夫斯基(Кишиневский) 大学的老教师柯洛索夫斯卡雅(A. K. Колосовская) 以及莫斯科大学的许多本科生与研究生都出了很大的力,他们提出了不少的意见. 又布洛赫(Э. П. Блох) 在正文中做了许多重要的修正. 作者在此谨向他们衷心地致谢.

戈卢别夫

引 论

关于重刚体绕不动点运动的研究的问题,与另一个所谓三体问题的古典力学问题同为理论力学里面的最有名的问题之一. 这两个问题之所以有名,是因为它们是一些问题的直接推广,而这些问题是可以完全解决的,并且只须利用极为简单的古典数学分析的工具;又这两个问题都有重大的困难,虽然在十八九世纪中,有许多数学家在解决它们的时候得到了不少的美妙的结果,但是距离完全解决的境界还远得很. 三体问题,或者在一般情形之下的 n 体问题,是两个受牛顿引力作用的物体的运动问题的直接推广;后一个问题牛顿早已美妙地完全解决了,但三体问题却非常困难,一直到 20 世纪,在庞加莱、松德曼以及其他等人的工作中才得到了部分的克服. 同样,重刚体绕不动点的运动问题,是摆的振动问题的自然推广;这里也和上面一样,摆的振动问题已经利用近代的数学工具而美妙地完全解决了,但重刚体绕不动点的运动问题却不然,尽管欧拉、拉格朗日、泊松、卜安索以及更近代的 C. B. 柯瓦列夫斯卡雅、庞加莱和其他的许多近代学者都得到了很美妙的结果,但距离完全解决的境地还非常遥远.

关于刚体绕不动点运动的问题,最初的结果远在 18 世纪的 50 年代便已经得到了. 当时欧拉导出了著名的以他的名字命名的方程,并指出了当支撑点是物体的重心时的最简单情形;但一直过了 80 年之久,卜安索才将欧拉的运动情形做了美妙的几何解释. 其后雅可比利用他所创造的椭圆函数论而给出了欧拉情形下的运动方程的完全积分法；又拉格朗日也指出了这个问题的一种特殊情形的解法，此种情形后来会为卜瓦松所研究.

在上列作者的著作以后，有很长的一个时期，关于这方面并未有任何本质的进一步的结果 —— 虽然数学家们经常注意到这个问题，而且巴黎科学院还设立了特别的波尔登奖金，来奖给对这个理论有本质的贡献的人. 一直到1988年，才初次跨了具有决定性的一步，当时巴黎科学院的波尔登奖金奖给了C. B. 柯瓦列夫斯卡雅的论文；这篇著作标志着上述问题的解法中的重大进步.

表面上看起来，这里对于力学问题的解法初次利用了近代的复变函数论的观念（这种观念是柯西、黎曼、维尔斯特拉斯以及其他学者所创造的）；此外，在所论问题的方程的积分法问题中，得到了新的原始产品，这种产品足以决定所谓微分方程的解析理论. C. B. 柯瓦列夫斯卡雅的著作的主导观念是这样的. 在所有以前的熟知的情形下，重刚体绕不动点的运动方程，其积分均为在变量 t 的整个复数平面上的单值逊整函数，原因是这种积分可以用椭圆函数表示出来. C. B. 柯瓦列夫斯卡雅在她的著作中提出了下面的基本问题：

求出一切使重刚体的运动方程的积分为变量 t 的整个平面上的单值逊整函数的情形.

问题的这种提法，是原有力学问题的本质的扩张，并且这种扩张只有纯粹数学的特性而无任何力学的意味. 事实上，就力学的观点而言，解答当然要是单值的，因为在力学上不可能有这种情形，在同样的初始条件下，发生不同的运动；但由于力学问题中的时间是实数，所以任何多值函数都可以满足这种条件，只要它们的临界点不在实数轴上即可. C. B. 柯瓦列夫斯卡雅对于积分所做的逊整性的限制，其力学根据更少. 就力学的观点而言，我们没有任何根据来对方程的积分做出任何限制，除了在力学中的时间所变化的实轴上以外.

C. B. 柯瓦列夫斯卡雅在这个问题中，首先作了这样的扩张：考虑函数在变量 t 的整个复数平面上的展开式. 这是原有力学问题的美妙的纯数学的扩张，此种扩张对于近代复变函数论在实际问题中的应用而言,是非常突出的一点;这种观念后来被利用了而且得到完全的成功. 例如庞加莱以及稍后的松德曼在三体问题中,又 H. E. 茹可夫斯基与 C. A. 贾普利金在应用空气动力学中都这样做过①.

C. B. 柯瓦列夫斯卡雅将时间看作复变量的这种概念,使得成熟而优美的复变函数论的工具能够进一步地应用于研究中,在这方面,它标志着近代分析方法在力学中的应用的新纪元.

事实证明,这种观念使 C. B. 柯瓦列夫斯卡雅得到了美妙的结果:除了古典的情形以外,C. B. 柯瓦列夫斯卡雅的条件在另一种特殊情形之下也能成立,此时积分也是在变量 t 的整个复数平面上的逊整函数. 用这种纯数学的方法又找出了一种情形,使得重刚体绕不动点的运动方程能有完全的积分法. 像 C. B. 柯瓦列夫斯卡雅所指出的,在她所发现的情形下,方程组除了具有古典的代数的第一积分(动量积分与动能积分)以外,还有一个特殊的代数积分;而由古典的研究可知,在重刚体绕不动点的运动方程的积分法的所有以前已知的情形中,也都有这样的情况发生. 现在,从这种积分的存在性即可使问题得到完全的积分法——此点由雅可比的所谓后添因子的古典研究可以推出来.

由 C. B. 柯瓦列夫斯卡雅的著作,又引起了第二个原则性的重要问题. 严格说来,积分的逊整性条件与方程组能够完全积分的可能性并无直接的联系. 但现在由于多得了一个积分,便使方程完全可积. 于是与 C. B. 柯瓦列夫斯卡雅的研究有关,又发生了原则上很重要的问题:在何种条件下,重刚体绕不动点运动的方程具有一个附加的第一积分,而且它可以简单地表示出来,也就是说,它是变量的代数函数或者单值函数?

在与 C. B. 柯瓦列夫斯卡雅的研究同时,布隆斯解决了三体问题中的类似的问题,他证明了,除去古典的积分(也就是面

---

① 在机翼的理论中,机翼断面的最初形式并不是由力学的论据来决定的,而是由保角映照的实施的可能性来决定的.

积积分与动能积分) 以外,在三体问题或者更一般的 n 体问题中,别无其他的第一积分存在.

对于重刚体绕不动点运动的问题而言,这种类似的问题已经被庞加莱、海顿以及其他诸家的研究所解决. 此时事实告诉我们,只有在古典情形与 C. B. 柯瓦列夫斯卡雅的情形下,也就是说,当方程的积分是逊整函数的时候,才有第四个单值积分存在. 一直到目前我们还不知道,这种情形究竟是偶然的还是有这样的一般定理存在:微分方程组具有单的第一积分的必要条件是,它具有可以用逊整函数表示出来的通积分. 班勒卫(P. Painlevé) 曾经注意到这个问题的重要性

本书讲的便是上列作者所得到的结果. 这样,本书的内容即为叙述近代复变函数论的方法对于力学的一个特殊问题(重刚体绕不动点运动的问题) 的应用,也就是微分方程的解析理论的方法对于动力学方程的积分法的应用.

解析数论问题集
（第2版）

默尔蒂　著
郑元禄　译

内容简介

本书是课后大约500个解析数论习题的汇编，同时也是解析数论的基本教程. 全书共分为两部分：习题与解答. 读者可通过这些习题学习解析数论的一些重要方法，了解解析数论的研究领域.

本书可供大专院校数学系学生及相关的学科工作者阅读.

编辑手记

世界著名的普林斯顿高等研究院（Institute for Advanced Study, Princeton，简称IAS）已经成立70多年了，它对数学科学做出的重大贡献是举世公认的. 可以说，它是引领世界数学发展最重要的学术机构之一. 对于这个研究院如何组织研究工作、人才选拔及当前研究方向的选择等无疑对世界各地的研究机构与大学来说，都是很有借鉴价值的.

对于处于发展中国家的中国，我们很需要知道IAS近来的研究主题及其运作等，由此可以与国内的科研方向相对照与思考. 这必然会引起中国数学家的兴趣. 在IAS的《2013—2014学术年报告》（*Report for the Academic Year* 2013—2014）上有这样一段关于张益唐和素数的：

2013 年 4 月，普林斯顿高等研究院和普林斯顿大学出版的一份杂志《数学年刊》(*Annals of Mathematics*) 的编辑收到一封一位不出名的数学家投稿的电子邮件. 新罕布什尔大学的一位助教张益唐的稿件"素数间的有界间隔"(Bounded Gaps Between Primer) 立刻吸引了众编辑和高等研究院数学学部教授们的注意. 当时正在研究院访问的一些数学家审阅了这篇稿件，并且以不同寻常的快节奏在 3 周后接受了它.

张证明有无穷多对不同素数间的间隔小于一个固定的明确的数 k，这是一个引人注目的成就. 他的工作依赖于退休荣誉教授 Enrico Bombieri，经常在高等研究院做研究员的多伦多大学的 John Friedlander 和新泽西州立罗格斯大学的 Henry Iwaniec 的工作，以及已故普林斯顿高等研究院教授 Atle Selberg 的筛法.

作为普林斯顿高等研究院和普林斯顿大学联合举办的数论讨论班的一部分，张在2013 年秋季来普林斯顿高等研究院访问一周，做了有关他做出的成就的报告. 后来，张在第 2 学期作为研究员来到高等研究院. "我为数学而生"，曾经有一段时间在一间赛百味(Subway) 三明治店做会计的张益唐说，"有很多年，环境都很不容易，但我没有放弃，我只是不停地前进，不停地鞭策自己. 好奇心是头等重要的 —— 它使数学成为我生命中不可缺少的一部分."

张因他的工作获得了 4 个奖项:2013 年 Ostrowski 奖，瑞典皇家科学院 Rolf Schock 奖，2013 年 Morningside Special Achievement Award in Mathematics，2014 年 Frank Nelson Cole 数论奖.

这告诉我们解析数论又重新回到了世界数学舞台的中央，再一次获得了主流的关注. 为了配合这次解析数论的新浪潮，我们特意请王元院士为我们推荐了这部优秀的习题集.

尼采说:"平庸是时代的危险所在，它无法再吸收传统知识；现代生活杂乱无章，令人湮没无闻；现代的喧嚣令一切无以生长；人们谈论一切，却对一切闻所未闻；一切都掉在浅水中，没有什么沉入深深的井中；一切都是飞短流长，一切都是流言蜚语.”这句话,正是对这个野蛮的物质主义时代的极好概括,因此,我们应该时常警惕这种平庸在自身的繁衍,并不断地自我反省.

我们要如何避免平庸的出版物大量出现,一个根本的办法是将书稿水平的鉴定权、学术水平的评价权重新交给专家,由他们决定在学术领域应该出版什么样的著作,而不是由所谓的行政领导和在读书方向需要引领的广大读者来决定.因为它关乎我们的品味和传承,这也是我们工作室追求高品质出版的理念.

一本好的习题集恰似一个攀登高峰的阶梯.一个优秀的数学家总是始于对某个习题的攻克.在著名女数学家 Olga Holtz 谈到与 Pólya 和 Szegö 的随机游走时说:

> “我和 George Pólya 的渊源开始于我 17 岁时,那是在俄国的车里雅宾斯克,我大学一年级就要结束的时候.我发现了一个很小的地方图书馆,它的数学部分就更小了,仿佛从来没有人从那里借书.在我把那儿大部分的数学书一本一本看完后,我看到了那本书,就是 George Pólya 的《数学和猜想》(*Mathematics and Plausible Reasoning*).
>
> “那时我是一个彻头彻尾的书虫,已经看完了我父母收藏在家里的大约1 000 卷书,大部分是小说.我对数学书的熟悉程度就要差多了,虽然在成长的过程中,我很喜欢 Yakov Perelman 为儿童所写的数学和物理学通俗读物.我那时很自豪是镇上唯一的一所数学和物理专科学校的毕业生,也在当地的数学和科学奥林匹克竞赛中得过几个奖.自我记事以来,我就是班上的尖子学生,我实在是傲慢极了.
>
> “我站在图书馆的书架旁就读完了《数学和猜想》的引言和第 1 章.它读起来像一书小说.要动脑筋的那种,让你立刻全神贯注.第 1 章以不同寻常的方式开始,把数学归纳法比作多米诺骨牌.整本书不仅解释什么在数学上是对的,而且解释它的来龙去脉.

> 我被完全吸引住了. 第 1 章以一份问题清单结束. 我站在那儿, 解决了前两道题, 但很快就被第 3 题难住了.
>
> "我的傲慢来了 —— 我必须解决这些问题."

那么到底谁更应该出版这样的题集呢? 一位中学生曾提出这样一个问题:

如果有一支上等的笛子,它应该给谁? 是擅长吹笛子的大师,还是热爱吹笛子的人? 多数人认为应该给擅长吹笛子的大师,因为这样人们才会有更美妙的音乐欣赏. 而我觉得应给热爱吹笛子的人,因为他们得到了笛子会倍加珍惜刻苦练习. 这样世间可能会有更多的大师产生.

数学工作室是一个袖珍机构,只有几十位编辑,但它专一,只出一类产品 —— 数学著作. 正如华为任正非强调,华为只是一个能力有限的公司. "我们只可能在针尖大的领域里领先美国公司,如果扩展到火柴头或小木棒那么大,就绝不可能实现这种超越." 所以我们成立十年不敢有一点跨界行为,专攻数学领域,深耕细作,以求在日益细分的市场占有一席之地.

本书的影印版已出过,此次是翻译版,本书得以出版,首先要归功于中国科学院资深院士王元先生,是他老人家向本工作室推荐的此书. 本书影印版的出版得到了山东大学副校长、解析数论专家刘建亚先生的赞赏,使我们感到很欣慰. 因为能够得到最终使用者的肯定,比得到100个书商的称赞都重要,因为它找到了真正的读者. 其次我们还要感谢译者,本书是由身残志坚的老人郑元禄先生翻译的.

在翻译理念上,清末民初侧重于"意译","五四" 时期侧重于"硬译","硬译" 虽准但效果不佳. 以周氏兄弟翻译的《域外小说集》,语境是"硬译" 了,但是十年只卖了21 本. 本书是自然科学著作只能硬译,但千万别十年只卖21 本,且买且珍惜.

刘培杰
2016 年 4 月 30 日
于哈工大

顺从 C^* - 代数的分类导引

林华新 著

编辑手记

这是一本笔者没有读懂的书!

科学史专家刘兵为霍金的《时间简史》撰写的广告语是:"读霍金,懂不懂都是收获."

为什么看不懂还要引进版权呢? 往大了说是因为国内特别需要这样高水平的著作,往小了说是因为向作者曾经工作过的华东师范大学优秀代数研究群体致敬. 20 世纪 90 年代初,笔者曾有在华东师范大学学习的经历. 尽管只有短短一年,尽管只是非学历的助教进修班,但华东师范大学数学师资之强还是给笔者留下了深刻的印象,特别是其代数分支的明星阵容. 还记得时任数学系主任的陈志杰教授讲的《矩阵论八讲》(李乔编著)、郑毓番教授讲的《泛函分析及其应用》、郑元英教授讲的《非线性规划》、毛羽辉教授讲的《控制论》,也在那里听过已故的陈省身大师做的关于现代微分几何的报告,第一次听到了叫"超渡" 的数学名词,还听过已故的代数几何大家肖刚教授的报告,那时他还很年轻. 当时代数方向的带头人是已故的曹锡华先生,几位中青年的骨干有王建磐教授、时俭益教授,他们在搞量子群,还有沈光宇先生搞李代数,沈纯理先生搞微分几何,肖刚和陈志杰教授在搞代数几何,郑伟安教授在搞概率. 本书作者林华新先生也曾在华东师范大学,他生于 1956 年 4 月,1986 年获得美国普渡大学(Purdue University) 博士学位,分别于1980年至1982年和1986年至1990年为华东师范大学数学系教师，于2000年起受聘为华东师范大学紫江讲座教授，现为美国俄勒冈大学(University of Oregon)数学系教授. 林华新教授是国际算子代数的领袖之一，主要研究算子代数及其分类.

林华新教授的工作在世界算子代数界有深远的影响，他的研究成果“零迹秩单核 C^* - 代数的同构分类定理”是目前国际上最领先的分类结果. 他创新地引入了迹秩概念及奇迹般地证明了广泛唯一性定理，不仅使 C^* - 代数的分类进入了一个丰收时期，还极大地推动了整个 C^* - 代数理论的发展. 更为重要的是，林教授的工作还为 C^* - 代数的分类理论在其他学科，特别是在最小动力系统中的应用开创了广阔的前景. 该项研究的一些结果发表在 *Annals of Math.* 和 *Duke Math. Journal* 上. 值得一提的是，*Annals of Math.* 是世界上公认的最权威的数学杂志，五十余年来，国内单位出现在此杂志上(包括林华新教授的文章在内)仅有十余次.

林华新教授还在其他世界一流的数学杂志上发表了众多的论文：*Duke Math. Journal* 上2篇，*J. Reine Angew. Math.* 上4篇，*Amer. J. Math.* 上3篇，*Trans. Amer. Math. Soc.* 上8篇，*Proc. London Math. Soc.* 上3篇，*J. Funct. Anal.* 上13篇，*Mem. Amer. Math. Soc.* 有2集，共有SCI论文120余篇，美国数学评论还特别作了“Featured Review”介绍其中一个研究成果.

由于突出的研究成果，他多次被邀请在重要的国际会议上做报告：菲尔兹数学科学研究所作三小时讲座；1998年，他在EU算子代数会议上作主讲；1999年、2002年、2005年三次被GPOTS(北美最重要的算子代数及算子理论年会)邀请作主讲，并组织了2002年世界数学家大会算子代数会议.

林华新教授作为紫江讲座教授在华东师范大学工作期间为华东师范大学学科发展、队伍建设以及人才培养工作做出了重要贡献. 他独立完成的科研项目“单核 C^* - 代数的分类”获得2005年度上海市科技进步一等奖. 2000年以来，以华东师范大学为第一署名单位的SCI论文，超过了30篇. 以他为学科带头人的算子代数研究方向，目前已经形成了一支由中青年教师组成的优秀科研团队.

书中前言提到的胡善文教授也是华东师范大学数学系教授. 他长期从事泛函分析的研究工作,主攻算子代数与算子谱论. 在国内外共发表 20 余篇学术论文,其中近三年有 5 篇文章集中研究了 C^* - 代数的分类问题,发表在高质量的 SCI 刊物上. 还有与张奠宙、王宗尧、黄旦润合著的《线性算子组的联合谱》,系统地介绍了在联合谱方面的研究成果.

C^* - 代数的理论与实践与多个领域密切相关,比如算子理论、群表示论、拓扑学、量子力学、非交换几何学和动力系统. 根据盖尔方德(Gelfand)变换,C^* - 代数的理论也被认为是非交换拓扑学. 尽管这一学科对其他领域都有很大的影响,但是我们对 C^* - 代数本身的理解是非常有限的. 大约在二十多年之前,乔治·埃利奥特(George A. Elliott)运用他们的 K - 理论的数据开始了对 C^* - 代数的分类工作(同构意义上). 这项工作开始于实秩零的 $A\mathbb{T}$ - 代数的分类. 从那以后,对顺从 C^* - 代数的分类的研究有了很伟大的成果,同一个类型的 C^* - 代数看起来最自然. 大量的单顺从 C^* - 代数被发现都是可分类的. 在这些研究的迅速发展之下,C^* - 代数对许多其他领域来说变得越来越重要. 例如,这些研究成果在动力系统中的应用已经颇具规模.

本书的目的是向读者介绍顺从 C^* - 代数的分类理论的最新进展,读者可以是非专家类读者,也可以是研究生. 这是一个雄心勃勃的计划,然而,本书中所展示的资料由于读者的知识面和本书的篇幅限制而有所局限. 比如,纯无限单 C^* - 代数的分类的各个方面在本书中没有提到. 作者的努力集中于有限 C^* - 代数方面. 在这种情况下,只有迹拓扑秩零的单 C^* - 代数被详细地表述出来.

前三章包含了 C^* - 代数理论的基础知识,这些基础知识对顺从 C^* - 代数的分类理论来说特别重要. 前三章的参考文献包括(但不仅限于)[147][173][143] 和[48]. 第四章展示了实秩零的 $A\mathbb{T}$ - 代数的分类. 第六章中的结论涵盖了第四章的结论,不同的是,第四章中给出的证明更加基础. 作者的意图是用有限的方法去介绍简单 $A\mathbb{T}$ - 代数的分类,这样,没有 C^* - 代数和 K - 理论的高深知识储备的非专家读者和研究生也可以读懂这本书.前四章和第五章的前六节是独立的,这几部分可以作为研究生 C^* - 代数课程的教科书.作者也确实将这几部分内容作为俄勒冈大学的研究生课程的教材和华东师范大学系列讲座的材料.最后两章包含了更有难度的理论,特别是包含了埃利奥特和贡(Gong)研究的实秩零的单 AH - 代数的分类原理,为了在这本局限比较多的书中实现这些目标,作者经常被迫给出一些新的证明(为了避免引入太多新的概念和资料).第四章的开始和每一章的结尾都加了一些评论性的内容,这样做的目的是给读者一些关于书中所呈现的资料的发展情况的一些初始的想法.

本书的大部分内容写于作者在2000年的夏天访问华东师范大学、2000年秋季访问伯克利数学科学研究所和2001年春季访问加州大学圣塔芭芭拉分校的过程中.

本书是国内少有的关于 C^* - 代数方面的专著,但对于普通读者来讲,阅读还是有难度的.

M. H. A. 纽曼(M. H. A. Newman)说:数学语言是困难的,但又是永恒的.我不相信任何生活在今日的希腊学者对柏拉图对话或亚里士多德诙谐中的成语语调的理解能够像一位数学家对阿基米德工作意义的每一侧面的理解那样透彻.

刘培杰
2018年7月2日
于哈工大

素数定理的初等证明
(第2版)

潘承彪　潘承洞　著

内容简介

本书主要介绍素数定理的七个初等证明以及与之有关的Chebyshev不等式、Mertens定理、素数定理的等价命题、Riemann Zeta函数、几个Tauber型定理、$\mathbb{L}$空间中的Fourier变换、Wiener定理、素数定理的推广等. 通过学习本书,对于了解数学各分支之间的相互联系,提高观察问题、分析问题和解决问题的能力,以至对素数定理做进一步的研究,是很有裨益的.

本书可供大学数学专业的师生、数学工作者及数学爱好者参考.

第二版序

很高兴哈尔滨工业大学出版社刘培杰数学工作室要再版本书,为大学数学系学生,特别是高年级学生,提供一本要应用到多门大学数学基础课程知识,了解素数的课外读物,这对他们深入理解这些课程的内容、应用及与数论之间的联系是有益的,并可能激发对数论的兴趣. 本书的第一版是在1983年交稿,并于1988年出版的,介绍了到1981年为止的有代表性的七个(不用高深函数论知识的)初等证明.

1984 年 Hédi Daboussi([1])① 和 1986 年 Adolf Hildebrand([1]) 分别发表了新证明,它们都不用 Selberg 不等式,当然也不用 Riemann ζ 函数的性质.这两个证明与 Selberg,Erdös 的证明一样,也是真正意义上的初等证明,他们都是讨论 Möbius 函数 $\mu(n)$ 的均值代替 Selberg 和 Erdös 所讨论的 Mangoldt 函数 $\Lambda(n)$ 的.但是,应该说所有这些真正意义上的初等证明具有相同的证明思想.在本版中将给出 Hildebrand 的证明,我们觉得这个证明更有数论味道,它是利用 Mertens 素数定理(见第三章)和筛法,并结合某种一般的数列的均值估计,给出了素数定理的等价命题(见第四章 §1)

$$M(x) = \sum_{n \leqslant x} \mu(n) = o(x)$$

的证明(Daboussi 也是用类似的想法证明了这个等价命题).这一证明将作为第八个证明安排在第十五章,原来的第十五章改为第十六章.

还应该指出的是,卢文超(Lu Wenchao)([1]) 不用复变函数知识,在 Selberg,Bombieri([1],[2]),Diamond 和 Steining([1]) 及 Balog([1]) 等人工作的基础上给出素数定理的一个新的初等证明,他证明了

$$\pi(x) = \ln x + O(x\,\mathrm{e}^{-(\log x)^{\frac{1}{2}-\varepsilon}})$$

ε 是任意给定的正数,这是目前用初等方法得到的最好的余项估计.

值得纪念的是,为素数定理的初等证明做出了最重要贡献的 A. Selberg 教授,于 1998 年应邀访华,我全程陪同他访问了北京大学、山东大学和西北大学,他十分高兴地分别做了精彩的学术报告和参观游览,留下了难忘的愉快回忆.

再版前,我改正了书中的一些疏漏、笔误和印刷错误,并添加了一些参考文献和附注.本书中需要用到大学数学系的数学分析、高等代数、复变函数及实变函数等课程的相关知识,我们

---

① 这一证明可见姚家燕翻译的《素数论》(G. Tenenbaum 与 M. M. France 合著,清华大学出版社,2007).

假定读者都已学过,一般不加证明,它们很容易在常用的教材中找到,在此也就不介绍相关的书籍了. 阅读本书并不需要学过初等数论,所用到的数论知识都给出了证明,对此有进一步兴趣的读者可参看 Hardy 和 Littlewood 的[1]、华罗庚的[2] 及潘承洞和潘承彪的[1].

最后,对刘培杰数学工作室及责任编辑张永芹和杜莹雪为本书再版所提出的有益建议与细致工作表示衷心感谢!

潘承彪

2014 年 9 月 15 日

第一版序

素数是数学中最重要、最基本的概念之一. 素数定理

$$\pi(x)① \sim x(\ln x)^{-1}, x \to +\infty$$

是数论以至整个数学中最著名的定理之一, 这一定理是 Legendre 于 1800 年左右提出的. 经过了一百多年的时间, 在 1896 年由 Hadamard 和 de la Vallée Poussin 彼此独立地用高深的整函数理论所证明. 但是,对定理的研究并没有因此而完结,其中的一个方面是数学家们企图找到尽可能简单的证明. 在数学中很少有一个定理像素数定理那样对其证明做了如此深入、透彻、全面的研究. 在数学中, 对于一种理论体系的逻辑结构 —— 即其中各个概念、命题之间的逻辑联系 —— 的研究是十分重要的. 长期以来,根据所找到的许多证明,人们认为素数定理和 Riemann ζ 函数②有不可分割的联系,因而许多数学家认为要给出一个素数定理的初等证明(至多用一些初等微积分) 是不可能的. 然而,在证明素数定理之后约 50 年,Selberg 和 Erdös 于 1949 年给出了这样的证明! 他们的证明竟是这样的初等,除了 e^x,$\ln x$ 之外用不到任何"超越性" 的东西,也不需要微分和积分. 当然证明是很复杂的,他们的工作被认为是对素数

---

① $\pi(x)$ 表示不超过 x 的素数个数.

② 见第八章.

分布理论的逻辑结构具有头等重要意义的发现.对素数定理的研究大大促进了数论、分析、函数论的研究.对这一定理的研究至今不衰,仍吸引着不少数学工作者的注意.

这样,学习素数定理已有的各种证明,对于了解数学各分支之间的相互联系,提高我们观察问题、分析问题和解决问题的能力,以至于对素数定理做进一步研究,是有裨益的.

因此,当出版社的同志要我们为数学系高年级学生写一本课外读物时,我们就想到了这个题目,把有关的知识向他们做一个较为系统而全面的介绍.当然,作为这样的读物,把要用到高深的函数论知识的证明包括在内是不适宜的.本书把至多用到复变函数论的 Cauchy 积分定理的证明都看作是初等的.我们选了到 1981 年为止有代表性的七种证明.

阅读本书不需要具备任何初等数论的知识,但是,不同的证明需要用到大学数学系的一元微积分、复变函数论和实变函数论方面的有关知识.第一章主要是介绍素数定理的历史,并综合介绍了本书各章的内容;具有中学程度的读者就可阅读第二章;学过微积分后就可阅读第三至六及九章;第八、十一、十二及十五章需要复变函数论的知识;当学过实变函数论后,就可阅读其他各章了.有些内容我们按其困难的程度打上了“*”号和“**”号(见目录),初次阅读时可略去,这并不影响对素数定理的初等证明有一个相当的了解.我们希望本书对从事数论工作的同志亦有一定的参考价值.

书中的定理、引理、推论等分别按每节编号,公式亦按每节编号.在引用时,“式(5)”表示同一节中的式(5);“§2 式(5)”表示同一章第 2 节中的式(5);“第一章 §2(5)”表示第一章第 2 节中的式(5);其他类推.

关于素数定理的研究已做了各种推广,例如算术级数中的素数定理亦是十分著名的问题,但本书不涉及这些内容.

本书的内容是我们在多年的教学工作的基础上整理、补充而成的,有些内容还来不及仔细推敲,缺点与错误一定不少,切望指正.

我们衷心感谢陈景润同志在病中仔细地审阅了本书,并提出了十分宝贵的意见.

潘承洞　潘承彪
1983年10月
于济南

补记

对1981年后的有关进展说明两点.(1)H. Daboussi(Surle théorème des nombres premiers,C. R. Acad. Sci. Paris,Sér. I,298(1984),161-164) 和 A. Hildebrand(The prime number theorem via the large sieve,Mathematika,33(1986),23-30),给出了两个新的初等的实分析证明,不需要利用Selberg不等式(见第一章 §2式(39)),是不属于本书第13页中所说的四类证明的又一类新证明.(2)А. Ф. Лаврик 的文章:Методы Изучения Закона Распределения Простых Чисел,Труды Матем. Инст. Стеклов,163(1984),118-142,对素数定理的初等与非初等证明做了很好很全面的介绍.

衷心感谢本书的责任编辑赵序明同志,由于他的建议与帮助并改正了一些笔误,使本书更便于阅读.

作　者
1987年6月1日
于北京

素数分布与 Goldbach 猜想

潘承洞　著

内容简介

本书共分 6 章,以素数分布与哥德巴赫猜想为中心,分别介绍了哥德巴赫猜想概述、整数的基本性质、素数分布、素数定理的初等证明、三素数定理、大偶数理论介绍. 通过这些内容,将使读者对数论的研究内容有初步的了解,也将为数论的进一步研究奠定基础.

本书适合于高等学校数学及相关专业师生使用,也适合于数学爱好者参考阅读.

编辑手记

当本书即将付梓之际,笔者刚刚读完曹一鸣、张晓旭、周明旭编著的《与数学家同行》(南京师范大学出版社,2015 年)一书. 在其后记中曹教授写道:

"许多人有一种爱看故事的情结. 一个引人入胜的事故有时会给人留下深刻的印象,甚至影响人的一生.

"我小的时候,特别喜欢看少年英雄的故事. 不过

> 对我影响最大、给我印象最深的,还是1978年1月发表在《人民文学》第1期的徐迟的报告文学《哥德巴赫猜想》,讲述的是数学家陈景润如何刻苦学习、专心研究,并在世界难题'哥德巴赫猜想'问题研究上走在了世界前列的故事.这个著名的报告文学,让当时无数'有志青年学生'立志要向陈景润学习,'喜欢'上数学,成为一名陈景润式的数学家或科学家,去'攀登科学的高峰'.我也许可以算是这其中的一员,考进大学数学系学习数学.虽然我没能成为数学家或科学家,但这一故事对我成长的意义远远超过了做几道数学题,或者成绩上多考几分."

一篇报告文学,一个数学猜想可以改变一个人的一生.1987年《纽约时报》资深艺术评论员格蕾丝·格卢克曾在该报刊登的收藏家赛克勒的讣告中对其在精神病研究和其他领域取得的成就,给予了正面肯定.自20世纪40年代起,赛克勒开始收藏艺术品.他曾回忆说:"1950年的美好一天,我与一些中国陶瓷和明式家具不期而遇,我的人生从此改弦易辙."

同样,哥德巴赫猜想在20世纪不知使多少国人的人生从此改弦易辙.

如果要评选出在国人心中最具知名度的数学猜想的话,其结果会毫无悬念的为哥德巴赫猜想.国学大师王国维说:一代有一代之文学.同样一个时代也会有一个时代之数学.

自从1742年6月7日,普鲁士历史学家和数学家克里斯蒂安·哥德巴赫给著名数学家、沙皇彼得二世的家庭教师莱昂哈特·欧拉的一封信中提到了这个至今没人能完全证明的数论猜想后,经由华罗庚先生大力倡导,在20世纪中叶的中国形成研究热潮.本书虽篇幅不大,但因其作者的权威之地位,使得本书成为此方向学者之集中展示,学术之精华汇集,学派之宏观检阅,学史之全貌缩影.投身于此猜想中的中国数学家应有几十位甚至更多,从华罗庚、陈景润、王元及本书作者潘承洞院士,到越民义、丁夏畦、吴方、尹文霖、邵品琮、任建华、潘承彪、谢盛刚、楼世拓、姚琦、于秀源、陆洪文、陆鸣皋、冯克勤、于坤瑞、王天泽、展涛、刘建亚、蔡天新、张文鹏、贾朝华,这个优秀的群体及他们出色的结果使得20世纪80年代的中国既有高原又有高峰.

北大中文系教授陈平原在接受访问时说:

> 问:陈老师,您觉得,在您的生命历程中,最好和最坏的时代分别是什么时候呢? 为什么?
>
> 答:最差的肯定是"文化大革命"时期,最好的是(20世纪)80年代.
>
> 问:80年代给您一种什么感觉?
>
> 答:那是一个有理想、有希望、年轻人朝气蓬勃的时代.
>
> 问:看到您对80年代的评价是"元气淋漓",那您能不能用一个词来形容现在这个时代?
>
> 答:今天这个时代,很难用一个词来形容.
>
> 问:是不是太复杂了? 乱象横生.
>
> 答:也不能这么说,"乱象横生"这个词太贬义了,有点情绪化.现在这个时代,我更愿意说它"平庸".整个社会在发展,民众生活在改善,当然,矛盾也在积聚,危机依旧四伏.我之所以说它"平庸",是相对于20世纪80年代.现时代的年轻人太现实,缺少理想性,很多人不想着"做大事",整天琢磨如何"当大官""赚大钱".我说80年代"元气淋漓",也不是没有缺憾,而是在整个社会生活中,你明显感到有一股"气"在.

本书最初是20世纪80年代(1979年)在山东科学技术出版社出版的,今天再版仍然有其意义.

2000年3月中旬,英国费伯出版社为配合希腊作家Apostolos Doxiadis(时年46岁的Doxiadis 18岁从哥伦比亚大学数学系毕业,现从事小说与戏剧)创作的小说《彼得罗斯大叔和哥德巴赫猜想》(*Uncle Petros and Goldbach's Conjecture*)一书的出版制造舆论声势,悬赏100万美元征"哥德巴赫猜想之解”. Doxiadis 的经纪人被这一举动惊呆了. 出版商托比·费伯说:估计世界上有 20 个人有能力解答这个数学猜想. 所以在 2000 年前后我国民间又掀起了哥德巴赫猜想热,但这些都是些逐利之徒,热闹一会就很快散去了. 而在国外,2013 年,H. A. Helfgoot 宣布证明了关于奇数的哥德巴赫猜想,每个小于 7 的奇数都是三个素数之和(见“Minor arcs for Goldbach's problem”及“Major arcs for Goldbach's problem”). 要指出的是:对小于 10^{29} 的奇数这一结论是由计算机数值验证的. 这之后不论是哥德巴赫猜想还是解析数论都沉寂了一阵子. 风头逐渐被费马大定理、庞加莱猜想与朗兰兹猜想的各种新闻所抢走.

2013 年又一个“石破天惊”的大事件出现了,那就是张益唐攻破了孪生素数猜想.

张益唐,华人数学家. 1978 年考入北京大学数学系,师从著名数学家、北京大学潘承彪教授攻读硕士学位;1992 年毕业于美国普渡大学,获博士学位. 2013 年 5 月,张益唐在孪生素数研究方面取得了突破性进展,他证明了孪生素数猜想的一个弱化形式. 在最新研究中,张益唐在不依赖未经证明推论的前提下,发现存在无穷多差小于 7 000 万的素数对,从而在孪生素数猜想这个此前没有数学家能实质推动的著名问题的道路上迈出了革命性的一大步.

2013 年 5 月 13 日,张益唐在美国哈佛大学发表演讲,介绍了他的这项研究进展.

同年 5 月 21 日,他在《数学年刊》投稿《证明存在无穷多个质数对相差都小于 7 000 万》的论文完成同行评审并被数学年刊接受.

张益唐“惊世骇俗”的工作从悄悄投出论文,进而被审稿人几乎是以数学史上最快的速度(两周时间)接受,引发数学界爆发性的关注和检验以及跟进,今天数学界已公认张益唐的结果为“里程碑”的贡献.

2013 年 12 月 2 日,美国数学会宣布 2014 年弗兰克·奈尔森·科尔数论奖将授予张益唐.

2014 年 2 月 13 日,张益唐获得瑞典皇家科学院,瑞典皇家音乐学院,瑞典皇家艺术学院联合设立的罗尔夫·肖克视觉艺术奖中的数学奖.

2014 年 8 月,在韩国首尔的国际数学家大会上,张益唐获邀请在闭幕式之前做全会一小时邀请报告(Invited One-Hour Plenary Lectures)(国际数学家大会另有分组会 45 分钟邀请报告).

2014 年 9 月 16 日,获得麦克阿瑟天才奖(MacArthur Fellowship).

南京大学数学系孙智伟教授在南京大学小百合站发了一篇标题为:"稀疏素数表示之谜(12)—— 统一哥德巴赫猜想与孪生素数猜想"的博文,指出:

"哥德巴赫猜想断言大于 2 的偶数可表成两个素数之和,孪生素数猜想则断言有无穷多对孪生素数(相差为 2 的一对素数叫孪生素数). 这是数论中涉及素数的两个著名难题,前者是关于素数和的,后者是关于素数差的. 这两个猜想虽未解决但都有接近点的重要突破,即陈景润定理(1973)与张益唐定理(2013).

"在 2012—2013 年,我认识到哥德巴赫猜想与孪生素数猜想各自可以加强. 2014 年 1 月 29 日在去食堂吃饭的路上,我意识到应把这两个猜想加强到同一个形式,形成一个统一的猜想. 别说这没有动机啊,你看社会上国家追求统一,科学上爱因斯坦不也花费多年心血追求物理学的统一场论吗? 有人可能说:'爱因斯坦是著名科学家,他追求统一是干大事;你小人物提统一就毫无意义.'如果这么认为,我就真的无语了. 尽管许多解析数论学家认为哥德巴赫猜想与孪生素数猜想难度相当(都是关于两个素变元的线性方程,一个是 $p+q=2n$,另一个是 $p-q=2$),可在我之前从没人意识到或规划过两者的统一.

"2014 年 1 月 29 日我把有百年以上历史的哥德巴赫猜想与孪生素数猜想真的统一起来,形成了下述猜想.

“猜想（Zhi-Wei Sun, Jan. 29, 2014）：任给整数 $n > 2$，有素数 $p < 2n$ 使得 $2n - p$ 与 prime $(p+2)+2$ 均为素数，亦即 $2n$ 可表成 $p+q$ 的形式使得 p, q 与 prime $(p+2)+2$ 都是素数，这里 prime(k) 表示第 k 个素数.

“显然这个猜想是哥德巴赫猜想的加强. 为何说它蕴含着孪生素数猜想呢？假如只有有限对孪生素数，使得 prime$(p+2)+2$ 为素数的素数 p 都小于某个偶数 $N > 2$. 那么对于使 prime$(p+2)+2$ 为素数的素数 p，$N! - p$ 是 p 倍数且 $N! - p \geqslant p(p+1) - p > p$，于是 $N! - p$ 不可能为素数，这与偶数 $N!$ 有猜想中所言的表示矛盾.

“例如，20 有唯一合乎要求的表示 $3+17$，其中 3，17 与 prime$(3+2)+2 = 11+2 = 13$ 都是素数. 又如，1 178 也有唯一合乎要求的表示：$577+601$，其中 577，601 与 prime(prime$(577+2)) + 2 =$ prime$(579) + 2 = 4\ 229 + 2 = 4\ 231$ 都是素数.

“2014 年 5 月在清华大学做报告时，有人问为何猜想中要求 prime$(p+2)+2$ 是素数，而不是要求 prime$(p)+2$ 是素数. 那自然是因为要求后者会出现反例.

“我对直到 4 亿的偶数检验了上述猜想. 点击 http://oeis. org./A236566/graph，大家可看到 $n = 1, \cdots, 1\ 000$ 时 $2n$ 表法数生成的图形，从中可见表法数总体上比较稳定地增长. 所以猜想的正确性几乎不容置疑.

“上述统一猜想的提出给身处寒冬的我带来一丝暖意. 当日我给 Number Theory List 写了题为 ‘Unification of Goldbach’s conjecture and the twin prime conjecture’ 的公开邮件报告这一让我兴奋的发现，2014 年 1 月 31 日（大年初一）我的贴子被正式公开，之后著名的 Number Theory Web 也链接了我的这个贴子. 当然我不是名人，假如是像陶哲轩那样的大人物提出这个统一性猜想,关注度无疑会更高些.

“数学是富有想象的科学,也是最有理智的艺术.”

编辑手记作为一种纸质出版时代的格式相对固定的文体是要对作者做一点评价的.但由于笔者与作者之间学问及年龄相差过大,所以引用一位德高望重的长者之语是适当的.王元院士在《潘承洞文集》(山东教育出版社,2002年)一书的序中写道:

“潘承洞是1952年考入北京大学数学系的.1954年秋,他选择了闵嗣鹤先生的数论专门化,从那时开始,我们就认得了.我虽然比他大四岁,但也是在1953年秋,才进入中国科学院数学研究所数论组工作的,师从华罗庚先生.1956年,华先生又从厦门调来了陈景润,所以我们几乎是同时起步搞数论,那时在北京搞数论的人约有十多人.

“早在昆明西南联大时期,闵先生就是华先生的助手与合作者了.闵先生常鼓励他的学生来数学所参加华先生领导的哥德巴赫猜想讨论班,得到了华先生的指导与熏陶.数学所数论组的年轻人也把闵先生看成老师,常向他请教.两个摊子都搞解析数论,彼此关系很密切.这种情景构成了永远美好的回忆.

“承洞性格开朗,心胸开阔,襟怀坦白.他还有一大优点,就是淡泊名利,不与人争.这在中国数学界是有口皆碑的,所以他有众多的朋友.我很喜欢与他交往,感到跟他在一起时,心情很舒畅.

“承洞是很有才华的,早在他做学生时,就有突出贡献.他关于算术级数中最小素数的结果及关于哥德巴赫猜想的结果,虽已发表了约四十年,仍为国内外这方面研究的必引文献.这两项工作在历史上是可以留下痕迹的.毫无疑问,承洞与景润一起,无愧是华先生与闵先生在数论方面的继承人,他们也是中国年轻数学家学习的榜样.”

潘承洞先生在培养人才方面很有战略考虑.如安排于秀源跟贝克搞超越数论,安排王小云搞数论密码学,并不反对蔡天新搞诗歌创作,使之成为现今数学界诗歌写得最棒、诗歌界数学成就最高的双料冠军.如今潘先生的弟子都已成为各领军人物.山东大学从展涛到刘建亚、西北大学张文鹏等创立的解析数论团队都早已枝繁叶茂在国内外均有一定影响.

本工作室现已再版了潘氏兄弟的多部专著.本次承潘、承彪先生允诺出版本书,既是对本工作室的支持,也是对全国广大数论爱好者的支持,使我们有机会向潘承洞先生致敬,向解析数论的黄金时代致敬.

作家加缪说:“唯一的天堂是失去的天堂.”

不仅因为对失去的,我们才有追念,更重要的是,对失去的逝去的,我们才有虚构的可能.用今日今时的心境,将往日打磨得光亮生动,用今日的经历,将往日充实,用今日的目光,对往日进行审视,使之成为真正的天堂.

刘培杰

2017.6.6

于哈工大

Rivest-Shamir-Adleman 体制：公钥密码学

曹珍富　著

内容简介

本书全面地总结了公钥密码学从 1976 年提出公钥密码体制(PKC)的概念到如今形成较为系统的公钥密码学的主要成果.通过本书读者可对各种密钥体制的构作方法、安全性分析以及用于数字签名讨论等有深刻的了解.

本书适合从事计算机科学、通信理论、密码学、计算复杂性理论、数论、组合数学、线性代数、有限域、编码理论等工作的科技人员及高等院校有关专业的师生参考.

作者简介

曹珍富,国家杰出青年基金获得者,享受国务院特殊津贴.现任华东师范大学特聘教授,第十二届上海市政协常委.作为第一完成人或独立完成人获得教育部自然科学一等奖等省部级奖 7 项.从 1981 年开始发表学术论文以来,已在各种学术期刊、会议上发表400 余篇高质量学术论文,SCI 检索150 余篇,EI 检索260 余篇,引用超过6000 次,出版专著7 部(包括1 部 CRC 出版的英文专著)、主编(或副主编)全国教材两部,先后担任 SCI 国际期刊 *Computers & Security* ,*Fundamenta Informaticae*,

Peer-to-Peer Networking and Applications, *Security and Communication Networks*, *IEEE Transactions on Parallel and Distributed Systems* 和 *Wireless Communications and Mobile Computing* 等的副主编、编委或客座编辑. 主持完成国家或省部级科研项目50余项,包括国家自然科学基金A3前瞻计划项目、重点项目、杰出青年基金项目等重要科研项目. 在高校执教30余年里,为国家有关部门、中科院和众多高校做邀请报告100余次,参与制定相关国家标准10余项,历任国家自然科学基金专家评审组成员、国家自然科学奖评委、中国科学院杰出成就奖评委、国家重点实验室评估专家等.

再版前言

这本书写作较早,初稿写成于1989年10月. 后来,给研究生开课,当时的研究生王立华(现在是日本NICT研究员)提出可以帮我将初稿誊写到稿纸上. 于是,我一边修改、她一边抄写,除了书中第5章外,其他几乎全部章节均由她抄写到了稿纸上,至1992年9月全书完成、交稿.

那个时候,密码资料奇缺,信息不通畅. 完全不知道,世界上与我同时在写作完全相同书名的一位学者 —— 欧洲科学院院士Arto Salomaa教授,他也在像我一样"独创着""构思着"并于1990年出版了他的书. 他的书在我的书出版了好几年后才看到. 后来,他的书在国内还有了中文译本. 提这件事的目的是,我们虽然天各一方,却独立地在构思和创作相同书名的书,确是很巧很巧的事情. 正因为这样,这两本书也有很大的不同.

Arto Salomaa教授的书写了六章(经典双向密码学、公钥思想、背包系统、RSA系统、密码系统的其他基础、密码方案:通信中的惊人应用)、两个附录(复杂度理论讲座、数论讲座),我的这本书写了十章(公钥密码学的理论基础、RSA体制及其推广、基于二次剩余理论的PKC、概率体制(PEC)、一次背包体制与分析、二次背包体制、基于编码理论的PKC、基于离散对数的PKC、其他形式的PKC、密钥分散管理方案),两本书有交集,而且即使交集部分在材料的取舍上也有很大不同. Arto Salomaa

教授更多的是搜集整理,而我的更多的是以自己的工作为主.

所以,今天再读我的这本书感觉仍有几点内容向读者推荐:

(1)2 次密钥概念是国际上首次提出,可以看成无授权的重密钥方案,亦即重密码最早的雏形. 现在分为授权的重密码(即代理重密码)和无授权的重密码.

(2)Eisenstein 环上的密码是国际上较早提出的新理论、新方法.

(3)K 次剩余密码至今还有重要的参考价值.

(4)关于二次背包的研究,许多思想是现今“格密码”的出发点.

事实上,那个年代有许多“好方案”是不发表的,例如,我提出的“加标识位的密码”、“多维 RSA”(这个后来发表在《中国科学》英文版上,见 Zhenfu Cao:The multi—dimension RSA and its low exponent security,Science in China(Series E),43(4),349-354,2000)、“等价于 Eisenstein 整数分解的密码”等. 在 30 余年的教学和科研中,其实密码学的内容在不断扩大,除了上面提到的这些“好方案”均陆续教给了学生们外,连同后来新发现的密码方案、构造方法和可证明安全等内容,只要在课堂上能讲得清楚的,均毫无保留地教给了学生们.

哈工大出版社刘培杰先生是我几十年的朋友,他提出要重印我的这本书. 这本是高兴的事,因为这本书在市场上绝迹应该有二十年了. 当时出版数量就很小,而且大部分需要我购买和典当“稿费”,社会上能见到的极少. 确如《太阳照在桑干河上》的作者在重印前言中所说,“只剩有极少几本收藏在黑暗尘封的书库里,或密藏在个别读者的手中.”本想将这本书扩展后再出版,因为有太多的新内容需要放进去,听过我的课的同学都知道,有相当多的自创的新内容、新思想也值得放进去. 但苦于没有太多的时间,只好一边答应重印、一边扩写本书内容. 争取尽快完成扩展工作,将最新最好的公钥密码学呈现给读者.

心如此,还是不要期望太高. 无论如何,都要感谢刘培杰先生和他的出版团队,使得今天的读者能够读到这本二十多年前出版的书. 期望读者能提出宝贵意见,以便我在扩展版中改进和借鉴.

曹珍富(华东师范大学)
二〇一五年七月七日
于上海

前 言

在计算机的网络中,计算机之间以惊人的速度互相交换着信息. 这些信息的每个用户都可以发送与接收. 然而,很多时候,发送这些信息的用户希望只有合法的用户(接收者)才能读懂信息的内容,而其他用户均不能读懂. 例如商业中,股票市场的"买进"与"卖出",与外商谈判等,或国家安全、军事与外交部门的秘密指令等,均属于这类信息. 所以,研究计算机网络中任一用户都可以和其中的一个用户进行秘密交换信息(秘密通道)就是一项重要的课题.

传统的密码体制是通过通信双方共同约定的密钥来加、解密的,这显然不适用计算机网络上的秘密通信. 1976 年,美国斯坦福大学的 Diffie 与 Hellman 在"密码学的新方向"一文中提出了公钥密码体制(Public Key Cryptosystem)的新概念,可用于解决前面提出的问题,因而开创了现代密码学的新领域. 1978 年,Rivest,Shamir 与 Adleman 基于大整数分解的困难性提出了第一个公钥密码体制(RSA 体制). 后来,关于这一领域的研究如雨后春笋,不仅提出了一系列公钥密码体制,还由此引出了很多应用与新的概念. 例如,公钥密码体制用于数字签名,概率加密体制,门限方案等. 同时,也有一些公钥密码体制被先后破译. 这就形成了较为系统的公钥密码学.

研究公钥密码学,不仅需要传统密码学的一些知识,而且需要计算复杂性理论、数论、组合数学、线性数学、有限域、有限状态机、椭圆曲线算术以及编码理论等方面的知识. 这些知识都已经被成功地用于构造与分析公钥密码体制.

作者于 1986 年以"数论、公开钥密码体制"为题申报中国科学院首次对全国开放的青年奖励研究基金资助，并获得批准. 1989年顺利完成这一课题，其中“公钥密码体制及其计算机实现”获航空航天工业部科技进步三等奖. 自1990年起，国家自然科学基金对作者这方面的研究给予连续性资助.

本书试图较为系统地、全面地介绍公钥密码学已形成的成果与方法，其中作者的工作分别被写进了第2、4、5、6、9、10章. 下面扼要介绍一下本书 的主要内容.

第1章主要介绍密码学的基本理论，包括 Shannon 信息论与计算复杂性理论的基本概念与方法. 同时对公钥密码学的基本概念与产生的背景做了论述.

第2章在介绍欧几里得算法与欧拉定理的基础上，进一步介绍了RSA体制，给出了RSA体制加、解密变换的严格证明. 同时分析了 RSA 体制的安全性与用于数字签名的方法. 最后，介绍了 RSA 体制在代数整数环 $\mathscr{Z}[\theta]$ 上的推广与讨论.

第3章介绍 RSA 体制的各种修改. 在介绍同余式、孙子定理与二次剩余理论之后，介绍了 Rabin，Williams 以及 Kurosawa 等建立的三类公钥密码体制.

第4章介绍各种与大整数有关的概率体制(PEC)与强数字签名方案，同时论述了对强数字签名的消息进行加密的方法. 最后介绍利用公钥密码体制构作概率体制的一般方法.

第5章在介绍著名的 MH 背包体制之后，论述了在破译一次背包体制中起决定性作用的规约基 L 的 3 次方算法. 由此算法，不难证明大部分的一次背包体制均是可破译的(第5章5.3).

第6章论述了二次背包体制的构作方法，特别介绍了 MC 概率背包体制、线性分拆背包体制的构作以及构作二次背包体制的几种新的方法. 这方面的公钥密码体制均是近年来才提出的，安全性尚需时间的考验.

第7章介绍有限域与 Gpoooa 码的基本知识，同时用于介绍 McEliece 与 Niederreiter 分别构作的两类基于编码理论的公钥密码体制. 最后介绍纠错码用于数字签名的方法.

第8章论述了用离散对数构作公钥密码体制的方法. 对其中用到的一般的离散对数问题、原根、离散对数的计算方法与椭圆曲线算术，也做了相应的介绍. 最后介绍奇特的 Chor-Rivest 体制.

第 9 章论述用有限状态机、丢番图方程构作公钥密码体制的方法，并介绍了某些丢番图公钥密码体制的破译方法. 同时，介绍了几类公钥分配密码体制及其改进.

第 10 章介绍密码分散管理的门限方案，包括 Shamir 方案、Asmuth-Bloom 方案以及构作有限域(或环)上门限方案的一般方法. 特别是介绍了 2 次密钥方案与构造方法.

为了方便读者对体制或方案的理解，我们在介绍各种体制、方案时，几乎均编制了示意性的例子.

作者由衷感谢上海交通大学学部委员张煦教授，北京邮电学院蔡长年教授、周炯槃教授，西安电子科技大学肖国镇教授、王新梅教授，四川大学孙琦教授等，他们这些年来均审阅过作者这方面的工作. 作者同时感谢国内外的众多密码学工作者，在撰写本书时，作者引用了他们的成果.

限于水平，书中难免存在不妥，还有疏漏，望读者批评指正.

作者

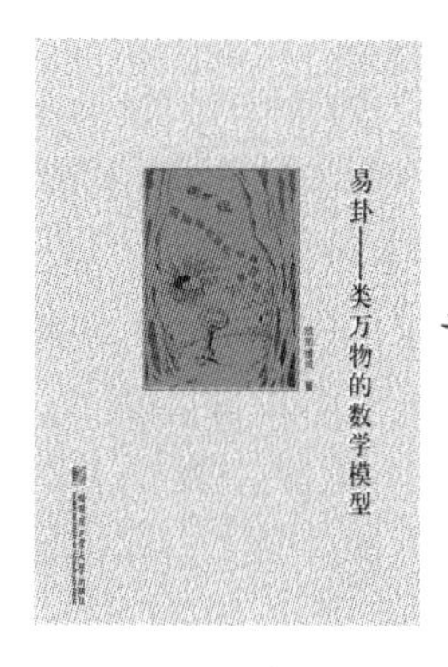

易卦:类万物的数学模型

欧阳维诚　著

内容简介

本书共分十二章,第一章简单地介绍了易卦符号系统的建模功能及其数学背景.第二章至第六章利用易卦建立数学模型解答数学问题.第七章至第十二章叙述了易卦模型在实际问题中的应用.全书提供一百多个模型,用它们解释并论证了逻辑、编码、文化等各种问题.

前　言

一部《易经》,人们已经研究了几千年,释《易》、注《易》的著作汗牛充栋.但是,《周易》究竟是一部什么样的书,它的基本内容是什么,至今仍然聚讼纷纭,迄无定论.此一现象,今天仍然在继续.

为什么会出现这种奇怪的现象呢?

归根结底就在于《易经》中有一套神奇的符号系统——易卦,易卦是什么东西?有何隐含的意义?由于人们对易卦的认识不同,才产生了长期聚讼纷纭的局面.对易卦的不同认识,最值得注意的是象数学派和训诂学派.

以汉儒为代表的象数学家认为:八经卦是八种自然物的象

征,而《易经》中的每一个别卦都是由上下两个经卦重叠而成的,因而是两种自然物的适当组合,它们的象征意义即所谓"卦象".《易经》的卦爻辞则是根据"卦象"而写下的,它们具有"类万物""通神明""定吉凶"的功能. 象数学派根据这一观念建立了他们的易学体系. 象数之学曾长期统治《易经》的研究领域,至今仍然是易学研究的主流. 以魏晋人王弼为代表的义理学派虽然主张"得意忘象"之说,但他们"得意"之后所忘的"象",仍然是立足于以八经卦为八种自然物的象征这一基础之上的.

西方学术传入中国之后,中国一些学者如闻一多、郭沫若、顾颉刚、高亨、李镜池等人开始对象数之学弃而不用,而运用考古学、文字学的方法对《易经》的文字进行清理、注释,在训诂上下功夫. 他们肯定《周易》是占卜之书,认为卦是毫无意义的东西. 因而把它完全抛开不顾. "这些卦画其实也没有什么实际意义,与卦爻辞也没有必然的联系,和抽签的号码差不多"(李镜池),"如同现代的各种神祠佛寺的灵签符咒"(郭沫若).

象数学派对易卦的看法过于狭隘,很难自圆其说;训诂派的学者们对易卦的看法则过于武断,更无法令人接受.

随着数学对社会科学的渗透,数学进入了易学.

1703 年,德国数学家兼哲学家莱布尼兹惊奇地发现,他发明的二进制数与易卦具有同构关系. 他在法国皇家科学院发表的论文《关于仅用 0 和 1 两个符号的二进制算术的说明,并附其应用以及据此解释古代中国伏羲图的探讨》,不仅使二进制算术公之于世,也使易卦与二进制数之间的对应关系被揭示出来.

德国学者申伯格(M. Sonberger)在 1973 年出版了一本名为《生命的秘密钥匙:宇宙公式易经和遗传密码》的书,指出 64 个生物遗传密码与《易经》的 64 卦之间有一一对应的关系,揭示了易卦具有强大的编码功能.

1990 年,笔者在《周易新解》(岳麓书社)一书中提出了更新的观点:"易卦是六维布尔向量""易卦是描述包含六个因素而每一个因素都有两种对立状态的事物的数学模型""易卦是思维决策的数学模型". 这一观点提出以后,我国著名哲学家张岱年先生给予了肯定的评价.认为“此说法为《周易》研究开辟了一条新途径”,可谓“持之有故,言之成理,确然成一家之言.”

1993年笔者出版了《周易的数学原理》(湖北教育出版社)一书,证明了易卦这一套抽象的符号系统是一个良好的代数结构,它与现代数学的许多分支,如集合论、布尔代数、群论、概率论、组合论、图论等的基本概念,都可建立密切的关系.2003年笔者又出版了《易学与数学奥林匹克》一书,用易卦为工具解答了100道历年来各国数学奥林匹克的正式试题,其严格地演绎论证完全符合现代数学的逻辑规范.奥数试题一般是较难的,连奥数试题都能通过易卦模型给出严格的解答,可见易卦与数学的关系是何等的密切.

毋庸讳言,在《周易》的《经》《传》中,不大可能有现代科学的具体内容或提示,但是易卦可以作为许多事物的数学模型,却是不争的事实.不同的只是,今人是在自觉的情况下运用着数学的原理,古人则是在不自觉的情况下服从着数学的规律.易卦当然不是现代意义下的数学模型,之所以说它是“数学模型”,是因为易卦可以作为许多事物的抽象模型,而从现代数学的观点看,这些模型又的确蕴含着深刻的数学背景.特别是易卦与布尔向量同构,布尔向量不仅是今人研究思维决策的数学模型,也是计算机软件设计的基础.所以把易卦称为思维决策的数学模型,也是顺理成章的事情.当然这并不是说,在古人的《周易》中已经包含了现代数学的内容.实际上即使在今天,我们使用易卦构建模型来解释问题时,一般也只涉及从卦图就能直接推出的结论,而并不需要专门的数学知识.

事实上,《系辞》中有许多文字实际上已经对此做了清晰的表述.

“古者包牺氏之王天下也,仰则观象于天,俯则观法于地,观鸟兽之文,与地之宜,近取诸身,远取诸物,于是始作八卦,以通神明之德,以类万物之情.”

这段话明确指出,八卦是古人通过仰观俯察之后抽象出来的“类万物”的东西.什么东西可以“类万物”呢?那当然不是任何一个具体事物,只能是一种抽象的模型,这种模型必须具有高度的抽象性.

“一阴一阳之谓道,继之者善也,成之者性也. 仁者见之谓之仁,智者见之谓之智,百姓日用而不知,故君子之道鲜矣!”

一种事物,可以见仁见智,不同的人可以把它解释成不同的事物,而且百姓天天在使用它却没有特殊的感觉. 可见易卦模型不仅具有高度的抽象性,而且具有广泛的适用性.

“夫易何为者也? 夫易,开物成务,冒天下之道,如斯而已者也. 是故圣人以通天下之志,以定天下之业,以断天下之疑.”

这段话指出:易卦模型还具有决策断疑的功能,可以借助演绎推理“以断天下之疑”,并使其结论具有确定性.

“高度的抽象性”“广泛的适用性”“结论的确定性”,以及“逻辑的严密性”等,这些正是数学最主要的特征,也只有数学才具有这种特征. 易卦既然具有这些特征,所以笔者说它是一种“数学模型”. 这本《易卦——类万物的数学模型》,正是通过大量的数学模型来解决具体问题的,这些模型虽然完全建立在易卦的基础上,但它的推理过程却是严格地符合演绎推理的逻辑规范的.

全书共分十二章:

第一章“符号述略”简单地介绍了易卦符号系统的建模功能及其数学背景.

第二章至第六章都是利用易卦建立数学模型解答数学问题的. 从简单的鸡兔同笼到艰深的奥赛试题,从经典的趣味数学到复杂的数学游戏,应有尽有. 我国著名数学家刘徽说他“观阴阳之割裂,总算学之根源”,本书中建立的那些数学模型,完全验证了刘徽的论述. 我们简直可以通过易卦模型构建一个数学分支,把它称为易卦趣味数学.

第七章至第十二章则偏重于易卦模型在实际问题中的应用. 全书提供了一百多个模型,用它们解释、论证了各种问题. 诸如逻辑、编码、文化、游戏等诸多方面的问题.

虽然在本书中,所有的模型都是为解决具体问题而构建的,但抽象的模型一经构建,就可以抛开原来的具体问题,将它解释为其他事物的模型. 正如《四库全书总目提要》中指出的那样:“《易》道广大,无所不包,旁及天文、地理、乐律、兵法、韵学、算术，以逮方外之炉火，皆可援易以为说.”通过对易卦构建模型功能的了解，就会使我们体会到，为什么许多事物都可以“援易以为说”的道理.

神奇而伟大的符号，必然蕴含着神奇而伟大的功能. 被誉为近代科学之父的伽利略曾经说过：“哲学是写在宇宙大书中的，虽然这本书时时刻刻向我们打开着，但是除非人们先学会书里所用的语言，掌握书里的符号，否则不可能理解这本书. 没有这些符号，人类连一个字也不会认识，人们仍将在黑暗的迷宫中徘徊.”

笔者相信，对于一般的非易学专业的读者来说，可以仅把易卦当作一套简单的符号系统，从这套符号系统中学到许多构建模型以解决具体问题的能力，他可以帮助人们开发智力，丰富我们的文化生活，从而产生对博大精深的“国学”的热爱. 至于易学家们，则不管他是用什么方法研究《易经》的，了解一下本书所说的易卦建模功能都是有益的. 见微知著，也许能从一些普通的模型联系到“弥纶天地”的大道理，从而有利于自己的研究工作.

欧阳维诚
2015 年 6 月
于长沙

从整数谈起

冯克勤　编著

内容简介

本书共5章,包括:整数和它的表示,同余,方程的整数解,整点与逼近,整数的应用. 本书主要介绍整数的各种性质和由整数引申出来的各种数学问题和故事.

本书适合数学爱好者参考阅读.

前　言

数论被称作数学的皇后,它的主要任务是研究整数的性质和方程的整数解. 大家在小学和中学数学课里已经学到整数的一些知识(例如约数和倍数,最大公约数和最小公倍数,素数和正整数的素因子分解,带余除法等),也学到这些知识的某些应用(如分数的约分和通分,求整系数多项式的有理根等). 如果你是数学课外活动小组的积极分子,听过数学讲座或者阅读过数学课外读物,还会了解到整数的更奇妙的知识:学到求方程整数解的许多方法,这会帮助你解决不少数论难题.

这本小册子主要介绍整数的各种性质和由整数引申出来的各种数学问题和故事. 作者试图在本书中达到以下几个目的.

首先,我们希望开拓中学生的数学眼界,从6 000多年前人类认识了整数讲起,一直讲到1994年证明费马猜想,不仅介绍中国在数论上的光辉成就(勾股定理,中国剩余定理,陈景润定理等),也涉及各国伟大数学家一些重要的数论贡献,从整数讲到有理数和实数,从多项式讲到幂级数,从整数的四则运算讲到有限域,从有理数逼近无理数讲到数的几何,试图使大家明白,在中学里分别讲授的算术、代数和几何是一个有机的整体.也希望同学们在课堂学习之余,能闻到一点近代数学的气息.

其次,我们希望提高中学生的数学修养和素质,在书中讲述了与整数有关的一些数学知识,但我们的着眼点主要不是增加知识,也不是介绍解题技巧,而是通过一些数学材料着重叙述各种数学思想和观点.用整数的同余说明如何对事物作数学上的分类(等价关系),用同余类上的四则运算引申出抽象的代数结构(环或域),用有理数逼近无理数说明精确和近似的辩证关系,用通信中各种实际问题说明数学模型的意义.以大量具体例子说明数学上的许多概念是如何自然产生和提炼出来的,数学上存在性和构造性证明的价值和区别.我们希望同学们能体会到人们在各种实践活动中的数学思考方式.

最后,我们希望中学生了解整数的各种实际应用.数学是抽象的,它是各种事物共性的高度概括,这也决定了数学应用的广泛性.在古希腊,整数曾经被作为认识世界和哲学思考的基本手段("万物皆数").整数概念是古代人类在生产实践中产生的.随着实践活动的发展和科学技术不断进步,特别是20世纪计算机技术的飞速发展,包括数论在内的整个离散数学成为解决实际问题的重要工具,不断出现的新的实际问题的研究促进了数论的发展(如最近发展起来的计算数论),所以实践永远是数学发展的最根本动力.但是数学的发展还有追求自身完美的内部动力,这在数论中尤为明显.整数概念一旦产生,人们对于整数性质的探讨便世世代代执着地追求下去.费马猜想被众多优秀数学家研究了350年,在解决问题的过程中发展了博大精深的数学理论(代数数论,解析数论 ……).这些深刻的数学思想和理论一旦得到应用,往往给技术带来巨大的变革,本书最后一章挑选了数论在试验设计和通信工程中的某些应用,用这些实例说明理论和实践的辩证关系. 简言之,无论同学们从事什么具体工作,数学的训练,数学知识特别是数学思考方式对于大家的事业与成就都是重要的.

数学知识的学习方法和思考方法的掌握是循序渐进的. 数学也许是最具有继承性和传统性的一门学问. 一年级的数学不好,肯定会影响二年级的成绩,初中数学不好,高中数学也会更加困难. 所以数学基础一定要牢固,此外也许老师把数学教得过于机械、死板,用数学倒学生的胃口,或者让同学们做大量重复性的习题,产生厌烦的心理. 翻一下这本书,你也许会感到数学与我们日常生活和工作息息相关,数学不是枯燥无味的,而是很活泼的学问. 另一方面,数学也是一门严格的学问,要学好数学和掌握数学需要付出艰苦的努力,作者希望通过这本书使同学们对数学产生兴趣,认识到我们不是数学的奴隶,要通过努力变成数学的主人.

在 21 世纪即将到来的时刻,数学的深化和扩展正以从未有过的高速度进行着,数学研究和应用的宏伟事业正等待同学们去完成.

冯克勤
1997 年 7 月
于北京